U0229579

大视野

迎面而来

从人类文明发展看第三次工业革命

CONGRENLEI WENMING FAZHAN
KAN DISANCI GONGYE GEMING

黎雨 李新◎编著

国家行政学院出版社

图书在版编目（CIP）数据

迎面而来：从人类文明发展看第三次工业革命／黎雨，李新编著.—北京：国家行政学院出版社，2013.7

ISBN 978-7-5150-0891-2

Ⅰ.①迎…　Ⅱ.①黎…②李…　Ⅲ.①科学技术—技术发展—研究—世界　Ⅳ.①N11

中国版本图书馆 CIP 数据核字（2013）第 154658 号

书　　名	迎面而来：从人类文明发展看第三次工业革命
作　　者	黎　雨　李　新
责任编辑	姚敏华
出版发行	国家行政学院出版社
	（北京市海淀区长春桥路 6 号 100089）
电　　话	（010）68920640　68929037
编 辑 部	（010）68929009　68928761
网　　址	http://cbs.nas.gov.cn
经　　销	新华书店
印　　刷	北京科信印刷有限公司
版　　次	2013 年 7 月第 1 版
印　　次	2013 年 7 月第 1 次印刷
开　　本	16 开
印　　张	19
书　　号	ISBN 978-7-5150-0891-2
定　　价	48.00 元

前　言

　　科学史家曾提出并且用统计方法证实了科学中心转移的存在，许多趋势学家也预测，21 世纪将是中国人的世纪。"如果说美国是 20 世纪世界经济发展的楷模，中国则最有可能在 21 世纪担当这一角色"这是享有国际声誉的社会批评家杰里米·里夫金不久前的预言，并引起世界范围的强烈反响。从人类文明发展的历程来看，社会每前进一步都离不开科技的进步，科学技术的探索创造活动可以说是人类生活的一个重要方面，是人类历史的重要组成部分，尤其是它还同人类精神、思想和世界观的进步密切相关，不但影响精神世界，引领思想甚或引起世界观的革命。

　　人类已然经历了蒸汽机革命和电力革命，也切身感受了科技革命的巨大力量。从生产到生活，科技之手似乎无孔不入，新的生产方式和生活方式正不断改变着人类社会的发展。而且科技是以几何级数加速前进的，新的科技革命正迎面而来，这次以新兴可再生能源技术和互联网技术为主要标志的科技革命，将带给人类再一次巨大的改变，并将极大地推动经济社会的发展。

然而，中国如何引领第三次工业革命，实现后碳时代的可持续发展；甚或如何发扬中华传统文化的精神，引导科学走上正确的发展方向，使人类真正走上幸福之路？我们准备好了吗？史以为鉴，读史明智。学习和了解人类文明走过的历程、科技在这一过程中举足轻重的作用，对人类文明的发展规律将会有一个清晰的认识和把握，这对于指导我们未来的行动大有裨益，也是本书此时出版的时代价值。

编　者

2013 年 6 月

目 录

导　言

　　"如果说美国是 20 世纪世界经济发展的楷模，中国则最有可能在 21 世纪担当这一角色"。这是享有国际声誉的社会批评家杰里米·里夫金在他的新作《第三次工业革命——新经济模式如何改变世界》一书的中文译文前言里的第一句话。"中国如何引领亚洲开展第三次工业革命，实现后碳时代的可持续发展？"我们做好准备了吗？这迎面而来的科技革命或第三次工业革命正在选择它适合的中心栖息地，我们能因势利导引领亚洲乃至世界吗？纵观人类文明的发展历程，历史留下的足迹是那样的清晰那样的理性，让我们能够站在历史的肩膀上看的更远更久。每一次的科技和产业革命都有着文明发展的客观必然性，无论是中国的四大发明、第一次工业革命的蒸汽时代，还是第二次工业革命的电气时代，都强有力地推动了生产力的飞速发展，全面地改变了人们的生活。每一次科技中心转移确定着引领这个时代的国家和区域。这个不争的事实告诉了我们思想引领方向，而科学技术首先就是作为精神的力量对人类生活发生影响的。如果我们从思想上认识了我们所具有的优势和面临的问题，思想就会引领着我们走向辉煌。

世界是由不同国家或地区组成的，由于各个国家或地区政治、经济、生产力发展的不平衡，科学技术发展的状况和水平也很不相同，而且不同时期各个国家和地区的科技发展程度也存在较大的差异。有时候，一个国家的科技发展很快，大大超过其他国家的科技发展水平，但过了一个阶段后，另一个国家又走在了最前面。历史上古埃及、两河流域、古希腊、阿拉伯、印度、中国等地方的科学技术都曾一度繁荣过，但都一个接一个地衰落下去了。1954 年，英国科学史家贝尔纳在《历史上的科学》一书中正式记载了这一现象，并把一个时期科学技术繁荣昌盛的国家或地区称为"技术和科学活动中心"。他注意到世界科学中心转移的现象，后来日本的汤浅光朝受到贝尔纳研究工作的影响，于 1962 年用统计方法证实了科学中心转移是确实存在的。中国的汉唐和明朝就曾经是科学高潮的中心或"多中心"时期的科学中心之一，而第三次科学高潮（16—20 世纪），却出现在资本主义制度下的欧美地区，持续至今。

研究科学活动中心在各国的兴起和衰落过程，分析造成科学在一个国家兴隆和衰落的深刻原因，探讨导致科学活动中心从一国转移到另一国的种种因素和条件，可以断言，一个国家能否成为世界科学活动中心，取决于这个国家的经济环境、政治环境、思想文化背景、科技教育状况和社会的整体科学能力。如果说前者是科学活动中心形成和转移的外在条件、外在动力的话，那么，社会的整体科学能力则是科学活动中心形成和转移的内在原因、内在动力。如果把前者比喻为科学活动中心得以形成和转移的土壤、阳光、空气和肥料的话，那么，社会的科学能力则可比喻为包含着日后发育为科学活动中心胚芽的种子。正所谓"外因是变化的条件，内因是变化的根据，外因通过内因而起作用。"正是由于这种外在因素、外在动力与社会科学能力这一内在原因、内在动力相互作用所形成的合力，造成了世界科学活动中心转移的历史现象。因此，一个国家要成为世界科学活动中心，必须从经济发展、政治改革、文化繁荣与思想解放和教育振兴等方面做好充分的准备，必须制定出合乎本国国情的科学发展战略政策，扎实奋斗，提高社会的科学能力，经过长期艰苦努力，才能够实现。

电力革命期间科技中心移向美国就是典型的例子。电力革命的科学基础——电磁学，最早本是在英国及法国发展起来的。然而，在由电力技术引起的产业革命中处于领先地位的却是美国和德国。英国科学家法拉第制成第一台电动机模型，麦克斯韦提出完整的电磁学理论，英国人种下的电力革命种子却首先在美国开花结果。电力技术先是在欧洲研究和改进，但第一部电话、第一只电灯、第一座大型水力发电站和火力发电站却是在美国产生。美国最先将电力技术系统地应用于工业生产，最大幅度地发展了经济，使得在短短的数十年间，一跃而成为世界上头号经济大国。究其原因，主要是英、美两国对待电力革命的态度不同。那么，究竟是什么原因导致了英美两国对待电力革命有不同的态度呢？

首先，美国在19世纪中叶以后具有一个十分优越的社会环境。彼时，经过独立战争和南北战争后实现了国家的统一，为电力革命的迅速扩展提供了稳定的国内社会环境。而且，美国远离欧洲大陆，它的邻国都是弱国，又有两大洋环绕，使美国无外患之忧，长期处于和平环境之中。加上美国没有封建制度的阻力，政府广泛采取扶植资本主义发展，促进国内统一市场，有利于技术发明的政策和措施。而英国，17世纪的资产阶级革命并没有像美国南北战争那样摧毁封建庄园经济，而是建立了君主立宪制；加之由于蒸汽动力革命的成功，在国内已经建立了较完善的以纺织工业为龙头的轻工业体系，使得英国有足够的能力大规模地向殖民地倾销轻工业产品而维持其高额利润，在"圈地运动"中成长起来的相对保守的封建资本家不愿意再来一场新的工业革命，从而使得相对过剩的国内资本向美国等国寻求海外投资，而忽略了国内本土工业尤其是重工业的发展。

其次，19世纪40年代，美国人自称为"教育觉醒年代"，政府不断改革旧的教育传统，借鉴欧洲特别是德国的成功经验，结合本国国情，建立了具有美国特点的教育制度，为美国培养了大批技术骨干。社会教育氛围造就了像爱迪生、贝尔这样一批集科学家、工程师和企业家于一身的现代科技人才。爱迪生成立了美国第一个工业研究实验室——美国通用电器公司前身。贝尔成立了贝尔电话公司，网罗一大批优秀科技人才专业从事发明与生产。他们作为科学家率先从理论原理上进行分析，为之奠定技术改进的基础；对实验室中产生的新知识，再作为工程师把这种精神产品物化为技术产品并投入生产；他们同时还作为实业家，致力于将产品投入市场以获取利润。这就使得美国在激烈的世界市场竞争中超过了英国等老牌资本主义国家。而在英国，一项新科技是否能很快转向实用性开发而转化为生产力，很大程度上取决于工商业人士和科学家这两个分立群体对它的认同程度。在电力革命到来时，由于科学理论已走到了实际生产的前面，工商业人士又因循于已成功的蒸汽机技术，遂使这两个群体的认识无法协同，也是造成英国在电力革命中逐渐落后于美国的一大原因。

最后，美国作为一个新兴的工业国家，既没有传统的观念束缚，也没有既有巨大工业设备的负担，因而容易接受工业技术革新。而在当时，以蒸汽动力技术为核心的英国工业体系仍在发挥着相当巨大的能力，它使英国居于世界经济大国的首位。因此，当时摆在英国工商界人士面前的问题是：大规模应用电力技术不仅需额外投入巨大资金，而且会妨碍现存有效的工业体系的正常运转。电力技术革新带来的短期经济损失是肯定的，而它是否比蒸汽技术更有效却是个不确定因素。这或许就是事物的一体两面，不得其时优势也会变成负担！

中国是一个"早熟"的民族，我们的祖先很早就提出"天人合一"、"顺乎自然"的思想；然而，也是这种思想，使得我们从来没有"征服自然"的想法，我们从来不鼓励"奇技淫巧"，历史上的朝代几乎都漠视甚或抑制"科学"的发展，尤其明朝以后。也就是在这个时候，西方经历了文艺复兴，近代科学诞生并快速发展起来。中国有着5000年不绝的光辉灿烂的文明和影响世界的四大发明，为什么没能产生近代科技，以至在近代被拥有坚船利炮的列强百般欺辱？这甚至成为"李约瑟"难题，引起无数人的思考和研究。很多人认为中国古代科技是存在不足和遗憾的。

其一，是经验形态的描述性认识较多，而理论知识相对不足。它表现为中国科学真正形成定律、原理的学说不多，而主要是经验和现象的记述，无论是生物学、天文学还是医学，等等。长期停留在经验形态使中国科学既没有科学的基本概念，也缺乏系统的理论体系。后人只能在这知识的汇集里增加一点"量"，不可能从根本原理上有什么重大突破。中国科学从来没有发生革命，其主要原因正在这里。理论体系的不足，原理上认识的模糊，自然造成许多发明接二连三的失传，只好重新摸索，重新试制。这就使得一些技术只能由个别精工巧匠凭经验摸索，反复地得而复失。其二，就是纯粹的科技研究者未能在中国出现。科学技术发展需要有相对稳定的研究主体，他们以研究为己任，一代又一代地接力，保证科学发展的持续性。但在中国，由于官本位思想的束缚，古人认识自然规律的目的，带有很强的功利性，即是为了更"合理地"解剖、分析社会和人性。读书人苦读寒窗的目的是做官，科学研究只是一种业余爱好。明代宋应星（1587—1666）在《天工开物》中说："大业文人弃置案头，与功名进取毫不相关也。"在官本位思想的影响下，社会上根本看不起科学研究。《庄子·天地篇》说到一个灌溉的老农不用机械，而是用一个罐子，不辞辛苦，来回在一个坑里打水。问其原因，他理直气壮地说："吾非不知，羞而不为也。"把使用机械完全看作一件令人羞耻的事了。老子主张"绝圣弃智"，"绝巧弃利"，因为"人多利器，国家滋昏"，"人多技巧，奇物滋起"，怎么办呢？只有"常使民无知无欲"。又如《礼记》提出，以"奇技奇器以疑众，杀！"在这样的社会文化传统和背景下，产生不了近代科学也就不足为奇了。

应该说，各国的科学技术有其各自的民族特点。大家总结了中国古代科技的几个特点。一是中国古代的科技理论、实验和技术三者严重分离，而以实用技术发展最为突出，这种关系一直贯穿数千年几乎没有什么变化；二是大一统和手工业技术在技术中占主导地位。众所周知，中国的四大发明闻名于世，对全世界都产生了重要的影响，但它们是些什么技术呢？它们与农业和手工业等直接满足吃穿用住所需要的创造发明不同，是为社会在广阔地域上组成强大、统一的国家机器服务的。其他诸如历法、土地丈量技术、地图绘制技术以及体现皇权威严的皇宫建筑等都可以用大一统技术来称呼。其三，我们的学者和工匠有着对技术精益求精的精神，他们从不以可以应用为满足，而是不断改进以达到新境界。其四，为了发现自然的奥秘，中国古代学者还进行实验，而且实验中观测相当精细。为此，他们创造了不少能进行精细观测的手段和工具，如日晷。其五，具有超前性的科学思想。而且是远远超出了当时社会的发展水平，超越了科学的发展水平和人们的理解水平，因而当时的作用是有限的，只是随着科学的发展，才逐渐表现出它的合理性，如中国的八卦。近年来，随着微观物理学的发展，人们愈来愈发现中国的传统思想和微观物理的相似性（如阴阳学说和玻尔互补性的相似；中国传统思想中的统一观和对宇宙基本作用力统一性的追求的相似），这样，有人就试图将解决现代物理学困境的希望寄托在中国传统思想上。这就是西方掀起一股中国文化热的原因之一，也是中国科学思想具有超前性的表现。

到今天，地球上的人类在西方近现代科技文明的引领下业已走过四五百年的历程了，不可否认，生产力确实有了极大程度的发展和提高，人类的生产生活方式也发生了极大程度的改变，人们的生活越来越便利、快捷；然而，我们也面临着科技发展和工业化所带来的前所未有的严峻危机，尤其是环境污染和气候恶化，而这一危机单靠西方科技文明自身是无法解决的。解决这一全人类危机恐怕要靠具有"天人合一"思想内核的东方文化。不管承认与否，人们总是在一定的哲学思想指导下从事科学研究活动的，总是带着某种哲学观点来考察各种自然科学现象。几个世纪以来，形而上学的哲学思想一直在西方占据主导地位，正如美国未来学家阿尔文·托夫勒所说："在当代西方文明中得到最高发展的技巧之一就是拆零，即将问题分配成尽可能小的一部分；我们非常擅长此技，以致我们竟时常忘记把这些细部重新装到一起。"这种拆零式的形而上学思想，曾对近代自然科学的发展发挥过重要作用。但随着科学的不断发展，尤其现代自然科学发展日趋系统化、综合化、整体化，复杂性、交叉性、边缘性、综合性学科大量涌现，这种形而上学的局限性也逐渐暴露出来，不仅不能再为科学的进步发挥新的指导作用，反而成为束缚科学发展的桎梏，许多西方哲学家和科学家已纷纷转向东方哲学中寻求思想的源泉。

中国传统哲学的自然观，是一种有机的整体性的自然观，在对事物观察研究中，注意事物的整体性、综合性、协调性和统一性，充满了科学的唯物论和辩证法思想。中国的传统哲学思想与现代科学的发展趋势相适应，能够对科学的发展提供启迪性指导。一些诺贝尔奖金获得者如玻尔、李政道、杨振宁、普利高律、汤川秀树，以及协同学的创始人哈肯、突变论创立者托姆等，都声称他们的科学发现，不同程度地受到中国古代哲学思想的深刻影响。中国传统的哲学思想对现代科学技术发展的重要作用，正如普利高津所说，"中国文明是有了不起的技术实践，中国文明对人类社会与自然之间的关系有着深刻的理解"，"由此，中国的思想对于那些要扩大西方科学的范围和意义的哲学家和科学家来说，始终是一个启迪的源泉"。我们可以这样说，中国哲学思想在 21 世纪将在协调人类与自然关系、改善人类生存状态、规范科学发展方面发挥重要作用。正如夏威夷大学哲学系美籍华裔学者成中英教授所指出的："20 世纪到 21 世纪中国文化和中国哲学也将造成对西方文化和西方哲学的冲击，这是个必然的趋势。这个趋势在西方文化遭受危机，寻求出路的状况下暴露出来，另一方面也来源于中国文化和中国哲学本身所独具的深厚智慧和生活经验，这将是中国哲学对人类的前途、价值取向和文化发展的新贡献；这一贡献具有非常重大深远的意义。"

如果说文艺复兴运动中对古希腊文明和哲学思想的发挥带来了近代自然科学的大发展，那么，今天对中国传统文化和哲学思想的研究和开发，就可能使现代自然科学的发展推向一个新的阶段。如果说文艺复兴运动给意大利的科学带来了春天，培根哲学思想促进了英国科学的进步，百科全书推动了法国科学的发展，黑格尔、马克思哲学思想对德国科学事业的前进起到了不可忽视的作用，那么，中国传统文化中的优秀思想成果对中国科教的振兴和发展所起作用是举世公认的。历史表明，每一个科学活动中心转移前，哲学思想对科学的发展都起着指导作用；那么，当下一轮科技革命即将开始之际，当第三次工业革命迎面而来之时，作为长期接受传统文化和哲学思想熏陶和影响的炎黄子孙，我们准备好了吗，我们又该如何积极应对呢？

　　史以为鉴，读史明智。了解人类文明走过的历程和科技在这一过程中举足轻重的作用，对人类文明的发展规律将会有一个清晰的认识和把握，这对于指导未来的行动大有裨益，对未来中国发展的方向和社会结构的调整都将产生深刻地反思和清醒地认识。我们大可不必妄自菲薄，更不可妄自尊大，让历史的足印给我们一个人类文明的清晰轨迹，研究总结，推理未来。

第章

从古老文明的兴衰看传承不绝的中华文化

最古老的文明是农业文明。温暖的气候、充沛的雨水、肥沃的土地，是农业文明发达的必要条件。位于东半球北纬30°线两侧、几条大河中下游的古埃及、两河流域、古印度和古代中国，是世界上文明产生最早的地区，发展出了发达的与农业文明相关的古代文明。

一 传承不绝的文明——中国

"大一统"思想与传承不绝的文明

中国是世界上几个古老文明中唯一未曾中断、延续至今的文明。同其他古老文明一样，中华文明历史上也经历过外族入侵和统治，如南北朝时期，匈奴、羯、氐、羌、鲜卑等民族，先后建立起十多个国家，统治黄河流域270多年；宋、辽、金、西夏对峙时期，党项族建立的西夏国、契丹族建立的辽国、女真族建立的金国，统治中国北方地区200多年；蒙古族建立的元朝，统治中国98年；满族建立的清朝，统治中国276年。但他们最终都融入了作为文化民族的华夏，使得有五千多年历史的中华文明没有像巴比伦古文明、埃及古文明、印度古文明、希腊罗马古文明那样，因外族的入侵或内部冲突，被其他国家、民族的文明取代而中断或者摧毁。中华文明始终一代一代传承下来，保持着自身文化的特色和独立的价值体系。探究其中原因自然十分复杂，比如地理的、经济的、社会的等等，但中华文化自身的因素不能不说是一个重要原因。就一时一事来论，文化的力量也许是弱小的，但就长久来说，文化的力量却是无坚不摧的，可以说文化是文明的灵魂。

中华文化的核心理念之一是"大一统"思想。四海一家，万邦和谐是我国的人们早在先秦时代就已形成的心理趋向和精神模式。到公元前221年，秦灭六国，中国第一次实现了政治、经济、文化、地域上的空前的统一，先秦时代的大一统理想终于变成了活生生的现实。秦始皇实施一系列改革措施，置郡县、车同轨、书同文等，从政治、经济和文化等各方面把中国纳入到统一的模式中去。汉代继秦之后，为了进一步加强中央集权，维护帝国统一，汉武帝采纳儒生董仲舒的建议"罢黜百家，独尊儒术"，以儒家学说统一社会思想，确立儒家思想在社会意识形态领域中的主体地位。儒家思想不但从精神层面上统一人们的思想，形成中国人独特的思维观念与民族精神，而且带来强大的民族凝聚力，而这种凝聚力的外在表现就是秦汉时代所奠定的中华大一统观念。它作为中华民族最基本的民族心理特质，深深地影响着中国人的思想观念和行为操守。在历史上，尽管中国社会分合无定，但是中国人的大一统观念却愈加强化，最终成为中华民族心理底层的不可动摇的文化根基。

尤其可贵的是这种大一统的思想主张的是"王道"而不是"霸

道"，表现出"有容乃大"的宏伟气魄，造就了中国"和而不同"的文化观。一部中国文化史，就是一部各种学说、主张、观点，以及外来文化相互融合、并存兼进的历史。中国古代除了儒学的影响力以外，还可以数得出来的有道家、兵家、墨家、农家、纵横家、杂家等，这些观点各异的学说，虽然有相抵触的地方，但他们却能相互并存，在相互批评与辩驳之中得到了发展。此外，中原文化的先进性使各少数民族积极向汉文明靠拢，他们向汉民族的文化学习，接受汉族文化，用汉族文化来充实和提高自己；同时，汉民族也虚心向其他民族学习，积极借鉴其他民族的优秀文化，加以吸收融合，不断充实和发展自己民族的文化。甚至对外来文化，用的也是太极的功夫，而非血腥镇压，以致最终把他们融入中华文化，烙上深深的中华印记，比如佛教。这充分反映了中华文化的"一体多元"性，也体现了中华文化的和融思想和博大开阔的胸襟，也正是中华文化保持顽强生命力的内在因素！

先秦时期的科学思想

先秦，主要是春秋战国时期，是我国古代文化繁荣的一个重要阶段，在此期间中国的自然哲学也得到了很好的发展。自然哲学可以看作科学的一种形态，这当中充分体现了那个时代的科学思想，而这些思想对于提高生产力和促进社会进步无疑都起到了积极重要的作用。

首先，探讨世界万物的本原是古代自然哲学的重要内容，中国也不例外。在殷周时期就有了阴阳八卦学说和五行说。《易经》中用八卦（天、地、风、雷、水、火、出、泽）代表自然界中最常见的八种东西，认为天（阳）和地（阴）两种势力交感推移生成其他六种东西，并使万物发展变化。五行说在夏代就有萌芽，它把宇宙万物归结为水、火、木、金、土五种元素。战国时期的阴阳家邹衍则用阴阳来统帅五行，试图用阴阳五行对自然界和社会作统一的解释。在我国古代，也有用一种具体的事物来说明世界本原的观点，比如《管子·水地》篇中说："水者何也，万物之本原也。"同时也出现了以比较抽象的东西来说明万物本原的学说。道家的创始人老子在春秋末年提出了"道"是"万物之宗"的思想。战国末期的荀子（约公元前298—前238）则认为世界万物都是由统一的物质性的气所构成，水、火、生物、人都是气的发展的不同阶段。中国的自然哲学家们也曾涉及到物质有没有最小单位或物质能不能无限分割等问题。惠施提出"至小无内，谓之小一"，即物质的最小单位无内可言。也有人主张物质可以无限分割，提出了"一尺之棰，日取其半，万世不竭"的命题。

关于宇宙结构的学说，先秦早期就有了天圆地方说，主张"天员（圆）如张盖，地方如棋局"。到了西周时代，则有盖天说的出现，认为天如斗笠，大地像一个倒扣着的盘子。"盖天说"不符合天体的真相，不能解释天体运转的现象。比盖天说进步些的是地圆说，主张"天体如弹丸"。《庄子》则进一步对地是不动的观念提出疑问。商鞅的老师则有了对地球自转运动的最初描述。战国末期李斯则更猜测到地球在空间中的位移，有了"日行一度"的观念。到西汉末年更有了地球在空间中位移的科学描述。同时对地动而人却觉察不到的原因做出了解释；"地恒动不止，而人不知，譬如人舟中，闭牖而坐，舟行不觉也。"这是中国古人认识宇宙的一个伟大创见。

此外，不能不提到《墨子》，它是中国古代科学史上一部非常重要的著作。其中有关于光的直线传播和小孔成像的实验，也讨论了衡器一类的杠杆平衡情况，其方法和近代科学实验方法相似。但不可讳言，这时的实验方法还只停留在定性研究上。逻辑推理也没有形成一个严密的逻辑体系，中国古代科技几乎自始至终没有摆脱这种经验主义的实用科学模式，这就和古希腊注重逻辑推理的科学体系不同了，也最终导致了中西方科技社会发展的分野。

由历法农时到天文

中国作为一个农业大国，观测天象制定历法以指导农业生产自古以来就是一项极为重要的工作。加之中国传统思想中"天"享有至高无上的地位，使天文学受到很高的礼遇，朝廷里就专设钦天监，不仅"敬授人时"，而且揭示"天"行之道；不仅为农业生产服务，而且为皇帝"天"子服务。这种特殊的地位也是中国天文学比较发达的重要原因。

中国从远古时代就已开始根据星象观测确定季节。《尚书·尧典》中说，根据黄昏时位于南方天空的是什么恒星，可以确定一年的四季。据传反映夏代知识的《夏小正》中讲到，一年12个月都有一些显著的天象为标志。殷商甲骨文准确地告诉我们，商代的历法是阴阳历。战国时的四分历，已经把一年的长度精确到365.25日，所以中国古代分圆周为365.25度，太阳在天上每天移动一度。这个规定是中国古代天文学体系的一个特点，是中国古代天文学自成体系的标志之一。到汉代时，中国的历法基本定型。从内容上说，它不仅是确定年、月和二十四节气，安排闰月，还包括日月食和五大行星运行的推算，类似于现在的天文年历。以后的历法制订工作，主要是进一步提高精度。

天象观测是中国古代天文学另一项主要内容。在二十四史中，历法制订的内容在《律历志》中，而天象观测结果记载在《天文志》中。中国史籍中保存有2000多年来关于日食、月食、彗星、新星、太阳黑子等天象的丰富观测记载，是现代天文学研究难得的宝贵资料。中国古代对恒星的观测成果，反映在历代的星表和星图中。战国时代的"石氏星表"，是世界现存最早的星表。在敦煌发现的唐代星图，是世界现存的最早星图。中国古代为了认识恒星和观测天象，把恒星几个几个地组合起来，这样的组合叫星官，每个星官都有名字，其中最重要的三垣二十八宿，成为中国古代的星空区划体系，这也是中国古代天文学的一大特点。二十八宿中部分星宿的名字，在《诗经》中就已经出现了。根据考古资料，中国最迟在公元前5世纪已形成完整的二十八宿体系。

到元代时，中国古代天文学成就达到高峰，元代历法《授时历》定一年长度为365.2425日，是世界历法史上最精确的数值，比欧洲早采用400年。然而后来由于统治者为了维护自己的统治，严令禁止在民间进行天文学研究，导致中国天文学的衰落，以致到明朝末年，中国人自己已经没有能力修订历法了，只好请西洋人帮忙。

儒释道对医学的渗透

中医自从《黄帝内经》采用阴阳五行论作基本理论后，就使它具有了民族化特征。隋唐时期，儒、释、道三家已成中国文化的重要组成部分。医学受儒染，从形式到内容都有了儒、释、道风，更成为一种异于世界上任何国家的、具有很强的中国味道的学问。

唐朝孙思邈在他的《千金方》卷一中叙述说，医生应具备的理论素质是，不但要熟读医学经典，精通医理，还要"涉猎群书"，诸如五经三史，诸子百家，释典道论，甚至要求"妙解阴阳禄命、诸家相法、灼龟五兆，《周易》六壬并须精熟"。这其实是说医是一门以儒、释、道为辅佐的杂学。书中描述的大医风度是"先发大慈恻隐之心，誓愿普救含灵之苦"。治病时，无问"贵贱贫富、长幼妍媸、怨亲善友、华夷愚智"，凡来治病者，"普同一等，皆如至亲"。而且不计个人吉凶安危，无论"昼夜寒暑，饥渴疲劳，一心赴救，无作功夫形迹之心"。无论患者得了什么病，或恶疮或下痢，都不计臭秽，"但发惭愧、凄怜、忧恤之意，不得起一念蒂芥之心"。这副大慈大悲的菩萨心肠自然是建立在佛教理论之上的。又说大医的作风是"望之俨然，宽裕汪汪，不皎不昧"，不"多语调笑，谈谑喧哗，道说是非、议论人物"。到了病家，"纵结罗满目、勿左右顾盼"；"珍馐迭荐，食如无味"。这又是儒学标榜的清谨、耿介的士大夫情操。其中的房中术、求长生等内容明显带有道家修炼法的痕迹。这种医家的形象，其实也是中医学的形象，处处渗透着中华文化的味道，也反映着它内容的驳杂和神秘主义倾向。

中医现存的最早理论著作是战国时期成书的《黄帝内经》，这也是中医理论体系形成的标志。它包括《素问》和《灵枢》两大部分。《素问》内容偏重于论述人体生理和病理学及药物治疗学的基本理论、"望、闻、问、切"四种诊断方法、各种疾病的治疗原则与方法，《灵枢》则着重论述针灸的基本理论、经络学说和人体解剖、针灸的方法等。从理论上说，《黄帝内经》的特色在于把哲学的阴阳五行学说与医学的脏腑经络学说结合起来，以有机的整体自然观指导防病治病，用以论述各种疾病和种种致病因素之间的复杂微妙关系。虽然这些论述包含一些不科学的成分，但它确实起到了指导中医发展的作用，而且相对于近现代西医的机械自然观还有某些优势之处。从治疗方法上说，中医除了像其他地区古代医学一样主要使用自然药物之外，针灸治疗是它的特色。东汉末年张仲景撰写的《伤寒杂病论》提出了"辨证施治"，成为中医诊断疾病的基本原则，是中医理论的又一重要发展。自古至今中医中涌现出众多名医，治病的效果不断提高，但是在理论上依然是奉《黄帝内经》和《伤寒杂病论》为圭臬。

中国的数学——算术之学

中国数学古称"算学"或"算术"，侧重于解决实际应用问题。因为在天文历法的计算方面有不少艰深的数学问题需要解决，因而数学与历法的发展密切相关，许多科学家兼天文学家和数学家。从名称可知，古代中国的数学成就几乎都集中在"算"上，擅长"算"（代数），很少涉及几何图形问题，几何学方面明显薄弱，即使涉及也会用"算"的方法来解决几何问题，全然不似古希腊人那样偏重于几何图形问题，习惯于形象思维，在遇到"算"的问题时，他们会试图用几何方法去解决，毕达哥拉斯学派是这样，阿基米德也是如此，甚至阿基米德临死前的那句话也是"不要踩坏了我的圆"。难怪有人说中国人爱"算"，希腊人爱"图"。最终，爱"算"的中国人走上了一条实用技术的道路，而爱"图"的希腊人走上了一条理论科学的道路。按照人类心理学的说法，爱"算"者必然现实，而爱"图"者更爱幻想，所以这也并非完全偶然的结果。

中国古代在数学方面有许多重大的成就。首先是较早实行了十进位值制，这是一个特点，也是一个优点。商代甲骨文中有 13 个基本的数字符号，是一、二、三、四、五、六、七、八、九、十、百、千、万，表明是十进制。表示几十、几百、几千、几万的方法，商代是用合文书写，如上边一个五字、下边一个百字，合起来表示五百。这样的书写方式较容易向位值制演变。李约瑟曾说："商代的数字系统总的说来要比同时代的古埃及和巴比伦更先进，更科学。"春秋战国时代是中国数学迅速进步的时代，乘法运算和分数运算，在这个时代都肯定出现了。最早的数学著作，可能也是在战国末年出现的。

汉代出现的《周髀算经》是现存我国最早的数学著作，其中叙述了勾三股四弦五的规律，此定理在西方被称为毕达哥拉斯定理，但我国认识到这一关系也相当早。成书年代不晚于西汉的《九章算术》是中国古代数学的经典著作。全书共讲述了246个问题的解法，它们被分为九章即九大类。对每一个问题，书中都是先给出问题，再给出答案，又介绍算式。至于为什么应当这样列算式，书中没有明示，所以明代徐光启说这是"鸳鸯绣出从君看，不把金针度于人"。书中的解题方法涉及到分数四则运算、负数运算、解联立方程组、双设法、开平方和开立方等，表明那时中国数学已有较高水平，某些解法已走到世界前列。

隋唐宋元时代中国数学水平不断提高。元代朱世杰著的《四元玉鉴》中有解多元高次方程组的方法，对高阶等差级数的研究已得出关于高次招差的一般公式，在这些方面都已走到世界最前列。筹算制度是中国古代数学特有的制度。它的计算工具是算筹，不需纸和笔就可进行数学计算。珠算制度是到宋元时代从筹算制度演变出来的。筹算制度有方便快捷的优点，但是它不保留运算过程，对进行数学研究有不利之处。它对中国数学的发展可能有过促进作用，但到后来是妨碍中国数学向更高层次发展的限制因素。可能是中国封建社会缺少推动数学发展的动力，还可能有中国数学体系自身的原因，使得明代没有产生出更高水平的数学著作，而实用的商业数学和珠算倒是发展起来了。

丝绸之路与丝织技术

在古代交通史上，欧亚大陆间存在着一条东起中国长安，西至地中海沿岸各国，连接古代中国文明与希腊—罗马文明的商贸大道，它横穿中亚大草原，长达7000多千米，历时数千年，在相当长的一段时期里，它以丝绸为贸易的主要载体，为东西方的经济、文化、科学技术的交流做出了杰出的贡献，因而19世纪末德国著名的地理学家里希霍芬将这条促进人类文明进步的商贸大道称之为"丝绸之路"。这充分说明了丝绸在那个时代的重要角色地位。

中国是世界养蚕、种桑、织丝最早的国家。传说黄帝之妻嫘祖发明养蚕织丝，考古也发现了4000年前的丝织品，与这个传说在时间上相近。《诗经》中有"春日载阳，有鸣仓庚。女执懿筐，遵彼微行，爰求柔桑"之句，生动描绘了妇女春日采桑养蚕的劳动情景。蚕丝的开发和利用自然促进了纺织机具的发展与工艺技术的进步，因而我国也是代表古代纺织最高水平的丝绸工艺技术的发源地，在相当长的时间里领先于世界。在公元6世纪前，蚕桑、缲丝技术一直是我国垄断的专利，丝绸产品以其独特的风格与魅力受到世界各国的欢迎。汉代时中国丝绸已享誉世界，中国与西方物资交流的通道"丝绸之路"即开启于此时。当时汉武帝不再甘愿采用通婚的手段平息汉匈之间的战争，为了解除西北匈奴时时侵扰边境的祸患，他决定与大月氏联合攻打匈奴，这是开通丝绸之路的历史背景。汉武帝于建元三年（前138年）派张骞率领百余人的使团从长安出发，取道陇西，通往西域。张骞第一次出使西域虽未达到联合大月氏共同对付匈奴的目的，但最终到了大夏国，即希腊史料中的"巴克特里亚"（Bactria）。汉武帝元鼎元年（公元前116年）张骞再次率领一个300人的使团出访伊犁河流域的乌孙，但也未能说服乌孙与汉联盟攻打匈奴。但这一次，张骞的副使最远到达了安息和条支。安息即西方史籍中的"帕提亚"（pathia），在今天的伊朗；条支在地中海东岸，也就是塞琉古王国在地中海所建的安条克城（Anti-ochus）。张骞两次出访虽未能达到目的，但意义非凡。著名学者林梅村在《丝绸之路散记》中这样总结："张骞的中亚探险改变了世界文明史的发展进程，使中国文明和地中海文明在中亚直接相遇。随后以丝绸为代表的中国文明迅速向西传播，直达罗马帝国。"

China 与陶瓷技术

中国的瓷器驰名世界，西文的"中国"China 一词正是"瓷器"的意思。反映了在西方人眼里中国作为"瓷器之国"的形象。

中国瓷器经历了从陶器到瓷器，从青瓷到白瓷，再从白瓷到彩瓷的发展阶段。考古发现，早在一万年前，中国人就开始制造陶器，所谓陶器就是用粘土制成一定的形状后用火焙烧所得到的经久耐用的容器。单用陶土烧制的陶器表面粗糙，后来人们发现了"釉"，涂在陶坯表面上，烧制后的陶器就能像玻璃那样光洁，如果在"釉"中加入带颜色的金属氧化物，则烧制成的陶器还能显示出美丽的色彩。瓷器是陶器的高级形式。从外观上看，陶器吸水，不透明，而瓷器质地细密坚硬、不吸水、半透明；从物理构成上看，原料、温度和釉是区别陶和瓷的三要素：陶的原料陶土含有较多氧化铁，瓷的原料瓷土（或称高岭土）氧化铁含量低，氧化铝含量高；陶的焙烧温度低，约900℃，而瓷的焙烧温度在1200℃以上；瓷器表面有高温釉，而陶器无釉或只有低温釉。

原始瓷器大约在商代即已出现，后经三国、两晋时期的不断改进和提高，到宋朝前后已发展到鼎盛时期。后周世宗柴荣的御窑——"柴窑"出产的青瓷器，颜色像雨后的青天，被誉为"雨过天青"，并以"青如天，明如镜，薄如纸，声如磬"来形容它。宋朝的瓷器业发展最快，早在唐朝既已闻名于世的昌南镇于 1004 年被皇帝下令改为景德镇，因为那一年是景德元年，景德镇从此成为御窑。宋以前发展得比较成熟的是青瓷、白瓷和黑瓷，从宋代开始出现彩瓷。彩瓷的前身是在单色瓷上刻印出花纹，后来发展出用彩笔在胎坯上画花纹，在胎坯上画好花纹再入窑烧制所得的叫"釉下彩"，在烧好了的瓷器上彩绘再经炉火烘烧而成的叫"釉上彩"。"釉下彩"中最著名的是"青花"瓷，而"斗彩"、"五彩"、"粉彩"瓷则属于"釉上彩"瓷。

中国陶瓷大约在公元 8 世纪即唐朝通过"丝绸之路"或东方的海路传到西亚和南亚，再由这些国家传到欧洲各国。中国陶瓷以它瑰丽的色彩和高雅的气质深受各国人民的喜爱，成为高贵的艺术珍品。随着瓷器的西传，造瓷技术也于 11 世纪传到波斯和阿拉伯世界，1470 年传到意大利及西欧，为世界共享。

中华古建

建筑反映了一个民族的文化特色、科技水平和审美态度。中国古代建筑在技术上达到过很高的水平，在建筑式样上也独具特色。雄伟壮丽的万里长城、历史悠久的赵州桥以及代表各时代建筑最高水平的历代皇宫，都是华夏建筑的精品杰作。

据曾踏上过月球的美国宇航员说，中国的万里长城是从月球上可以肉眼看到的地球上两项特大工程之一。如果把修筑长城的砖石用来改筑成高 2.5 米、宽 1 米的城墙、可以绕地球转一周还有余；如果改铺成宽 5 米左右、厚 0.3 米左右的公路，则可以绕地球三四周。万里长城是人类建筑史上的奇迹！其实，早在战国时期各诸侯国为防御外敌入侵，已经开始各自修筑自己领地内的"长城"了，到秦始皇统一六国后，为防北方少数民族南下侵扰，在原来燕、赵、秦三国北长城的基础上扩大加固修筑起一条新的长城。这条新长城西起临洮，东至辽东，蜿蜒曲折 5000 千米，所以号称"万里长城"。此工程历时 9 年，凝聚着无数劳动人民的血汗，而且此后历代仍在继续这项工程，当然，在相当长的历史时期内也确实达到了它预想的效果，对于保护中原地区的政治稳定、经济发展、人民生活安定等方面起到了相当的作用。

赵州桥，又名安济桥，坐落在石家庄东南约 40 千米赵县城洨河之上，是隋朝石匠李春的杰作，大致建于隋代开皇至大业年间（581—618 年）。因赵县古时曾为赵州，所以一般称为赵州桥，又因桥体全部用石料建成，当地俗称大石桥。它以最古老的单孔石拱桥独领风骚，更以高超的科学艺术价值驰名中外，是中国现存最著名的一座古代石拱桥。净跨度 37.02 米，而拱矢只有 7.23 米，显示出较高的技术水平。它的高明之处在于主跨两肩上各造二小拱，以防洪水来临时增加泄水量，减小对桥的冲击力。而且，加两小拱还可以减轻桥体自重，减少对主拱的压力。这种"敞肩拱"结构是世界造桥史上的创举。关于赵州桥的建造，有很多美丽的传说。昔日洨河水泛滥，百姓只靠木船摆渡，木匠祖师鲁班一夜之间把羊群化成石头建起大桥。张果老和柴王爷一同来试桥，张果老倒骑毛驴，驴背上的褡裢里装着日、月；柴王爷推小车，装载着五岳名山。行于桥中心，将桥压得摇摇欲坠。鲁班见势不妙，纵身跳入水中，用手将桥托住，石桥安然无荡。至今桥上面还留着清晰的驴蹄印、车道沟和膝盖印，桥底保留着鲁班的手印。正如民歌《小放牛》所唱："赵州石桥鲁班爷修，玉石栏杆圣人留，张果老骑驴桥上走，柴王爷推车轧了一道沟。"

故宫是明清两代的皇宫，又名紫禁城，为我国现存最大最完整的古建筑群，也是世界上最大最完整的古代宫殿建筑群。故宫始建于明永乐四年（1406 年），永乐十八年（1420 年）建成，历经明、清两个朝代 24 个皇帝。故宫规模宏大，占地 72 万多平方米（长 960 米，宽 750 米），建筑面积 15 万平方米，共有宫殿 9000 多间，外围筑有高达 10 米的宫墙，四角有角楼，外有宽约 52 米的护城河环绕。为了突出帝王至高无上的权威，这些宫殿是沿着一条南北向中轴线排列，并向两旁展开，南北取直，左右对称，布局十分严谨。在故宫的中轴线上，按照前朝后寝的古制加以布置。外朝是皇帝治理朝政的主要场所，以太和殿、中和殿、保和殿三大殿为中心，文华殿、武英殿为两翼。故宫里最吸引人的建筑是三座大殿：太和殿、中和殿和保和殿。这三座殿宇也是故宫中最高大的建筑物，表现出它们不同凡响的崇高地位。它们都建在汉白玉砌成的 8 米高的台基上，远望犹如神话中的琼宫仙阙。第一座大殿太和殿是最富丽堂皇的建筑，俗称"金銮殿"，是皇帝举行大典的地方，殿高 28 米，东西 63 米，南北 35 米，有直径达 1 米的大柱 92 根，其中围绕御座的是 6 根沥粉金漆的蟠龙柱。御座设在殿内高 2 米的台上，前有造型美观的仙鹤、炉、鼎，后有精雕细刻的围屏。整个大殿装饰得金碧辉煌，庄严绚丽。内廷是皇帝和后妃的住所，有乾清宫、坤宁宫和东西六宫，还有一个御花园。后半部在建筑风格上与前半部大不相同，富有生活气息、建筑多是自成院落，有花园、书斋、馆榭、山石等。

前朝后寝，分工明确，体现了中国自古以来等级分明、内外有别的伦理观念。建筑学家们认为，故宫的设计与建筑实在是一个无与伦比的杰作，它的平面布局、立体效果，以及形式上的雄伟、堂皇、庄严、和谐，都可以说是罕见的。它标志着我们祖国悠久的文化传统，显示着 500 多年前匠师们在建筑上的卓越成就。

二　古埃及

古埃及的兴亡

古埃及的国土实际上就是尼罗河中下游两岸的一个狭长地带，只是在尼罗河三角洲附近向地中海冠形展开。尼罗河由南向北奔腾而下，注入地中海。南起尼罗河第一瀑布（位于阿斯旺以南约 70 千米，阿斯旺高坝修起后被水库淹没），北至孟菲斯，有一条长达 700 多千米、宽约十几千米到几十千米的狭长河滩，两旁是高山和沙漠。孟菲斯以北至入海口是三角洲。这里土地肥沃，适于农耕，它就是古埃及人休养生息和创造文明的地方。埃及常年雨量稀少，农业生产得以发展离不开尼罗河的作用。每年 7 月尼罗河涨水，携带着大量泥沙、矿物质和有机物质的尼罗河水淹没了两岸谷地，到 10 月份泛滥期过去，居民开始排除积水播种谷物，下一年洪水到来之前全部庄稼收割完毕。古希腊历史学家希罗多德（Herodotus，公元前484—公元前425）说过："埃及是尼罗河的赠礼。"还有历史学家说："埃及是尼罗河的女儿。"

古埃及是世界上农业文明发达最早的地区之一，据说，在公元前 4000 年以前就已进入农耕社会。大约在公元前 3500 年左右，尼罗河三角洲地区形成一个王国，人称下埃及；孟菲斯以南的河谷地带形成另一个王国，人称上埃及。大约在公元前 3200 年左右，上埃及国王美尼斯把上下埃及统一起来，是为古埃及王国第一王朝的开始。上埃及的神庙和下埃及的金字塔已经屹立了 4600 多年，公元前 4241 年埃及人就开始实行人类历史上最早的历法之一——埃及历了。因此，埃及文明的起源至少可以上溯到公元前 4000 多年。

古埃及的历史常分为前王朝时期、早期王国（第一、第二王朝）、古王国时期（第二至第八王朝）、中王国时期（第九至第十七王朝）、新王朝时期即帝国时期（第十八王朝至第二十王朝）、衰败时期（第二十一至第三十一王朝）。此间，埃及王国的势力曾一度扩张，现今的埃塞俄比亚、苏丹、利比亚、叙利亚、以色列等地、都曾在埃及王国控制之下。王朝后期，埃及曾先后被利比亚人、埃塞俄比亚人、亚述人、波斯人一度侵入或征服。公元前 525 年，埃及亡于波斯帝国。公元前 332 年，马其顿王亚历山大打败波斯，占领埃及，在尼罗河口附近建亚历山大城，成为希腊化世界的经济文化中心。公元前 30 年成为罗马的一个行省。公元 640 年以后则被穆斯林哈里发所统治。16 世纪 50 年代埃及被并入土耳其奥斯曼帝国的版图。1798 年拿破仑军队进入了这片土地、但在 3 年后被英国人赶走。直到 1936 年，英国人的势力才从除苏伊士运河区以外的地区撤出。今日的埃及是在第二次世界大战结束后的几年中才取得独立的。在这个新的独立国家里，92% 的人民已经是阿拉伯人了，其次才是古埃及人的后裔柯普特人。

讲古埃及的历史，一般是至公元前 525 年止，有的著作讲到公元前 332 年止。按照公元前 3 世纪的埃及历史学家马尼托（Manetho，公元前3世纪）的记载，从第一王朝到公元前525年，埃及共经历了26个王朝；到公元前332年，共经历了31个王朝。考古学和铭文发现，埃及从古王国以来就和周围地区的民族进行了大量贸易，这些贸易都是由国王和上层阶级组织的，而且主要是为他们所享用。庞大的埃及商队常常也是出征大军的先遣队，在古王国和中王国的强盛时期，法老发动了对外战争，这些战争的重要目标是西奈半岛上的铜矿区、尼罗河上游努比亚的金矿区，以及获得大量财宝、奴隶、牲畜和土著部落的臣服。在新王国的盛时，埃及人曾手执青铜斧越过苏伊士地峡，向巴勒斯坦和叙利亚发动战争，曾一度把这些地区并入自己的版图之内。黎巴嫩山上的雪松，叙利亚的马匹、战车，巴勒斯坦的黄金、白银，都成为帝国的财富，而且更重要的是获得了通往亚洲的稳定商道，并能够在海上同希腊人进行贸易，帝国的影响扩大了。然而，正是在新王国鼎盛之后，这块试图开放的土地便开始成为先进入铁器时代的西亚人和欧洲人的猎场。埃及人后来在军事上的失败，除了国力疲惫之外，主要还因为他们用铜武器迎战铁武器。他们的对手先是亚述人，后是波斯人，而这两者都是手执铁剑铁矛的年轻民族。

古埃及的神和祭司

古埃及国家是从原始公社转变而来的农村公社组成的，每个公社开始都有各自的图腾，在形成统一国家之后，并没有产生出完全统一的神，但形成了一些全国性的大神，其中最重要的是主管大地和植物生长的农神奥赛里斯，他曾被他的兄弟——沙漠和风暴之神赛特杀死，尼罗河一年一度泛滥后原野上出现的新生机被看成他复活的象征。奥赛里斯也是冥界的主神，人死后要通过阿努比斯神的协助才能进入冥界，阿努比斯掌管着木乃伊的制作。莫赛里斯的妻子和妹妹是主管生育的爱西斯，他们的儿子是手握生命之匙的鹰头神荷鲁斯。许多法老把自己看成是他的化身。另外，还有爱神海瑟，人类的创造者太阳神，手艺人的保护神普塔，智慧之神韬特和真理之神迈特。

处于人类文明初期的古埃及人把自己的生与死以及自然现象都交给神来掌握，甚至连改造自然的技术和理解的智慧也包括在内，这或许与对强大自然力的敬畏和无可奈何有关。技术要靠普塔的护佑，智慧受到迈特的启示。韬特是立法者之一，主管着测时、计日和纪年，还掌握着语言，主宰着书籍，发明了文字。他要人们世世代代记录天文事件，埃及神庙的祭司们忠实地执行着这一职责。不过，出土的古埃及纸草书文献却表明古埃及的科学技术是古埃及人自己创造出来的。尤其是神庙中的祭司们保存和发展了埃及的文字和科学知识。公元前约1800—前1600年间，一个叫阿摩斯的祭司写的一份纸草书卷转录了公元前2200年人们积累起来的几何和算术知识。公元前2000年前后的一份纸草书和公元前1600年左右的埃伯斯纸草书卷则载有医学论文。在罗马人统治埃及之后，由于限制了神庙的特权，祭司阶级慢慢消亡了，这也是人们后来不得不靠破译埃及文字来重新认识埃及文化的原因。

古埃及的书写技术

约在公元前3500年或更早一些，古埃及开始有了文字。最初的文字是图形文字，例如一个圆圈中间加一点表示太阳，三条波形横线上下排列起来表示水。后来出现了标示音节的符号——24个辅音字母。在第一王朝和第二王朝时期，形成了以表形符号、表意符号和标声符号相结合的象形文字，但始终没有发展为纯粹的拼音文字。在书写的形式上，古埃及文字有"祭司体"（草书）和"世俗体"两种。

古埃及人的庙宇和墓室的墙壁上、纪念碑上，以及他们的棺椁上，都保留下了他们的文字。埃及盛产纸草（papyrus，英文纸一词 paper 即来源于此），这是一种与芦苇相似植物，把它的茎秆部切成薄的长条后压平晒干，可以制成"纸"，用烟黑制成墨汁就可以在上面书写。这种"纸"易裂成碎片，难以久存，现在保存下来的为数不多的纸草"书"是从古墓中发掘出来的。纸草"书"一般宽约30多厘米，长度则可达数米甚至一二十米，视书写内容多少而定，写好以后卷起来保存，所以人们又称它为"纸草卷"。古埃及王国灭亡以后，古埃及的文字逐渐成为"死文字"，到了近代已经无人可以识读。1799 年，法国人布萨（Boussard）在尼罗河口小城罗塞达发现了一块公元前 195 年刻的石碑，内容是赞颂托勒密五世即位，同样的内容用古希腊文、古埃及文祭司体、古埃及文世俗体三种文字书写。通过研究这块石碑，人们读通了古埃及文字。如今，"罗塞达石碑"已经成了西方的一个典故，意为赖以破译某种秘密的材料。

古埃及的天文学

作为农业文明古国，观测星象、制定历法也是古埃及天文学的重要内容。根据考古发现我们了解到，古埃及人把天球赤道附近的恒星分成 36 组，每组有恒星一颗或数颗不等，太阳每 10 天走过一组，故称之为"旬星"。当某一组星黎明前夕恰巧升到地平线时，就标志着它代表的那一旬的开始。这样一年是 360 天，这可能是早期很不准确的历法。以后古埃及人认识到一年是 365 天，就在年终时再加上 5 天过节的日子。

尼罗河的泛滥是相当有规律的，古埃及人曾以洪水到来的日子为一岁之首。但是，每年尼罗河水泛滥的日子不可能规律到一天不差的程度，所以这样确定岁首毕竟有些粗糙。所以，以后埃及人又把观察天狼星（全天最亮的恒星）与太阳同时升起的日子用于计年。这样就提高了历法的准确度。由于一年约 365.25 天，古埃及历法是一年 365 天，每年相差 0.25 天，每 120 年会相差一个月，每 1460 年相差一年。古埃及人经过长期的观测发现，如果某年第一天天狼星与太阳同时升起，以后每 120 年这个日子就会相差一个月，第 1461年的第一天天狼星又与太阳同时升起，他们把这个周期叫"天狗周"（因为他们把天狼星叫天狗）。此外，从埃及金字塔建筑方向的精确以及塔中壁画和棺材上的星图，也可看出古埃及人在天文学上的卓越成就。

古埃及的数学

我们现在对古埃及数学的了解，主要是依据两份数学纸草卷。一份名为"莱因特纸草"，发现于埃及古都底比斯，1858 年被英国人莱因特得到，现存于伦敦大英博物馆。另一份名为"莫斯科纸草"，俄国收藏家 1893 年得到，现存于莫斯科博物馆。莱因特纸草上有 85 个题目，莫斯科纸草上有 25 个题目。据研究，这两份纸草写成的年代在公元前 2000 年左右。

首先，古埃及的数学是十进制，然而没有位值制。要表示"111"这个数字，他们要依次写一个"100"的符号、一个"10"的符号和一个"1"的符号。要表示"999"这个数字，他们要依次写 9 个"100"的符号、9 个"10"的符号和 9 个"1"的符号。其次，古埃及人可以做乘法，但是必须要把乘法转换成某种连加的形式才行，古埃及人还会分数运算，但是除了"2/3"以外，所有分子不是"1"的分数，他们都要先化成分子为"1"的形式，然后再进行运算，他们有专门的表可以查如何进行这种转化。至于为什么要这样做，至今仍是不解之谜，但是人们一般认为，这种做法使古埃及的分数运算走上了一条错误的路，它太麻烦了。从纸草中的题目还可以看出，他们当时已经会解一元一次方程了。

古埃及的数学成就还突出表现在几何方面。西文"几何"一词的本意为"测地学"，人们认为它起源于古埃及的土地测量。古埃及人计算圆面积的方法是直径减去其 1/9 后再平方，这相当于 π 值为 3.16，相当精确。古埃及人有计算四棱台体积的公式，其结果与现代计算方法相同。巍巍的金字塔，是古埃及人精于计算四棱台体积的物证。

古埃及的金字塔

古埃及的金字塔世界闻名。金字塔是古埃及国王的陵墓。和制木乃伊一样，修建宏伟的金字塔也是出于他们的宗教信仰。现在知道的埃及金字塔有 80 多座，分布在开罗以南 10 多千米的地区，修建于公元前 20 多世纪，即古埃及的第三至第六王朝。金字塔的底座是正方形，以巨石垒起，整个金字塔是一个四棱锥形。因为它每一面都是三角形，看上去如汉字的"金"字，所以汉语译为"金字塔"。

最大的金字塔是第四王朝第二代法老胡夫的金字塔。原来塔高 146.5 米，底边边长 230 米，用大约 230 万块巨石垒成，每块石头平均重约 2.5 吨。由于数千年的风化剥落，现在高为 138 米，底边边长 220 多米。这么一座雄伟非凡的金字塔的建造，有很多难解之谜。这么大的石块是怎样从遥远的采石场搬运来的？又是怎样垒上去的？从古代的技术水平看，似乎难以想象。而且，金字塔底边的周长恰是以其高为半径画圆的周长；金字塔地宫北面出口的斜坡仰角，恰是当时当地看到北极星的仰角；金字塔修起后石缝严密，显然预先有精确的计算；金字塔地宫中物品可以保存得非常长久，这些问题也都很神秘。有人说金字塔是外星人修建的；有人说金字塔修建者所创造的人类文明已经灭绝，现今的文明是重新发展起来的。至今，金字塔依然充满未解之谜。

三　美索不达米亚

两河文明的兴亡

两河指的是幼发拉底河和底格里斯河，两河流域的古代文明史，是从公元前 3500 年前苏美尔王国开始，到公元前 538 年结束。苏美尔王国、古巴比伦王国、亚述帝国、新巴比伦王国，是其文明发达的四个阶段。有时，又将古代两河流域的文明简称为巴比伦文明。

两河发源于托罗斯山脉，流出山岭地区后平行地向东南方向流去，最后汇合起来流进波斯湾。两河流域的中心地带在现今的伊拉克境内，两河之间的肥沃平原，史称美索不达米亚，这是一个希腊名词，意为"两河之间的地方"。当古埃及文明在尼罗河畔出现的时候，古巴比伦文明也开始在这里孕育了。这是亚洲西部的一块沃野，它的周围有着丰富的自然资源，也从周围地区吸引来了无数部落和众多的民族，他们一方面互相影响融合，另一方面自然也战争连连。

在两河流域，古代曾先后由不同民族建立起多个王国。公元前3500年以前，苏美尔人在两河流域就已建立起一些奴隶制城邦国家，也已经知道用铜，并且有了文字。大约在公元前3000年代初期，来自西方的闪米特人侵入两河流域，他们在现今的巴格达附近建立起一个名叫阿卡德的城邦国。阿卡德最伟大的国王叫萨尔贡，他统治了两河流域。大约在公元前2000年代初，巴比伦城发达起来，它位于幼发拉底河中游东岸，现今巴格达以南100多千米。阿摩利人以巴比伦为都城建立起巴比伦王国（史称"古巴比伦王国"），它的第六代国王汉莫拉比（Hammurabi，约公元前1728—公元前1686）统一了两河流域，建立起了高度中央集权的奴隶制国家，科技文化都有很大发展。汉莫拉比制订的法典史称"汉莫拉比法典"，是现代人了解古巴比伦王国的重要文献。公元前16世纪中叶，巴比伦王国遭外族入侵。公元前13世纪末，两河流域进入了亚述帝国称霸的时期。到公元前7世纪末，迦勒底人在两河流域又建立起新巴比伦王国。公元前538年，新巴比伦王国亡于波斯帝国。如今，这块土地上建立的多是以阿拉伯人为主的国家。

古代两河流域的文字

苏美尔人是两河流域文明最早的创造者，在许多方面都可以和古埃及人相媲美。苏美尔人在象形文字的基础上创造出了一套楔形文字，这些文字用芦杆写在泥板上，因起笔处压痕较深广，抽出时压痕较细较浅，每一笔划都形如木楔，所以被称为"楔形文字"。书写以后，将泥版晒干或烧成砖。用泥板写出的"书"很笨重，只能是"摆着读"，而不可能"捧着读"，然而这种泥版书能长久储存，当时的知识便是由这些泥板文书留传下来的。这种楔形文字随后成了西亚的通用文字，并和埃及的象形文字一起哺育了腓尼基人的文字。波斯文字的字母也是由它改造而来的。

古代两河流域的天文学

苏美尔人的天文学超过了同时期的埃及人，有人说古代两河流域发达的占星术，是其天文学发达的重要促进因素。为什么这里古代占星术发达，据说是因为底格里斯河和幼发拉底河涨水不像尼罗河那样规律，经常泛滥成灾，再加上战争频仍，使这里的古人更觉得命运难以把握。他们的天文观测有两个直接的目的：计时和预知未来的世界。苏美尔人相信神主宰着尘世的祸福，天上的星就是神的化身，星的运行和地上的事件有关，而星的运行是有规律的。为了研究这种规律，他们在城市的中心建造了塔庙，作为祭神的中心，也作为天文台使用。同时，农业的发展也需要通过系统的天文观测来建立一套精确的计时系统来认识季节。他们在公元前4700年左右制定的阴历比埃及最早的历法还早500年左右。该阴历分1年为12个月，每月30天，时常加闰，而且使用的是非常精确的置闰方法，能达到19年误差不到一日的程度。

苏美尔人已经知道了"黄道"——太阳一年之中在恒星背景上走过的道路。他们把黄道分为12段，每一段中的恒星为一个星座，并以神话中的神或动物命名。这些星座名称被沿用下来，并形成了占星术上所说的"黄道十二宫"这一术语。古代两河流域是以新月初见为一个月的开始。一个朔望月29.5天，晚上能见到月亮的有28天。把28天四等分，每一部分7天，他们把这7天依次分配给太阳、月亮、火星、水星、木星、金星和土星，这是"星期"的起源。

古埃及人把一昼夜分为 24 时，他们以日出为昼的开始，正午为昼 6 时，日没为夜的开始，夜半为夜 6 时，他们的 24 时是不等长的。而古巴比伦人则是把一昼夜分为等长的 24 时，这种计时制度也被继承下来，直到现代仍在采用。古代两河流域人对日、月和五大行星的运行规律也有比较精确的观测结果。他们在公元前 9 世纪时就已知月食必定发生在望。他们从公元前 311 年开始编制的日月运行表，包括了太阳在黄道上的位置、昼夜长度、合朔日期、月亮的纬度等多项内容。

古代两河流域的数学

古代两河流域数学也很发达，这可能与其天文学发达相关，因为在古代最复杂的数学问题应当是天文学中的计算问题。所以，可以说巴比伦时代两河流域的天文学和数学是协同发展的。古代两河流域的数学实行了位值制，即一个数字符号实际表示的值与其所在的位相关，这是其进步的地方。但是他们采用的进位制度是十进制和六十进制并用，这可能与天文学中的计算相关。

这种独特的选用六十进制的计算系统大约形成于公元前 2400 年左右。到公元前 1900 年时，巴比伦的数学就进入了全盛时期。考古发现的巴比伦"契形数学字版"是这一时期数学高度发达的见证。这种字版或文本把数学分为两类：一类为"表格课文"，这是古代的"应用数学"。字版中有许多表格，如乘法表、倒数表、平方表、立方表和立方根表等，通过对照表格可以进行大小单位之间的换算。由于采用的是 60 进制，所以计算方法和得数的表示方法类似现在对时间的表示（现代通用的时间是 60 进制）。巴比伦数学的"表格课文"，很像现在小学低年级的应用题，可以看作人类数学的幼年阶段。另一类是契形数学版中的"问题课文"，这是古老的巴比伦的"理论数学"。"问题课文"中的数学多半是纯代数性质。例如，两正方形的面积之和是1000，其中一个正方形的边长比另一个的2/3还少10，求两个正方形的边长。人称这是世界上已知的最早的代数题目，现在解这个题目需要列二元二次方程组。我们还不能肯定古巴比伦人是怎样解这个题目的，但他们确实解出来了。此外，还有四次甚至六次方程以及三元以上方程组的解法，而这些数学方法都被巴比伦人用于天文学的计算。所以，巴比伦时代两河流域的天文学和数学是紧密相关、协同发展的。

古代两河流域的技术

古巴比伦的汉莫拉比法典中提到了许多种手工业行业，包括制砖、青铜冶炼、缝纫、宝石加工、皮革、酿造、木工、造船、建筑等，说明手工业的分工已相当细，都已形成了专门的行业。从其法律条文也可看出，其手工业已相当高超，如果质量不合标准或弄虚作假，要受到相应的法律制裁。其中最值得一提的技术应当是冶铁技术和城市建筑。

进入铁器时代，是古代生产力发展的重要里程碑之一。而古巴比伦王国在公元前16世纪被赫梯人所灭，赫梯人在大约公元前15世纪就发明了炼铁。考古学家发现了一封公元前13世纪的埃及国王致赫梯国王的信，信中要求赫梯人给他们铁。在公元前8世纪的亚述帝国都城里，考古发现了大量铁制工具和武器，表明此时两河流域肯定已进入铁器时代，这在世界上也是比较早的。

古代两河流域的城市建筑要数新巴比伦王国的都城。该城有三道城墙，城墙上有很多塔楼，城门高达12米，城内有用石板铺成的宽阔道路，当时人称它是世界上最雄伟壮观的城市。城内的王宫富丽堂皇，王宫旁边的空中花园被称为世界七大奇观之一。城中最高的建筑是供奉神灵的巴比伦塔，其遗迹现在尚存。

四　古印度

哈拉巴文明和古印度的兴亡

古印度是世界四大文明古国之一。我国西汉时称之为"身毒"，东汉时称之为"天竺"，唐玄奘取经归来以后始称之为印度。从地理上说，古代印度与现在说的印度次大陆相当，包括尼泊尔、印度、巴基斯坦、孟加拉等国。发源于喜马拉雅山脉的印度河和恒河，分别从次大陆的两边流入印度洋，在次大陆北部形成两大平原，次大陆的南部是一个半岛，中央是德干高原，沿海是狭长的平原。依据20世纪30年代以来的考古成果，发现印度河流域从公元前3000年代中期已形成相当发达的农业文明。这种文明的遗址首先发现于巴基斯坦旁遮普省蒙哥马利县的哈拉巴，故称之为"哈拉巴文明"。其年代大约是公元前2500年至公元前1500年，这个时代也被称为古印度的哈拉巴时代。

但是，这一文化不知由于什么原因在公元前2000年左右时销声匿迹。大约在公元前1500年左右，来自中亚细亚的游牧部落南下进入并征服了印度河与恒河流域。他们自称为"雅利安"人，意为"高贵者"，而把肤色较黑的土著称为"达萨"，这是印度种姓制度的起源。雅利安人的宗教是婆罗门教，他们的宗教经典"吠陀"是了解这一时期古印度历史的主要依据，故人称古印度的这个时代为"吠陀时代"。所谓"吠陀"就是"知识"的意思。大约在公元前500年左右，印度河与恒河流域形成了20个左右的奴隶制国家，古印度进入列国时代，各国之间争战不已，经历了多次分裂与统一。公元前4世纪到公元前2世纪的孔雀王朝、公元1世纪到3世纪的贵霜帝国、公元4世纪的笈多王朝，是古印度列国时代比较著名的王朝和帝国。在列国时代，又发生多次外族入侵印度的事件。公元前6世纪时波斯帝国、公元前4世纪时亚历山大帝国，其势力都曾进入印度。公元5世纪，匈奴人的一支又侵入印度。公元13到16世纪初，又先后有突厥人在印度建立德里苏丹国、蒙古人后裔在印度建立莫卧儿帝国。到19世纪中期，印度次大陆成为英国殖民地。

复杂的国度和神秘的宗教

我们不得不说印度是一个复杂的国度。直到殖民地时期，印度一直是大小王国林立，从来没有形成过高度统一的中央集权制国家。因此，印度从来没有统一的语言，各民族各部落所使用的语言和方言有150多种。而且，印度次大陆本身就是世界三大人种（黑、黄、白）的交汇处，加之屡遭外族入侵、占领和统治，所以导致印度人种更为繁杂，素有"人种博物馆"之称。此外，是根深蒂固的种姓制度。全部印度人被分为四个等级的种姓，从高到低依次是婆罗门（僧侣）、刹帝利（武士）、吠舍（平民）和首陀罗（贱民）。种姓世袭，而且不同种姓间不得通婚。这些都使人感觉印度好像一盘散沙。

复杂的同时还充满了神秘。此地到处笼罩着宗教的气氛，处处有神庙，村村有神池，而且伴随文化的多样性印度人信仰的宗教也极多，同一宗教也有许多教派。在印度，婆罗门教即印度教最为流行，而发源于此地的佛教却不太流行，佛教信徒倒是有许多聚集到东亚和东南亚地区，很有些墙里开花墙外香的味道。印度这种浓重的宗教文化色彩，使他的民众推崇来世而轻视今生，强调人生的无常和空虚，主张清心寡欲，反对执着追求。这样，印度人的历史也笼罩在云里雾里，古代印度人根本不注意记述自己的历史，他们更喜欢讲神话故事，后世也只得从这些神话故事中来发掘和考证印度的古代历史了。

《吠陀经》和天文学

像古代埃及、两河流域一样，古代印度的天文学也主要是服务于历法制订和占星。但是它与宗教活动的联系显得更为密切，所以我们主要是从宗教著作中来了解古代印度的天文学。

《吠陀经》中已经讲到了祭日的推算问题，这是现在知道的古代印度最早的天文学知识。现存最早的古代印度天文学著作是《太阳悉檀多》，"悉檀多"是"知识"的意思。据说此书写于公元前6世纪，但是据考证有许多内容是后来添加进去的。公元505年，有人汇集了五部古代印度天文学著作，编成《五大历书》。在《阿利耶毗陀历书》中，讨论了日月和五大行星的运动以及推算日食月食的方法，它代表着印度公元6世纪初时天文学的水平。古代印度一年分为6季：冬、春、夏、雨、秋、露，每季两个月。我国唐代时传入的印度《九执历》，定一个朔望月为29.53日，19年设7个闰月，与我国的历法很相似。

印度在吠陀时代认为天地之间有一座大山，叫须弥山。天如伞盖，由须弥山支撑着，日月五星都绕着须弥山运行。大地是由4只大象驮着，大象则又站立在浮于水中的乌龟背上。这种认识与中国古代的"盖天说"有相似之处，但是又有印度自己的特点。我们从中看得出地理环境与物产对人的宇宙认识的影响，也可以看出这种认识与印度神话的联系。公元5、6世纪之际，阿利耶毗陀曾说过大地在转动着，但这种观点并没有被大众接受。古代印度也把天球赤道附近的恒星分为二十八宿，与中国古代相似。但是，依据现在掌握的资料，中国的二十八宿体系形成要早于印度。

古印度的数学

古代印度的数学发展也比较早。古印度现存的最早数学著作是《准绳经》，大约写于公元前6世纪。它实际上是吠陀经中的一篇附文，讲述祭祀活动中各种祭坛的形状、大小、如何建造，以及座位如何布置等几何问题，耆那教经典中还提到圆周率。约公元前1世纪的《昌达经》中，已有相当于二项式定理的内容。公元5世纪又出现《阿利耶毗陀历书》又称《圣使历书》，该书中出现了完备的十进制数值体系。

在公元7—13世纪，古印度数学有了较大发展。婆罗摩及多（Brahmagupta，约598—约660）在公元628年写成《梵明满悉檀多》，该书中包括了整数运算、分数运算、数列、比例问题、平面几何、立体几何等内容，还讨论了负数运算法则。尤其值得提出的是，该书中不再把"零"仅视为空位、而是也把它看做一个数字，讨论了"零"的运算法则。除了"零除以零等于零"这个说法，他关于"零"的论述都是正确的。有了十进制、位值制、零的符号，使得古印度可以用10个数码符号表示所有数字。古印度数码符号在8世纪传入阿拉伯，以后又传入欧洲，成为世界通用的数码符号，这是古印度数学对世界数学发展的一大贡献。

古印度的医学

印度古代医学知识既古老又丰富，这或许与印度思想中的大慈大悲、普度众生的仁爱思想一致。属于医学的知识体系，在印度古代称为"阿柔吠陀"（ayurveda），意为"长寿的知识"。它与现今医学知识体系的侧重面有些不同，不仅关心治病，还很重视防病和养生。

在较早医学文献中，巫术的成分很重，以后才逐渐发展为以医学治疗为核心。吠陀时代，印度人认为人体与万物一样都是由"五大"，即"空、风、火、水、地"五大元素组成。其中"地"和"空"分别对应于躯体和空腔，比较稳定，而"水、火、风"分别对应于体液、胆汁和气，它们比较不稳定，人体生病是这三大元素失去平衡的缘故，治病就是恢复平衡，防病和养生就是维持它们的平衡。佛教时代认为万物由"地、水、火、风"四大元素组成，人体内任何一大元素不调都会引起疾病。据说也是在吠陀时代，印度医学已经开始进行分科的尝试，共分内科、外科、五官科、精神病科（由魔鬼引起的疾病）、小儿科、老年科、毒物科（毒蛇咬伤或食物中毒）、保健科等"八科"。在印度古文献中好早就有关于临床诊疗、人体解剖学、植物药学等方面的知识，古代印度人已经识别了黄疸、麻风、天花、关节炎、小产和精神病，懂得如何使用驱虫药、免疫疫苗。外科医师可以做剖腹、断肢、眼科、耳鼻唇整容等手术了。而且，大约在公元前563—前483年，印度已经出现了医科学校和专职医生。

印度古代医学有些疗法很特殊，如用水蛭吸脓，用各种药物制成湿布驱风去寒等。金针拨眼白内障，更是印度古代医学的一朵奇葩，这种技术唐代传入中国。从养生到追求长生，由此发展出了炼丹术，印度古代医学的这种发展与中国道家很相似，而且也是以硫磺和汞为炼丹基本原料。印度的医学和炼丹术，对阿拉伯帝国有重要影响。

五 科学思想的摇篮——古希腊

古希腊的兴亡

古代希腊并不只是今天我们从地图上所看到的巴尔干半岛南端的希腊半岛这块地方。创造科学奇迹的古希腊人生活在包括希腊半岛本土、爱琴海东岸的爱奥尼亚地区、南部的克里特岛以及南意大利地区在内的这些地方。这一地区似乎是欧洲同时伸向亚洲和非洲的触角，而古代非洲文明的中心埃及和亚洲古老的巴比伦文明正处于它的面前。这一地区公元前 6000 年就出现了农业文化，公元前 2000 年逐步发展起来，自公元前 5 世纪起，雅典在各城邦中取得盟主地位，建立了奴隶主民主政治，这是古希腊经济文化大繁荣的时期，史称"雅典时期"。在此期间出现了苏格拉底（约公元前 427—前 399）、柏拉图（约公元前 429—前 347）、亚里士多德（公元前 384—前 322）等著名哲学家。

古希腊文明的后期，大约公元前 4 世纪—前 2 世纪中叶，北方马其顿王国征服了希腊，后来他的国王亚历山大又建立了地跨欧、亚、非的大帝国，在所属埃及境内建立了一个希腊化的亚历山大城，称为新希腊化时代科学和文化的中心，这就是亚历山大帝国时期，又称"希腊化时期"。几乎所有希腊新时代的科学人物都曾在亚历山大工作和学习过，而港口上于公元前300年树起的由工程师索斯特拉特设计的壮观的航海灯塔，则象征着希腊世界文明的新航标。

马其顿王朝的东征和扩张，本来是想将内部矛盾的祸水东引，以避免希腊世界从内部崩溃。可结果却是：虽然希腊本土的城邦免除了从内部毁灭的危险，但它们也丧失了复元和发展的力量，希腊人值得自豪的科学从此也不再同自己的本土密切联系在一起。更何况，亚历山大一死，希腊又陷入了混乱分裂的局面。直到公元前1世纪意大利半岛上兴起的罗马帝国运用军事力量和老练的外交手段，征服了四分五裂的希腊世界，古希腊的历史终告结束。

城邦民主制和古希腊科学精神

在古代世界所有的民族中，极少像希腊人那样对近代世界发生如此巨大影响者。而且，这种影响不在于物质文明方面，而在于精神文明方面。他们热爱自由，有极富活力的民主体制，他们热爱真理，有异乎寻常的求知热忱。希腊人开启了西方哲学也开启了近现代科学。亚里士多德说过，哲学和科学的诞生有三个条件：一是惊异，二是闲暇，三是自由。而提供希腊人以闲暇的是希腊奴隶制，提供希腊人以自由的是希腊的城邦民主制。所谓城邦是指以某一城市为核心与周围农村一起构成的小国家。公元前8世纪—前4世纪是古希腊的城邦奴隶制时期，在几万平方千米的土地上遍布着200多个城邦。各邦独立自主，相互竞争，外邦人可以自由出入各邦，这就使整个希腊呈现出百花齐放、百家争鸣的局面。希腊奴隶制和城邦民主制保证了贵族和自由民优裕的生活及闲暇，这无疑更有利于科学和哲学的繁荣与发展。希腊奴隶制保证了贵族和自由民优裕的生活及闲暇，但也正由于手工作业都由奴隶完成，希腊哲学家一般来说不重视亲自动手观察自然现象、亲手制造仪器工具。他们发展了高度发达的思维技巧，提出了极富天才的自然哲学理论，在实验科学方面却严重不足。

在人类历史上，希腊人第一次形成了独具特色的理性自然观，这正是科学精神最基本的因素。许多古老的民族，或者只有神话、宗教式的自然观，或者缺乏对自然界的系统看法，自然界往往被认为是混乱、神秘、变化无常的，人在自然面前完全是无能为力的。希腊人则不同，他们把自然作为一个独立于人的东西加以整体看待，把自然界看成一个有规律的、其规律可以为人们把握的对象，他们还创造了一套数学语言力图把握自然界的规律。

像世界其他地区一样，早期希腊人的自然观也是神话自然观，自然物被赋予神话色彩，自然现象被神化为神的行为。但是，与其他民族和地区相比较，古希腊神话有两个突出的特征。一是奥林匹斯山上的诸神与人类相似但不是人，即人神相异同构。他们像人一样有个性，有情欲，爱争斗，但同人有严格的界限。人神之别，反映了对象性思维的原始形式，而人神同构，则导致了古希腊的有机自然观念。希腊神话的第二个突出特征是它完备的诸神谱系，任何一个神都有其来龙去脉，在神谱中的地位非常清楚明白。这种完备的诸神谱系，实际上是逻辑系统的原始形式。如果把诸神进一步作为自然事物的象征，那么，神谱的系统性可以看作对自然之逻辑构造的原始象征。在这种神谱中，弘扬了秩序、规则的概念，是古希腊理性精神的来源之一。希腊神话的这两大特征，表现出希腊人特有的思维方式，即思想的对象性和逻辑性，同时这也正是自然科学赖以产生的基本前提。

在希腊人看来，自然界不仅是有别于人的东西，也不仅是有规律、有秩序的，更重要的是其规律和秩序可以为人所把握，因为它是数学的。对数学的重视，是希腊人最为天才的举动，也是他们留给近代科学最宝贵的财富。希腊人相信心灵是掌握自然规律最可靠的保证，因而极大地发展了逻辑演绎方法和逻辑思维。在一些特殊的科学领域，希腊人成功地将它们数学化，并得出高度量化的结论，这些领域包括天文学、静力学、地理学和光学。它们不仅在古代世界达到了该领域最高的水平，而且对近代科学的诞生起了一种示范作用。

古希腊时代的科学

1. 第一个自然哲学家泰勒斯

西方历史上第一个自然哲学家泰勒斯（约公元前 624—前 547）诞生于地中海东岸爱奥尼亚地区的希腊殖民城邦米利都，他既是第一个哲学家也是第一个科学家，是西方科学——哲学的开创者。他的学生阿纳克西曼德和阿那克西米尼也是米利都人，他们形成了西方哲学史上第一个哲学学派——米利都学派。泰勒斯出身名门望族，带有腓尼基人的血统，是当时希腊世界的著名人物，被列为"七贤"之一。与其他贤人不同的是，泰勒斯不仅在政治事务中聪明能干，而且懂得自然科学，是第一个天文学家、几何学家。在他的墓碑上刻着："这里长眠的泰勒斯是最聪明的天文学家，米利都和爱奥尼亚的骄傲。"

泰勒斯年轻的时候曾经游历过巴比伦和埃及，也是从那里习得了先进的天文学理论和先进的几何学知识。为了航海的需要，米利都人很重视天象的观测，据说泰勒斯写过关于春分秋分和夏至冬至的书，还发现了小熊星座，方便了导航。而且他还能预测日食，埃及的测地术也是由他第一个引进希腊的，并将之发展成为比较一般性的几何学。泰勒斯作为第一个自然哲学家还留下了一句名言："万物源于水"。这是一个普遍性的命题，它开始追究万物的共同本源；这是哲学思维的开始，是科学地对待自然界的第一个原则，开创了唯物主义传统，对后世科学和哲学的发展有导向性作用。

2. 西方医学之父——希波克拉底

古希腊最著名的医生是希波克拉底，以他的名义流传下来的著作《希波克拉底文集》，共有 70 篇文章。希波克拉底最大贡献是将医学从原始巫术中拯救出来，以理性的态度对待疾病、治病，注意从临床实践出发总结规律。由此，他创立了自己的理论——体液理论。希波克拉底认为：人身上有四种体液，即血液、黄胆汁、黑胆汁和粘液，这四种体液的流动维系着人的生命，它们相互协调，人便健康，不协调则产生疾病。这种体液理论一直在西方医学中流传，就像中医的阴阳五行学说一样，成了西医学的理论基础。

除了医术高超以外，希波克拉底还以医德高尚为人称道。在他周围，形成了一个医学学派和医生团体。著名的希波克拉底誓词，强调医生的道德责任，是医德教育的经典，后世许多医生都是比照此誓词进行宣誓的。

3. 百科全书式的大学者——亚里士多德

亚里士多德（公元前 384—前 322 年）是古希腊最伟大、最富传奇色彩的人物。他是柏拉图的学生、马其顿国王亚历山大大帝的老师。恩格斯称亚里士多德是最博学的人，因为他在哲学、政治学、美学、教育学、逻辑学、生物学、生理学、医学、天文学、化学、物理学等很多方面都有卓越的贡献。他的著作丰富，体系庞大，堪称古代的百科全书。

在逻辑学方面，他创立了以三段论为核心的严整的形式逻辑体系以及从理论上探索问题的"分析方法"，并研究了"归纳法"的逻辑形式。他的哲学思想主要体现在他的哲学著作《形而上学》里。在这里，他提出了哲学自身的独立对象和范畴，提出"四因说"，认为所有事物都是由四方面因素构成的，即"质料因"、"形式因"、"动力因"和"目的因"。在天文学和物理学方面，他认为天体都是物质的实体，大地是球形的；地球上的物质由水、气、火、土四种"元素"组成，天体由第五种元素"以太"构成；地球是宇宙的中心，"世界上没有虚空，不存在原子"；"重的物体比轻的物体下落得快"。这些建立在猜测基础上的结论并不都是正确的，但是由于亚里士多德在欧洲思想界一千多年的时间里一直是至高无上的权威，他的一些谬误和过时的观点也一直处于统治地位，所以影响很大，在一定程度上成为科学发展的桎梏，阻碍了中世纪科学技术的发展。另一方面，也正是亚里士多德的错误思想激发了近代西方科学工作者走上了探索真理的正确道路。

希腊化时代的科学

1. 欧几里得和《几何原本》

欧几里得（约公元前330—前275）生活在新希腊化时代，早期在雅典接受教育，他博览群书、汲取了前人积累起来的大量的几何知识，终于成为一位几何大家。欧几里得在前人研究的基础上，天才般地按照逻辑系统把几何命题整理起来，完成了数学史上的光辉著作《几何原本》。《几何原本》的问世，标志着欧氏几何学的建立。这部划时代的著作共分 13 卷，465 个命题（即现在所说的定理）。其中有 8 卷讲述几何学，几乎包含了现在中学所学的平面几何、立体几何的全部内容。但《几何原本》的意义却绝不限于其内容的重要，或者其对定理出色的证明，真正重要的是欧几里得在书中创造了一种被称为公理化的方法。所谓公理化的方法就是在证明几何命题时，一个命题总是从前一个命题推导出来，而前一个命题又是从更前一个命题推导出来。我们不能这样无限地推导下去，应有一些命题作为起点。这些作为起点、具有自明性并被承认下来的命题被称为公理。公理化方法到现在几乎已经渗透到了数学的每一个领域，对数学的发展产生了不可估量的影响，公理化结构已成为现代数学的主要特征。

《几何原本》这部科学著作中发行最广而且使用时间最长的书，其手抄本曾统驭几何学 1800 年之久。印刷术发明后，又被译成多种文字，共有 2000 多种版本、成为数学中的"《圣经》"。它的问世是整个数学发展史上意义极其深远的大事，也是整个人类文明上的里程碑。

2. 古代科学巨匠——阿基米德

阿基米德（约公元前 287—前 212 年）是古希腊天文学家、数学家和物理学家。他诞生于西西里岛的叙拉古（今意大利锡拉库萨），与叙拉古的赫农王有亲戚关系，属于贵族。11 岁时，借助与王室的关系，被送到古希腊文化中心亚历山大城学习。公元前 240 年，阿基米德回到叙拉古，当了赫农王的顾问，帮助国王解决生产实践、军事技术和日常生活中的各种科学技术问题。

阿基米德在天文学方面有出色的成就。他认为地球是圆球状的，并围绕着太阳旋转，这一观点比哥白尼的"日心地动说"要早 1800

年。限于当时的条件，他并没有就这个问题做深入系统的研究。但早在公元前3世纪就提出这样的见解，是很了不起的。作为数学家，阿基米德还确定了抛物线弓形、螺线、圆形的面积以及椭球体、抛物面体等各种复杂几何体的表面积和体积的计算方法。并在推演这些公式的过程中创立了"穷竭法"，因而被公认为是微积分计算的鼻祖。他写出了《论球和圆柱》、《圆的度量》、《抛物线求积》、《论螺线》、《论锥体和球体》、《沙的计算》等数学著作。阿基米德和雅典时期的科学家有着明显的不同，那就是他既重视科学的严密性、准确性，又非常重视科学知识的实际应用。他非常重视试验，亲自动手制作各种仪器和机械。他一生设计、制造了许多机器，除了杠杆系统外，值得一提的还有举重滑轮、灌地机、扬水机以及军事上用的抛石机等。被称作"阿基米德螺旋"的扬水机至今仍在埃及等地使用。

阿基米德晚年时，罗马军队入侵叙拉古，他曾指导同胞制造了很多攻击和防御的作战武器，给敌人以重创。传说还用凹面镜将阳光聚焦在罗马军队的木制战舰上，创造了阿基米德式的"火攻"。然而，这一切最终还是没能挡住罗马人。当一个罗马士兵闯入的时候，75岁的阿基米德正在潜心研究一道深奥的数学题，残暴无知的士兵一刀就结果了这位科学巨星，他临死前的最后一句话还是"不要踩坏了我的圆"。

六　中华文明缘何绵延不绝

重伦理讲传承

中国自古就十分注重伦理讲究传承，个人从来不是中国社会的最小单位，最小的单位是"家"。这种产生于农业宗法社会的伦理道德精神，历史足以证明了它所具有的无限延续力，可以说是中华文明历五千多年而不绝的一个重要原因。几千年来，中国人的社会意识既不靠宗教（上帝、救世主）来支撑，也不单靠法治来支撑，而是依赖以血缘为纽带、以家族和宗族为基础的伦理道德精神来维系的。中国人既把自己看作是他们家庭、家族的，又把自己看作是国家的儿女。只要中华民族子子孙孙一代一代延绵不断，伦理道德的基本精神就会延绵不断，中华文明也就不至于断绝。中国伦理道德精神，已扎根于全民族的心中，它不是中国某一个民族的信念，而是整个中国文化体系的共同特征。

中国古代的学术领域也讲"成一家之言"。我们讲究师承，尊师重教。西方人可以说"吾爱吾师，吾更爱真理"，显然"真理"较之老师更为优先，为了真理自然可以"打倒"老师；现代人受西方文化影响也爱说"我个人的意见"。然而，在中国古代，人们更注重"成一家之言"，春秋战国有"百家争鸣"，显然我们很早就知道个人的力量是很微不足道的，所以大家聚到一起，慢慢交流各自的观察体会，形成集体创作，然后找一个代表，这个代表必须要代表更多的人，才能够为大家所接受，于是形成"一家之言"。可见中华文化就是大家好好商量，商量出来的结果就代表了大家的意见，而这样的意见就很容易贯彻。后人可以在这个基础上加以调整（修改或补充），却很少去推翻它。应该说，这也是中华文明得以传承不绝的一个因素。

和而不同

"和"是中华民族几千年来一以贯之的一种精神。它具有一种开放性、包容性和协调性。《礼记·乐记》中说，"和，故万物皆化"。中国古代哲人认为："和"是事物生存的基础，"和合共生"，故人类和万物生生不息。孔子说："和为贵，和而不同"。人与人，民族与民族之间，在冲突中只有采取开放态度，求同存异，彼此包容，彼此取长补短，才能在共生共存中成长，并逐步达到融合。如果只有斗争，你死我活，人类的发展就会停滞甚至走向消亡。"和而不同"则能"多元一体"、"共生共存"。

在中华文明史上有两件事最能体现"和"的精神，一是"和亲"，二是共修长城。早在春秋时期，汉族统治者与其他民族首领之间就存在一种保证双方和好相处、互不侵犯的联姻。到汉朝，从汉高祖与匈奴议和时以宗室女嫁与匈奴首领单于开始，此后各王朝时有沿用这种"和亲"政策的事例。这对缓和民族矛盾，巩固中原王朝政治稳定起到了一定作用。客观上也促进了汉族与各民族平等友好关系和经济、文化交流。一直被人们传为美谈的是唐王朝文成公主、金城公主先后嫁与吐蕃（藏族）普赞（即王）松赞干布、尺带珠丹的故事。唐蕃和亲对加强汉藏两族的联系，促进吐蕃经济、文化的发展，对唐蕃"和同为一家"起了很好作用。历史上的这种"和亲"政策还大大促进了各族官员之间、各族老百姓之间的通婚。隋唐时期不少皇帝都有少数民族血统，隋炀帝杨广和唐高祖李渊的母亲都是鲜卑族的独孤氏，唐太宗李世民的生母窦氏，也出自鲜卑族。

世界著名文化遗产——"上下两千年，纵横十万里"的长城，也是中华多民族共建的工程。自秦始皇以后，统治中国或中原地区的王朝，为了保卫国家的安全，大都修筑长城。有些朝代修建规模很大，如金长城长度近万里。可以说长城铭刻了中华民族大融合的历史事实。世界闻名的敦煌莫高窟始建于前秦（氐族）经隋唐到元朝（蒙古族），也是各民族几代人共建的。长城和敦煌莫高窟的修建历程，说明了历史上中华各个民族思想上、精神上有一种内在的共通的东西在起作用，这就是"和"的精神力量。

胸怀"天下"

在中国人的观念中，天、地、人、万物构成"天下"，把人和大自然看成一个整体，这也就是"天人合一"的观念。从人和天、地、万物的关系来说，天、地、万物是天下人所共有的，是人类应当共同敬爱和珍惜的，这也就是中国古老的"天下为公"的思想；从人群自身即人与人的关系来说，是"天下一家"、"四海之内皆兄弟"、"民吾胞，物吾与"的思想。这就引发了"人人要对天下负责"的思想，"以天下为己任"，"先天下之忧而忧，后天下之乐而乐"，"为天地立心，为生民立命"，"天下兴亡，匹夫有责"这些都是中国历来秉承的人格精神。

《礼运·大同篇》里说："大道之行也，天下为公，选贤与能，讲信修睦。故人不独亲其亲，不独子其子，使老有所终，壮有所用，幼有所长，鳏寡孤独废疾者，皆有所养。男有分，女有归。货恶其弃于地也，不必藏于己；力恶其不出于身也，不必为己。是故谋闭而不兴，盗窃乱贼而不作，故外户而不闭。是谓大同……"这同儒家的"亲亲、仁民、爱物"的思想是相通的。以儒家精神为主体的中华文明，历来倡导"修身、齐家、治国、平天下"，教人"修己以安百姓，修己以安天下"，"家国为大，个人为小"，"他人为重，个人为轻"。归根到底，修身是以家国的治理、天下的太平为根本归宿的，社会群体利益才是本位。这就是"天下"精神的体现。这种

"天下"的观念同西方文化传统核心——个人主义，是截然不同的。

"入世"精神

中华文化主张人应当面对现实世界，关注现实世界，应当依靠人自身的智慧和力量，自强不息，来解决人类和社会所遇到的一切困难和问题。换言之，人应当掌握自己的命运，而不应指望上帝和救世主的保佑。这种非宗教的理性主义精神，是中国古代的儒家、墨家、法家都提倡的，其影响一直流传至今，认为宗教实质上是捆绑人的精神的工具。《论语》记载："子不语怪力乱神"，孔子说，"务民之义，敬鬼神而远之，可谓知（同智）矣。"意思是说，最重要的是专心把老百姓的事情办好，对鬼神之事则当敬而远之。这种"入世"精神构成了中国社会的主导思想，重现实的非宗教的理性主义成为中华民族性格的一部分。

中国人的这种积极入世精神，生发出两种重要思想：一是重实践的思想，一是"民本"思想。中国相信人通过自强不息的学习和实践，提升自身的智慧和能力，可以解决现实中遇到的一切问题。中国人倡导"愚公移山"的精神，年年月月奋进不止，创新不止。《论语》开篇就说"学而时习之不亦说（同悦）乎"，习就是实习、践行，把学到的东西，即知即行，做到"知行合一"。《礼记·中庸》提倡"博学之，审问之，慎思之，明辨之，笃行之"，在这里，学、问、思、辨，是认知的过程，求索真理的过程，笃行才是目的。中国人常说，实践出真知。毛泽东、邓小平把实践的重要性推到新的高度。毛泽东说："人的正确思想从实践中来"，"实践是检验真理的标准"。邓小平说："实践是检验真理的唯一标准。""实践"的思想已经融化在普通老百姓的血液中，重实践已经演化成为中华民族性格的一部分，是中华文明中的精髓。

　　"民本"思想，也是中国文化的重要特征之一。早在《尚书》中就有"民为邦本，本固邦宁"之说，孔子也有"务民之义"，孟子则进一步指出"民为贵，君为轻，社稷次之"，连作为君主的唐太宗李世民都说"水可以载舟，也可以覆舟"，这些都是"民本"思想的体现。中国史书中记载了无数"爱民、恤民者昌，虐民、残民者亡"的事例。"上顺天意，下应民心"，成为统治者治理国家的不二法门。其实这还是"天人合一"、"道法自然"思想的一种体现，以此为信条治国安民，保持中华文化历数千年而不绝也就没什么可奇怪的了。

第二章

从中世纪东西方的比较看影响深远的中华文化

一　欧洲的漫漫长夜

基督教在欧洲兴起

古希腊灿烂的文明在重视现实利益的罗马人那里没有被继承下来，公元最初的五百多年，是希腊古典文化持续衰落的时期。此后五百年，蛮族入侵，基督教兴起，西罗马帝国灭亡，原西罗马帝国的大部分区域即欧洲进入了黑暗年代，经济大倒退、文化跌入低谷、人们的精神陷于愚昧和迷信之中。

要说基督教的兴起不能不提到犹太人。生活在地中海东岸巴勒斯坦地区的犹太人又称以色列人或希伯来人，他们的祖先大约公元前1200年从幼发拉底河迁到埃及，后因不堪忍受埃及人的奴役，在领袖摩西的带领下来到今天巴勒斯坦南部，并在这里建立了自己的国家，定都耶路撒冷。公元前930年，分裂成北部的以色列王国和南部的犹太王国。公元前1世纪，两个希伯来王国均被并入罗马帝国版图。他们在罗马帝国的黑暗统治下，过着悲惨、苦闷、前途渺茫的生活，希望有个救世主能够来到人间，把他们拯救出苦海。也就是在这种状况下，犹太人中出现了一位对世界历史产生过重大影响的人物——耶稣基督。耶稣是基督教的创始人，也是基督教徒所信奉的救世主。基督教是在吸收了犹太教的某些教义后逐渐形成的。它所倡导的不是偶像崇拜，而是禁欲、忏悔和对唯一的主——上帝的颂扬。而且反对罗马的奴隶制度，反对罗马对其他民族的统治和压迫。耶稣言传身教，所以很有影响力。犹太教的教士们对耶稣的离经叛道思想大为不满、又害怕他的布道会激怒罗马人，所以干脆将他抓起来交给罗马地方长官彼拉多，公元30年，耶稣被钉死在十字架上。耶稣死后，他的信徒们前仆后继传播基督教，使得基督教的影响越来越大。公元最初的两个世纪，罗马帝国对基督教极尽压制和迫害。但是，广大的穷苦人民，很快就被基督教"赎罪"、"拯救"的学说所吸引，他们在基督教中看到了自己的理想和出路。后来，信教的群众越来越多，以至于到了君士坦丁当政时代，罗马帝国不得不正式承认基督教的合法性。公元325年，皇帝君士坦丁亲自主持了基督教世界的第一次全体主教会议，基督教开始作为一个重要的教会力量参与历史创造。公元380年，罗马皇帝狄奥多修将基督教定为国教。从此，基督教以更快的速度传遍全世界，成为世界三大宗教之一。耶稣出生的那一年也被作为计算历史年代的第一年，叫基督纪元，也叫"公元"，是现在世界各国通行的公元纪年法。

　　基督教的兴起，标志着一种取代正在衰落中的古典文化的新型文化已经出现，古典文化被抛弃的历史命运已经注定。然而，基督教的兴起在科学史上的意义却是反面的。因为，信仰取代了对事物的探究，探索自然奥秘的热情被窒息。基督教对待希腊文化是一种毁灭性的力量，因为希腊文化被它宣布为异教，必欲置之死地而后快。在整个基督教文化占支配地位的中世纪，欧洲在自然科学方面没有做出什么特别有意义的工作。

欧洲的"焚书坑儒"

在基督教兴起前，古罗马统治者只是不重视科学理论，但似乎也不敌视古希腊科学文化。然而，当基督教被立为国教之后，教会垄断了文化教育，垄断了整个精神生活。教会这种万流归宗的特殊地位，决定了它必然会敌视和压制古希腊文明，因为它那种自由探索的精神"太可怕"了。终于，罗马统治者和教会联合在欧洲历史上演出了一场"焚书坑儒"的丑剧。其中，使古典文化遭受灾难性摧残的事件是亚历山大图书馆被烧毁和柏拉图学园被封闭。

亚历山大图书馆，是一座珍藏着人类古代文化和科学知识的宝库，它藏书最多时曾达70万卷。令人痛心的是几次战火和宗教狂热行动几乎把它焚烧殆尽。第一次是公元前47年，时任罗马大将军的凯撒纵火烧毁了亚历山大图书馆，近三个世纪来收集的70万卷图书被付之一炬。自从公元380年基督教成为罗马国教以来，已被罗马帝国占领的埃及亚历山大又开始遭受基督教文化的侵袭。罗马皇帝狄奥多修于392年下令拆毁希腊神庙，以德奥菲罗斯主教为首的基督徒纵火焚烧了塞拉皮斯神庙，大约有30多万件的希腊文手稿毁于一旦，这是亚历山大图书馆遭受的第二次大劫难。

此外，当统治阶级都相信神学和《圣经》的时候，对科学的热情就一点都没了。在他们看来，世界是上帝创造的，大地是平坦稳固的，科学根本没有用。这样，从柏拉图到亚里士多德逐步建立起来的探讨自然科学的大学被毁掉了，许多有学问的人被赶出大学和研究机构，有的被流放，甚至有的还丢了性命。希帕提娅是亚历山大谬塞昂学园最后一位重要的人物，也是古代世界唯一的一位著名的女科学家。由于希帕提娅不信奉基督教，基督教会一直视她为眼中钉。公元415年3月的一天，一群基督暴徒在亚历山大的大街上挡住了希帕提娅的马车，将她拖到教堂里活活撕碎。公元529年，查士丁尼下令封闭雅典所有的学校，包括柏拉图学园，这一由柏拉图亲手创建，持续了900多年的希腊学术大本营就这样被毁了。

黑暗中的微弱之光

在欧洲中世纪，教会对于知识的保存和延续还是做了一些贡献的。因为至少到13世纪初，教会通过祭司和僧侣几乎享有求学甚至识字的垄断，牧师英文叫clerk，它的古代涵义则是"识字的人"。教会在面对蛮族入侵时，利用蛮族首领及其家属对神奇事物的轻信和喜爱，把他们争取到基督教方面来，这就大大减少了他们对古代文化的破坏，可以说教会是古代文化对抗蛮族冲击的唯一保护人。

教会作为一个政治实体，拥有自己的法庭、监狱和军队，完全可以和世俗权力抗衡，这也使得西欧中世纪社会政治力量多元化。国王和教皇不但有矛盾，也互相利用。矛盾严重时，教皇可以开除国王的教籍，国王也可以自己任命主教；当教皇受到世俗贵族威胁时会向国王求救，国王为了能受到教皇加冕也拉拢教皇。同时，基督教内部也矛盾重重。1054年罗马教皇和君士坦丁堡大主教互相开除对方教籍，分裂为互不相容的两个部分，罗马教廷自称公教（公共的、普遍的，我国译为天主教），东部自称正教（正统的意思）。另外，还有企图加强王权的国王和坚持割据的大贵族之间的矛盾。

第二章　从中世纪东西方的比较看影响深远的中华文化

这种政治力量的多元化为后来新的生产关系和新的社会力量——资产阶级提供了有利的成长条件和发展空间。而且，事实也证明正是政治的多元化促成了近代科学的产生。

此外，论证教义的过程中也促进了逻辑学的发展。比如他们论证说：天堂是美好的，那里不可能有带刺的东西；天堂里有一切，那里不可能没有玫瑰花；所以天堂里的玫瑰花没有刺。这里运用的就是典型的三段论。又如在上帝的创造力、推动力是否无限的争论中，他们认为，上帝的创造力是无限的，可以创造一切，包括创造重物；上帝的推动力量是无限的，可以推动一切，包括推动重物，但这两种信仰间是有矛盾的：上帝既然能创造一切，它能否创造一块连它自己也推不动的石头呢？如果回答不能。那上帝的创造力就不是无限的；如果回答能，则上帝的推力又不是无限的，这也与他们的信仰不相符合。这就是二难推理，究竟该如何看，经院哲学家们争论不休，这种争论就推动了逻辑的发展。而逻辑是科学发展所必需的。

二　从沙漠中走出来的科学大国——阿拉伯

地接东西的优越位置和伊斯兰教的诞生

正当欧洲处在中世纪开始最黑暗的 500 年时，在东方的阿拉伯半岛，崛起了一个后来对人类文明进程影响很大的大帝国，这就是阿拉伯帝国。它是指 7 世纪 30 年代至 13 世纪中叶阿拉伯人建立的伊斯兰哈里发国家，中国史书称为"大食"。阿拉伯半岛位于亚洲的西南部，是世界上最大的半岛，也是联系亚、非、欧三大洲的交通要冲地区，三分之一以上的地区为沙漠。公元6世纪前，半岛上广大沙漠地区的居民还过着原始游牧的生活。

公元571年，穆罕默德生于麦加，成年后创立了伊斯兰教。他布道时称自己为真主的使者，传达真主的启示。穆罕默德传授的真主启示在他死后得以出版，这就是《古兰经》。"伊斯兰"是阿拉伯语"顺从"的意思，伊斯兰教徒称为穆斯林，即信仰真主安拉的人。

穆罕默德生前统一了阿拉伯半岛，他的后继者们发动了所谓圣战，征服了西亚、埃及和整个北非，以及西班牙半岛。开始征服时，阿拉伯人对待异族文化的态度是：凡是《古兰经》上没有的，都是不应当保留的，凡是《古兰经》上已有的，都是没有必要保留的。据说埃及亚历山大城图书馆中的书籍在阿拉伯征服初期受到过损失。但在征服之后，阿拉伯人又在圣训《古兰经》上发现：学问即使远在中国，亦当前往求之。一些阿拉伯学者到远地求学，并把这件事情看成同圣战一样的事业。北非、波斯、叙利亚、印度、中国等地都留下了阿拉伯学者的足迹。显然，阿拉伯人原来的文化是落后的，要对渗透了古希腊、罗马文明的地区实行统治，就不得不学习、吸收和利用古文明中的成就，否则就无法建立稳定持久的统治，因为政治统治也包括文化统治。

阿拉伯人对待学术的态度

阿拉伯民族在崛起的初期，由于刚从原始社会进入奴隶社会，一时没有发现古代文明的价值，也曾干过破坏文化典籍的蠢事，但阿拉伯人很快就意识到这是错误的，因为他们在比较中发现了自己的落后。不甘落后的民族意识，使他们努力吸收和消化比他们先进的文化科技知识。当时的一句穆斯林"圣训"说："学问虽远在中国，亦当求之。"这充分体现了这种虚心学习精神。许多阿拉伯人长途跋涉不辞劳苦去国外学习，中国史料上的记载和唐朝永泰公主墓中的壁画都反映出这一时期有大批阿拉伯人曾来中国求学。他们不仅派人出去学习，还采取请进来的办法学习外国的先进科学技术。对因求学而献身的人，阿拉伯人也给他们极高的荣誉，把他们与"圣战"中死难的人同样看待。阿拉伯人向外国学习的热情是不分时间、地点和场合的。不管在哪里，不管是谁，只要发现你有一技之长，就要决心学到手。

阿拉伯人这种根深蒂固的渴求知识的传统，植根于伊斯兰教的信仰：真主是不可知的，要了解真主，就必须研究他的象征——自然界。这样，认识自然就成了认识真主的先决条件，求知就成了坚守信念和教规的最好体现，从这个意义上可以说，是伊斯兰教的信仰使阿拉伯人如饥似渴地追求知识的。也由于这个原因，使认识论在伊斯兰哲学中占有重要地位。研究伊斯兰哲学时，对获得知识的方式、知识的来源是必然要研究的内容。所以是伊斯兰哲学为自然科学的研究提供了方法，并把科学研究的方法摆在一个相当突出的地位上。这一点又和欧洲近代自然科学的产生极为相似，在那里由于实验方法的确立，打破了工匠传统和学者传统之间的障碍，培根（F. Bacon，1561—1626）的归纳法、伽利略（G. Galilei，1564—1642）、笛卡儿（R. P. Descartes，1596—1650）的数学演绎法又使近代科学所需要的方法进一步完善。完全有理由说，科学方法的确立是近代科学发展的必要条件。这种科学方法对科学理论产生的决定关系再一次在阿拉伯科学的崛起中得到了验证。

阿拉伯人对科学技术的特殊贡献

阿拉伯人在各地建立了图书馆,清真寺中一般都藏有图书,另外还办了一些公共和私人学校。阿拔斯王朝的哈里发马蒙统治时,于830年在巴格达建立了一个编译机构,称为智慧馆,大批专家在这里从事搜集、整理、翻译、研究外国学术文献的工作,一直持续了100多年。这一时期前后,法萨里(卒于806年)翻译了印度的天文著作《太阳悉檀多》;哈查只(闻名于786—833年间)翻译了托勒密的《至大论》;马蒙时期朝廷组织了一次测定子午线一度之长的工作,大数学家花拉子密(约783—约850)参加了这次测量,由测量结果推算出来的地球周长已相当接近实际值。另外,天文学家苏非(903—986)绘制了著名的星图《恒星图象》;艾尔·比鲁尼(973—1048)提出了地球绕日旋转、行星轨道为椭圆的猜想;欧麦尔·赫雅木(?—1123)所编的哲拉里历,比当时欧洲人采用的阳历还精确;雅古待(1179—1229)编了一部著名的《地名词典》;哈兹尼(1115—1121年间闻名)对液体和固体的比重作了研究;伊木·奈非斯(1210—1288生活在埃及)已接近认识了血液的肺循环;在伊儿汗国的乌鲁伯格天文台工作的卡西(?—约1436)算出当时最精确的圆周率。

阿拉伯人们在中世纪充当了沟通东西方学术文化的桥梁作用。正是通过阿拉伯人的著作,印度数字和位值记数法传到了西方。后来影响了全世界,实际上是数学史上一次伟大的计算革命。其中大数学家花拉子密的《还原与对消》专门讨论代数问题,对欧洲中世纪的数学影响最大,白衣大食时期在西班牙建立的翻译学校直接向欧洲传播东方文化和阿拉伯人加工过的古希腊罗马文化。中国的造纸术、火药配制、炼丹术、指南针等都通过阿拉伯人传向西方。元朝时大批来到中国的阿拉伯人和波斯人，也给中国带来了中亚的天文仪器和著作、回回药和回回医学，以及伊斯兰建筑艺术。

三　中国四大发明对人类历史进程的影响

说到中国古代的科学技术，自然不能不说古老的四大发明：指南针、造纸术、印刷术、火药。这不仅仅是因为四大发明是中国古代科学技术繁荣的标志和中国人聪明智慧的体现，更重要的是，它在一定程度上改变了人类近代文明史的进程。换句话说，如果没有中国古代的四大发明，也许人类社会不是今天这样。

这可不是中国人的自吹自擂，因为世界史学界一致公认，中国的四大发明，通过阿拉伯人传到欧洲之后，对欧洲的资本主义发展和近代科技革命产生了巨大的影响，从而影响人类文明的进程。对此，马克思曾有过这样的评价："这是预告资产阶级社会到来的三大发明，火药把骑士阶层炸得粉碎，指南针打开了世界市场并建立了殖民地，而印刷术则变成新教的工具，总的说来变成了科学复兴的手段，变成对精神发展创造必要前提的最强大的杠杆。"

把欧洲骑士阶层炸得粉碎的火药

火药，顾名思义当为起火之药，是中国的炼丹家们在炼丹的过程中发现的，并逐渐积累了这方面的知识。炼丹家们炼制火药的初衷是为了治病。火药的基本成份是硫磺、硝石和木炭，这些是炼丹时常用的三种物质。《神农本草经》记载：由于硫磺能化金银钢铁，所以被列为中品药，而硝石被列为上品药。在古代世界中，只有中国发现和使用硝石，后来传到阿拉伯和埃及，他们把硝石称为"中国雪"，波斯称它为"中国盐"。在炼丹过程中，由于硫磺性质活泼，很容易着火。为了控制硫磺，炼丹家把硫磺和其他物质一起加热形成化合物，来改变它容易起火的性质，炼丹家发现当硫磺、木炭、硝石在一起加热的时候，极容易发火或爆炸，这是因为硝石的化学成分主要是硝酸钾，加热的时候能够放出氧。就这样，火药便被发明了。公元808年，唐代炼丹家清虚子在其所著《铅汞甲辰至宝集成》卷二记有原始火药制造法。公元758—760年，著名医学家和炼丹家孙思邈在《孙真人丹经》中也介绍了黑火药的初步配方。但由于当时鲜为人知，没有广泛应用和大量生产。

火药制成后，首先被制成武器，广泛用于战争。开始时，火药主要被用来向敌方发火。公元904年，已经出现了使用火药的火药箭。这种箭的发射原理与现代火箭一致，是利用火药燃烧喷射气体产生反作用力而把箭头射向远方。这种箭在宋朝和辽金的战争中大显神威。随着火药配方的不断改进，火药的爆炸力不断加强。到宋朝时，火药已主要用于爆炸，如《金史》中就曾对当时火药的爆炸威力有详细记载："火药发作，声如雷震，势力达半亩之上。人与牛皮皆碎进无连，甲铁皆透。"明代之后，火药武器有了更大的发展：手榴弹、地雷、水雷、定时炸弹、子母炮等相继出现，并且出现了以火药爆炸产生动力为推力的火箭，其类型有单级、两级和往复等多种类型。公元1258年，元朝在和阿拉伯作战中大量使用了火药武器，火药武器从此传入阿拉伯。欧洲人紧接着从阿拉伯得到了中国的火药知识和制作方法，也开始使用火药武器，并研制生产了比中国发明的火舌、火铣、火枪、火炮等火药武器威力更大的发射子弹的步枪和发射炮弹的大炮。火药传入欧洲后，不仅改变了作战方法，而且对资产阶级雇佣军战胜封建骑士起了重大的作用。

指南针与环球航行

我们可能平时不太会感到拥有一个指南针有多重要，因为即使"找不着北"也可以看看标牌或是问问路人；然而，对于在茫茫大海上航行的人们来说，指南针有时就意味着生命。从近代历史上看，正是有了指南针，欧洲的哥伦布们才得以发现新大陆和进行环球航行，也才有资本主义的全球贸易。

中国是人工磁化钢针和磁针装置技术的发源地，早在公元前1000年左右，便知道磁石具有吸引力。《韩非子·有度》篇中曾有"先王立司南以端朝夕"的记载，这说明公元前3世纪初的战国时期就已经用"司南"指南。所谓的"司南"，就是把磁石磨成勺形，放在光滑的圆盘里，磁勺可以自由转动，停止后勺柄所指便是南方。这种"司南"因为是用天然磁石人工磨制而成，磁性较弱，和圆盘接触的时候转动摩擦力大，效果不佳，而未能被广泛使用。

到了宋朝，"司南"才真正演化成指南针。沈括在《梦溪笔谈》中曾记载："方家以磁石磨针锋，则能指南，然常微偏东，不全南也。"方家（看风水的人）用磁石磨针锋，说明那时已经掌握了人工磁化的方法。《梦溪笔谈》还记载了几种磁针装置法的实验：把磁针横贯灯芯浮在水上，架在碗沿或者指甲上，用缕丝悬挂起来等。沈括指出：指南针不能完全指南，存在磁偏角。这比欧洲人发现磁偏角要早400年左右。这一时期，中国还发明了用地磁场半钢针进行磁化的方法。磁化后的钢针体积小、重量轻，自然替代了笨重而磁性弱的天然磁石。

人工磁化法发明后，"地螺"即罗盘也应运而生了。这种罗盘，是用磁针确定地磁南北极的方向，用日影确定地理南北极。公元11世纪左右，中国已将指南针应用在航海上。北宋朱彧在《萍州可谈》中第一次记载了当时海船使用指南针的情形："舟师识地理，夜则观星，昼则观日，阴晦观指南针。"南宋的《诸番志》中也有关于指南针应用在航海中的记述："渺茫无际，天水一色，舟舶来往，惟以指南针为则，昼夜守视惟谨，毫厘之差，生死矣。"公元12世纪，指南针传入阿拉伯，后又转传至欧洲。欧洲人对中国磁针横贯灯芯，浮在水面上的水罗盘加以改进，使用了磁针有固定点，可以自由转动，阻力小的旱罗盘。后来在16世纪，又出现了可以使罗盘始终保持水平的常平架，从而解决了磁针因过分倾斜而靠在盘体上转不动的缺陷。随着指南针的使用，中国的航海活动迎来了空前的繁荣。明代郑和于15世纪初的七下西洋，无论规模还是技术，都是世界航海史上空前的，即使是半个多世纪之后的哥伦布和麦哲伦都根本无法与之相比。令人遗憾的是，郑和之后不久，明朝政府实施海禁，中国走上了数百年的闭关锁国之路，先进的航海技术衰落了，科学技术和经济也落后了，直至近代落到任凭西方列强宰割的境地。

造纸、印刷术与文明的传播

在古老的四大发明中，造纸是最早发现的，距今已有1800年。印刷术要晚一些，但也有900多年的历史了。此后，人类文明的传播就再也不曾离开过纸和印刷。今天，我们已经无法想象离开纸和印刷的世界将会怎样。正是因为有了造纸和印刷术，人类的文明才得以在世界范围内传播，人类文明的进程才能不断地加快，以致人类文明的发展方式也发生了根本的变化。毫无疑问，造纸和印刷术是人类文明史上最重要的发明之一，是中华民族对世界的巨大贡献。

公元前 2 世纪之前，中国的文字先是刻在龟甲和骨头上的，称做甲骨文。春秋战国时期是把文字书写在竹片或木片上，称做竹木简。无论是甲骨文还是竹木简，都因材质原因十分笨重，刻写起来十分麻烦，阅读起来也很不方便。后来虽开始把丝制的缣帛当做书写材料，但因缣帛太昂贵，除朝廷官府外，无法普及。西汉时，出现了一种絮纸，它可以说是现在我们所使用纸张的雏型。这种纸的发现，实质上是人们对丝绵加工过程中的副产品加以利用的结果。当时人们把蚕茧煮后铺在席上，再把席浸在水里，捣烂蚕茧制成丝棉。当人们把丝棉取下来后，发现席上还留下一薄层丝纤维，晒干后便在上面书写文字。由于这种纸不是经过专门加工制成的，因此很薄，书写起来很容易破损，加之产量很少，因此无法普及。另外，当时人们还用大麻纤维制成一种灞桥纸，但由于工艺落后，加工不细，制出的纸极粗糙，也无法普及。公元 2 世纪时，才出现了类似我们现在使用的纸。这种纸的出现，首先应归功于蔡伦改进的造纸术和他调配的原料。公元 105 年，东汉尚方令蔡伦总结了劳动人民的造纸经验，调配了树皮、麻头、皮布和旧渔网等造纸原料，改进了造纸工艺，生产出了适用、价廉、适于普及的纸。从此，蔡伦的造纸技术在全国得到推广。纸也代替竹木简成为文字的载体。

造纸术的发明，说明中国那时已经掌握了较高的化学知识和化工工艺。公元 2 世纪造纸术推广后，到 3、4 世纪，纸就成为中国唯一的书写材料，有力地推动了科学技术的发展。11 世纪以后，造纸术经阿拉伯传到欧洲。在 18 世纪出现机器造纸以前的长时间内，世界各国造纸大多采用中国汉代发明的技术和设备。中国造纸术的发明和向世界各地传播，对世界文明作出了伟大贡献，促进了世界文化的发展。中国造纸术发明以后，先传到朝鲜和越南，7世纪又从朝鲜传入日本，8世纪从中亚传到阿拉伯。阿拉伯人运用中国的造纸术，制造大量纸张供应欧洲市场，从此，中国人发明的纸取代了昂贵的羊皮和粗糙的埃及纸草，成为欧洲人的书写材料。直到公元1212年之后，欧洲人才利用阿拉伯人传授的中国造纸技术，开始建立造纸厂。比中国建立同样工厂晚了1100多年。

纸发明之后，人类迫切需要一种快捷、清晰、省力的印刷方式，以适应日益增长的书写需要。就是在这种前提下，中国宋代的毕升于公元1041年到1048年期间，发明了活字印刷术。活字印刷，被公认是世界科技史上最伟大的发明之一。它发明400年之后，传到欧洲，从而改变了僧侣垄断文化的状况，为欧洲文艺复兴提供了一个重要的物质条件。

唐朝时，中国发明了雕版印刷术。目前世界上现存最早的有明确日期的印刷品，是在中国甘肃敦煌千佛洞发现的公元868年印刷的《金刚经》，而它便是用雕版印刷的。雕版印刷，实质上是盖印和石碑拓印两种方法结合和改进的结果。所谓盖印，是指把刻有凸文的印章先蘸墨，再印到纸上，出现白底黑字。而石碑拓印，则是指先把纸铺在刻有凹文的石碑上，拍打纸面使有凹字的地方略微低陷，然后在纸上刷墨出现黑底白字。雕版印刷，便是把盖印和石碑拓印结合起来，先把印章扩大成一个版面，蘸好墨，仿照拓印的方法，把纸铺到版上印刷，出现白底黑字。唐朝时，雕版印刷主要用来印佛经、佛像和历书。宋朝时，雕版印刷业已经相当发达，不但有官刻，还出现了大量的私刻，木刻书籍达到七百多种。公元971年，宋朝开始刻印《大藏经》，这本书的雕版达13万块之多。由于雕版印刷存在雕版工作量太大，雕版只能一次性使用，成本太高等缺点，宋代平民毕升决心发明一种新的省时低耗的印刷方式，经过长期研究，他终于在公元1041—1048年期间，发明了活字印刷术。毕升发明的活字印刷术的基本工序是这样的：先用胶泥制成活字，放在火中烧硬成型；再把活字排在涂有松脂和蜡的铁板上，加热铁板，使蜡稍溶化，用平板压平字面，冷却以后活字就固定在铁板上；在铁板上涂墨，压在纸上成为印刷物；印刷之后将铁板再加热，蜡溶化就能取下活字，留存以后使用。

由于泥活字容易残缺，不耐久，毕升发明的活字印刷在当时并没有马上推广。200多年后，元代王祯（1271—1368）创造了一种木活字印刷工艺，才解决了泥活字印刷存在的问题，使活字印刷得到推广。王祯的木活字印刷基本工序是：先把字样糊在木板上雕刻，使每个活字的大小高低相同；再用细锯把字一个个锯开；排版的时候字间夹竹片，把字嵌紧；字如果高低不平，也用竹片垫平；往版上刷黑时顺界行竖刷，不横刷；印刷完毕后，抽掉竹片，取下活字，存留待用。木活字印刷发明伊始，便显示了快捷低耗的效力。公元1298年，王祯利用自己制造的30000多个木活字，不到一个月便印成了一百部60000字的《旌德县志》。这种速度在活字印刷发明之前是不可想象的。因为，仅雕版所用的时间便可能远远超过一个月。

中国的雕版印刷术，在8世纪到10世纪之间传到朝鲜。朝鲜受毕升活字印刷术的影响，从13世纪开始用金属铸字活字印制，成为世界上首先发明金属铸字并用于活字印刷的国家。欧洲发明雕版印刷的时间比中国晚600年左右。在公元1450年前后，德国人谷登堡（1400—1468）受中国印刷术的影响，发明了铅活字印刷，比毕升发明活字印刷晚了400年。

公元 14 世纪，欧洲迎来了伟大的文艺复兴和科学革命，人类也开始进入了一个大发展的新纪元。这时，正是中国发明的造纸和印刷术保证了文艺复兴和科学革命的思想知识得以广泛地传播，从而奠定了近代工业文明的基础。

四 文化交流与欧洲的学术复兴

十字军东征和东西文化交流

十字军东征是罗马教廷、西欧封建主和意大利城市对近东各国发动的侵略战争，他们借口反对异教徒，打着圣战的旗号，对东部地中海各国进行长达两个世纪之久的侵略战争。罗马教廷称这场战争是宗教战争，即是基督教反对穆斯林、十字架反对弯月的战争。弯月指新月，是伊斯兰教的象征。十字架是基督教的象征。每个参加出征的人，包括骑士、农民、小手工业者在内，胸前和臂上都佩有"十"字标记，故称"十字军"。每次十字军开始时，都有讲道、宣誓及授予每个将士十字架的仪式，任命成员为教会的将士。虽然十字军的主要攻击对象是穆斯林，但此狂热同时发泄在招募十字军地区的犹太人身上，亦使犹太人受迫害和遭杀害。十字军令东西方教会在历史上留下有名的暴行。到近代，天主教已承认十字军东征造成了基督教徒与穆斯林之间的仇恨和敌对，是使教会声誉蒙污的错误行为。

在 11—13 世纪的十字军运动历时将近两百年，动员总人数达200 多万人，虽然以反对异教徒对基督教"圣地"与信徒的蹂躏，但实际上是为了扩张天主教的势力范围，以政治、宗教、社会与经济目的为主，发动对亚洲西侧的侵略劫掠战争，参加东征的各个集团都有自己的目的，甚至在1204年的第四次十字军东征掠劫了天主教兄弟东正教拜占庭首都君士坦丁堡。诸多缺少土地的封建主和骑士想以富庶的东方作为掠夺土地和财富的对象；意大利的威尼斯、热那亚、比萨等地的商人想控制地中海东部的商业而获得巨大利益；而罗马教皇想合并东正教，扩大天主教的势力范围；被天灾与赋税压迫的许多生活困苦的农奴与流民受到教会和封建主的号召，引诱他们向东方去寻找出路与乐土。正如《欧洲的诞生》指出，十字军"提供了一个无可抗拒的机会去赢取名声、搜集战利品、谋取新产业或统治整个国家——或者只是以光荣的冒险去逃避平凡的生活。"

这场延续了200多年的巨大历史事件，对欧洲历史产生了极大的影响。它促成了拜占庭所保有的希腊文明、阿拉伯文明以及它所保有的中国文明和欧洲人所继承的罗马文明的交流和融合，正是这场疯狂的宗教战争，推动了一种新的文明的铸造。十字军从东方带回了阿拉伯人先进的科学、中国人的四大发明、希腊人的自热哲学文献。12世纪，欧洲掀起了翻译阿拉伯文献的热潮，希腊原始文献经过叙利亚文，到阿拉伯文，再被译成拉丁文。亚里士多德和柏拉图的哲学著作，欧几里得和托勒密的科学著作，开始为欧洲人所熟悉。大翻译的中心是西班牙和意大利，因为这两个地区离阿拉伯文化和希腊文化区最接近。西班牙曾经被阿拉伯人所统治，后倭马亚王朝直到1085年才被推翻，基督教学者得到了大批阿拉伯语的希腊文献。至于意大利，由于地缘关系与拜占庭（君士坦丁堡）一直商务交往密切，而且当时许多人既精通阿拉伯语，又精通希腊语。大翻译运动导致了欧洲学术的第一次复兴。通过大翻译运动，当时已知的希腊科学与哲学文献都被翻译成当时欧洲学术界通用的拉丁文，为欧洲的学术复兴奠定了基础。1270年，亚里士多德的著作全部被译成拉丁文，为日后亚里士多德学说在经院哲学中统治地位的确立开辟了道路。

大学的出现

对近代欧洲科学发展产生积极影响的事件之一是大学的出现。11世纪之前，欧洲的教育机构主要是教会学校。这些学校的主要职能是为教会选神父和教士。后来，随着城市的兴起，也出现了一些世俗的城市学校。虽然它们的规模和课程设置都很有局限性，但与教会学校比起来，却更代表着一种自由和开放的近代精神。

最早期的大学与今天的大学含义不太一样。它实际上是教师和学生所组成的行会，属当时诸行业协会中的一种。这些行会自主管理，课程自行设置。世界上第一所大学是1158年创立的波仑亚大学。它起初就是一个以讲授罗马法而著名的讲学中心，后来由学生和教师组织成一个大学（行会）。仿照波仑亚大学模式，欧洲各地区先后出现了巴黎大学（1160年）、牛津大学（1167年）、剑桥大学（1209年）、帕多瓦大学（1222年）、那不勒斯大学（1224年）、阿雷佐大学（1209年）、里斯本大学（1290年）等。

这些先后成立的大学，不仅有学生组织的所谓公立大学（如帕多瓦大学），也有教会开办的教会大学（巴黎大学、牛津大学）和国王创办的国立大学（如那不勒斯大学）。大学成了欧洲学术活动的中心场所。大学的创立和兴起，标志着欧洲中世纪科技教育的发展。欧洲各大学的创立和发展经历了很多的艰难曲折，主要的还是教会势力的干预——他们想方设法控制大学，大肆迫害大学中传授真正知识的学者。但是，进步潮流不可阻挡。世俗大学克服了重重困难、顽强地生存下来，在与神学修道院的斗争中不断地发展壮大，培养出了一批又一批反对宗教神学和封建势力、献身于科学技术革命的精英，为文艺复兴准备了大量的中坚力量。

托马斯·阿奎那——经院哲学的巅峰

大翻译运动最重要的学术成果是经院哲学的亚里士多德化。整个中世纪的哲学是神学的婢女，但哲学之所以作为哲学存在，表明人们希望通过论证来支持教义，而不只是靠单纯的信仰。中世纪前期的哲学主流是所谓教父哲学，由罗马神父圣奥古斯丁（Augustinus，354—430）创立。教父哲学将柏拉图主义哲学与基督教教义结合起来，主张灵魂是实体，有独立的存在。大约在公元 9 世纪，教父哲学让位于经院哲学，所谓经院哲学就是用推理的方式对基督教教义给出分析和解释，由于解释方式的不同，引起了经院哲学家之间的争论，其中比较著名的争论是唯名论和唯实论之争。唯名论主张，概念只是名称，没有实体，没有实在性；而唯实论主张，概念也是实体，有其独立的实在性。从学理上讲，唯名论与唯实论之争实际上是柏拉图主义与亚里士多德主义之争。

亚里士多德的思想一开始不为教会所欢迎，百科全书般的世俗知识令人眼花缭乱却又耳目一新，教会很怕它们冲击了神圣的信仰，因此曾三次发布禁令，禁止讲授亚里士多德的学说。但刚从蒙昧中苏醒的人们渴望了解这位博学者的学问，因此禁令也挡不住亚里士多德学问的传播。于是，教会中杰出的人士开始将亚里士多德与基督教义相结合。最先将亚里士多德的学说与当时占统治地位的经院哲学相协调的是大阿尔伯特（1193—1280），而他的学生托马斯·阿奎那则将这一工作推向一个划时代的顶峰。托马斯·阿奎那1225年生于意大利南部的阿奎诺，1245年来到巴黎追随大阿尔伯特学习亚里士多德的理论，不久就因为对亚里士多德的注释而声名远播。在他的巨著《神学大全》中，托马斯成功地建立了一种将亚里士多德的思想和天主教神学相协调的思想体系，这一体系后来成了天主教教义的哲学基础，因而在哲学史上有着极为重要的地位。对近代思想来说重要的是，托马斯崇尚理性，他将亚里士多德的逻辑学运用到对神学的解说上，为其它知识树立了理性的榜样。虽然近代科学最终是与亚里士多德格格不入的，但从天启信仰到理性判断这种思维习惯的转变，无疑为近代科学的诞生准备了条件。

罗吉尔·培根——近代实验科学的先驱

13世纪欧洲最伟大的两位学者中的另一位是罗吉尔·培根（R. Bacon，约1214—1294），他不是以奠定某个思想体系而闻名于世，但他是近代实验科学精神的先驱。罗吉尔·培根出生在英国索默塞特郡的依尔切斯特，曾在圣芳济派修道院当过僧侣，大约在1230年进入牛津大学学习，毕业后到欧洲的学术中心——巴黎大学留学。1250年，36岁的培根从巴黎回到英国后，被牛津大学请去任教，讲授数学、物理学和外语等课程。他学识渊博，通晓多种文字、在数学、力学、光学、天文学、地理学、化学、音乐、医药、文法和逻辑等多方面都有研究，因此被人们尊称为"万能博士"。

罗吉尔·培根充分认识到只有实验方法才能给科学以确定性。他说："实验是探求真理的唯一法门。"他断言，论证可以总结一个问题，但不能使我们消除怀疑或承认其为真理，除非通过实验表明其确是真理，实验科学比其他依靠论证的科学都完善。罗吉尔·培根强调实验方法,并且身体力行。他通过实验证明,虹是太阳照着雨水反射在天空中的一种自然现象。他研究过凸镜片的放大效果,并且建议可以用这些镜片制成望远镜。培根通过实验进行科学研究之后,认为人应当能够造出自动舟船和车辆,也可以造出潜水艇和飞机那样的东西。罗吉尔·培根在实验科学方面的伟大贡献还涉及电磁、光学、火药、毒气等方面的科学实验。他的言论和行为导致了当时的实验风气,并且被后来的弗朗西斯·培根所继承。

中世纪前期,数学被用来证明教会的教条。只有到了 12 世纪以后,随着希腊书籍的传入,罗吉尔·培根才首先明确地认识到数学作为一种普遍方法在科学发展中的作用。他认为数学思想是与生俱来的,并且是同自然事物本身一致的,因为自然界就是用几何语言编写成的,所以数学能提供真理。它先于其他科学,因为数学处理直觉感知的量。他甚至在所著《大著作》第一章中证明所有科学都需要数学。不过,他坚信所有学问的目标归根结底是神学,数学最终服务于神学,这种认识上的局限是由他所处的时代决定的。尽管如此,他强调数学及其应用的思想还是值得肯定的。

培根的思想超越他那个时代太远,以至于当时几乎没有人能理解他。教皇克莱门四世去世后,培根马上遭到迫害。1277 年,继任教皇将他投入监牢,直到 1292 年才被释放出来,不久就在贫病交加中去世了,他的著作也一直没有得到总够的重视,《大著作》直到 1773 年才出版。无疑,这位天才的命运是不幸的,但是作为近代实验科学的思想先驱,他的历史地位却是不可磨灭的。

城市的发展与教堂建筑

中世纪的理论科学是贫乏的,但技术却在缓慢地积累和进步。

蛮族入侵给欧洲带来了不少前所未有的农业生产技术，欧洲北部的贸易发展也带来了航海技术的革新。新土地的开发和农业新技术的应用导致农业的发展，而农业的剩余又进一步刺激了城市的发展，这就使得手工业者逐渐与农民分离，农产品的交换也发展出了集市。手工业者和商人聚居形成了城市，而大量农民向城市的逃亡，则为城市提供了大量的劳动力，使城市规模越来越大，大约在 10 世纪左右，欧洲各地城市大量兴起，成了瓦解封建制度的坚强堡垒。

中世纪在技术方面较为突出的是教堂建筑。随着经济的复苏，建筑开始摆脱初期简单的木结构样式，而模仿往日罗马建筑恢宏的气势。罗马式建筑，圆屋顶，半圆的拱门，许多早期的教堂采用的正是这种式样。12 世纪末期，法国北部最早兴起哥特式建筑，它的主要特点是高大的尖形拱门，高耸的尖塔和高大的窗户。它比罗马式建筑气势更为宏大，意境更为深远，很快就流行起来。今天可以看到的法国巴黎圣母院和兰斯大教堂、德国的科伦大教堂、英国的林肯大教堂、意大利的米兰大教堂都是著名的哥特式建筑，显示出那个时代欧洲的审美特点和建筑水平。

五　东西交流中中国文化的影响

物态文化的影响

关于物态文化的影响，主要还是四大发明，这在前面有详细的讲述。其对欧洲科学复兴的巨大作用，马克思、恩格斯都有精辟明确的论述。马克思称火药、指南针、印刷术是"预告资产阶级社会到来的三大发明", "火药把骑士阶层炸得粉碎,指南针打开世界市场并建立殖民地,而印刷术变成新教的工具。总的来说,中国的四大发明变成科学复兴的手段,变成精神发展创造必要前提的最强大的杠杆。思格斯认为,中国的四大发明"不仅使希腊文学的输入和传播、海上探险以及资产阶级宗教改革真正成为可能,并且使他们的活动范围大大扩展,进程大为迅速"。

思想方面的影响

《马可波罗游记》是14、15世纪对欧洲人影响最大的一本有关中国的著作,书中那大量生动的描写使欧洲人大为惊奇。它极大地刺激了欧洲人要改变现状的信心和决心。

中国文化对欧洲文艺复兴运动的影响还表现在绘画上。文艺复兴时期的画家常将《马可波罗游记》中所描述的事件作为绘画的题材,达·芬奇(L. daVinci,1452—1519)的名画《蒙娜丽莎》中的画面背景就是一幅中国式的山水。文学家也常以这些材料作为他们创作的依据和灵感的来源。文学艺术的发展是欧洲文艺复兴运动的重要组成部分,它们和其他因素相结合共同促进了近代科学的诞生。

中国的哲学对西方也有很大影响。笛卡儿在《方法论》中曾热情地颂扬了中国人的智慧和理性;发明二进制的莱布尼兹(G. W. Leibniz,1646—1716)非常赞赏中国的八卦;中国的孔子成了17、18世纪欧洲思想界尊崇的目标之一,他的仁学思想和教育思想成为欧洲当时进步思想的来源之一。尤其是欧洲的启蒙运动也深受中国哲学的影响,他们用中国哲学之"天"作为他们启蒙运动的旗帜。由于启蒙文化是用理性文化推翻中世纪的宗教文化,用理性权威代替上帝权威,他们必然会借用中国哲学的"道天观"作为他们崇理性反上帝的武器，正如李约瑟（J. Needham，1900—1995）指出的："启蒙时期之哲学家……固皆深有感于孔子（公元前551—公元前479）之学说……社会进步之理想，唯有依赖人性本善之学说，方有实现之望。"

综上所述，如果说中国文化是近代科学诞生的一个源，一个重要的源，是有道理的，从科学社会史的角度来看，这更是一个必不可少的条件。

第三章

人类历史在近代科学诞生后加快脚步

前面我们已经说到，在中世纪的后期，欧洲的学术已有复兴的迹象，颇有山雨欲来之势。正是在这种形势下，一场席卷欧洲的社会大变革就此拉开序幕。也正是随着这场社会大变革，近代科学诞生了；而科学的发展又是以加速度的方式进行的，这也就使得人类历史的脚步陡然加快。

一　科学革命前夜的社会大变革

文艺复兴

文艺复兴，是指 14—16 世纪反映西欧各国正在形成中的资产阶级要求的思想、文化活动。起始于意大利，最后扩散到德国、英国、法国、荷兰和西班牙等地。"文艺复兴"的概念在 14—16 世纪时已被意大利的人文主义学者所使用，该词的原意为"再生"的意思。

当时人们认为，文艺在希腊、罗马古典时代曾高度繁荣，但在中世纪"黑暗时代"却衰败湮没，直到 14 世纪以后才获得"再生"与"复兴"。因此，文艺复兴着重表明了新文化以古典为师的一面。当然它并非单纯的古典复兴，实际上是反封建的新文化的创造，是文学、科学和艺术的普遍高涨。

文艺复兴所要"再生"的是古希腊、古罗马的古典文化。它们原本是欧洲文化的老祖宗。然而，经过罗马帝国后期的破坏和中世纪的黑暗时代之后，欧洲人就如同一群失忆症患者，把老祖宗的东西忘得干干净净。他们似乎重新回到了蛮荒时代。后来，还是一场前后持续了二百年的征战——十字军东征，使他们从他们的对手阿拉伯人那里重新找回了老祖宗的东西。东征虽然屡屡失败，但不能不说通过这另类的交流，东西方之间的商业活动日益频繁，近东地区的贸易成为西欧经济的有机组成部分，促进了造船技术的发展。生产水平较低的西欧，通过各种渠道从东方引进先进的农业和手工业技术。封建主和市民的生活方式也受到东方的影响。据记载，是自十字军东征之后，西欧人才开始变得讲究沐浴和理发。更重要的是，欧洲人在十字军东征中开阔了眼界，获得了文化思想上的宝贵财富，成为欧洲文艺复兴的直接思想源泉。

文艺复兴被恩格斯评价为"人类从来没有经历过的最伟大的、进步的变革"。它是欧洲从中世纪封建社会向近代资本主义社会转变时期的反封建、反教会神权的一场伟大的思想解放运动，代表欧洲近代资本主义文明的最初发展阶段。作为这种社会大变革标志的就是与宗教神学相对立的"人文主义"思潮的兴起。它是文艺复兴运动的指导思想，是一种资产阶级的新文化。"人文主义"一词源自"人文学"，在文艺复兴时期指古典学术的研究和重视人类现实的新思潮，当时的新文化人士则自称为"人文学者"。19世纪以后，欧洲学术界才开始用"人文主义"来称呼这种社会思潮。人文主义的基本倾向是提倡"人道"以反对"神道"，提倡人权以反对君权，提倡个性解放以反对中世纪的宗教桎梏及其一切残余，因此也称为人道主义。习惯上把文艺复兴时期的这种思潮称为人文主义，文艺复兴以后的则称人道主义。人文主义于14世纪末首先在意大利北部的罗马和中部的佛罗伦萨等城市兴起。15世纪，人文主义在意大利蓬勃发展，出现了"言必称古典"的局面。许多学者、诗人搜求古籍成风。随着对古典文化的学习，人文主义思想也日益发展，深入人心。当时的先进人士以所谓"全面发展的人"作为理想，蔑视宗教禁欲主义和封建门第观念，力求成为学识渊博、多才多艺的人。封建教会对文化的垄断钳制被打破了，文化领域百花竞放，为新兴的资本主义经济、政治开拓了道路。15、16世纪，人文主义广泛地传播到西欧各国，成为欧洲流行的一种思潮。

人文主义的理论基础是人性论。人文主义者从人的本性出发观察社会历史，提出"按自然生活"的口号。人文主义者所说的人性既非人为的，也非神造的，而纯属人自身具有的自然的性质。它像自然法律一样，要求人们听从它的指挥，服从它的召唤，不允许违抗。从人性论出发，人文主义者提出了如下的主张：第一，反对神权对人的侵犯，要求肯定人的价值，恢复人的尊严，保障人的权利。第二，反对禁欲主义，主张享乐主义；反对来世幸福，提倡现世幸福。第三，反对封建等级制度，要求自由、平等和个性解放。第四，反对盲目信仰和崇拜权威的蒙昧主义，推崇理性，重视科学知识。人文主义者的人性论主张，是对封建神学信仰论的有力挑战，反映了新兴的资产阶级的思想。它后来成为资产阶级哲学体系的核心内容之一。

地理大发现

"地理大发现"是西方史学对 15—17 世纪欧洲航海者开辟新航路和"发现"新大陆的通称。公元 11—13 世纪的十字军东征，大大加强了东西方的交流和经济交往。13 世纪后期，意大利人马可·波罗跟随着父亲和叔叔由陆路到达中国，并在中国待了十几年，游历了大半个中国。回国后出版了《马可·波罗游记》，书中用夸张的笔法描述了中国及东方国家的富庶。该书在欧洲立即引起轰动，并引发了欧洲人的东方"黄金梦"。在 14 和 15 世纪，地中海沿岸一些城市出现了资本主义生产的最初萌芽，南欧一些国家，手工业及商业贸易有了相当程度的发展。一些商人渴望向外扩充贸易，获取更多财富。然而，15 世纪中叶以后，地中海东部的商路，以及经埃及出红海通往印度洋的航路，分别被土耳其人和阿拉伯人所控制，通往东方的这条路被堵死了。因此，欧洲商人和封建主为了获得比较充裕的东方商品和寻求更多的黄金，并免受土耳其人、阿拉伯人及意大利人的层层盘剥，便急于探求通向东方的新航路。同时，由于西方各国在生产技术方面已有很大进步，指南针也已从我国传到了欧洲，航海术的提高，多桅快速帆船的出现，利用火药制造大炮和轻便毛瑟枪的出现，以及地圆学说获得承认等等，都是为远洋探航提供了物质条件和思想准备。西班牙和葡萄牙是当时欧洲最强盛的封建中央集权制国家，以其有利的地理位置，逐渐成了探索新航路的主要组织者，开始了航海冒险，并最终导致了地理大发现。

在这段航海冒险中，无数的人葬身海底，但在历史上根本没有留下姓名。最终千古留名的也只是"地理大发现"中主要几大历史事件的完成者：发现非洲南端好望角的迪亚士，航抵美洲的哥伦布，绕过好望角到达印度的达·伽马，完成人类首次环球航行的麦哲伦。

　　首先是新航路的发现。从十五世纪起，葡萄牙人不断沿非洲西海岸向南航行，占据了一些岛屿和沿海地区，掠夺当地财富。1487—1488 年葡萄牙人巴托罗缪·迪亚士到了非洲南端的好望角，成为探寻新航路的一次重要突破。葡萄牙贵族瓦斯哥·达·伽马奉葡王之命于 1497 年 7 月 8 日从里斯本出发，绕过好望角，沿非洲东海岸北上，之后由阿拉伯水手马季得领航横渡印度洋，于 1498 年 5 月 20 日到达印度西海岸的卡里库特，次年载着大量香料、丝绸、宝石和象牙等返抵里斯本。这是第一次绕非洲航行到印度的成功，被称之为"新航路的发现"。

　　随后是新大陆的发现。在葡萄牙组织探寻新航路的同时，西班牙也力图寻求前往印度和中国的航路。1492 年 8 月 3 日意大利人克里斯多弗·哥伦布奉西班牙国王之命，从巴罗斯港（即古都塞维尔，今称塞维利亚）出发，率领探险队西行，横渡大西洋，同年 11 月 12 日，到达了巴哈马群岛的圣萨尔瓦多岛（华特林岛），之后又到了古巴岛和海地岛，并于 1493 年 3 月 15 日回航至巴罗斯港。此后哥伦布又三次西航，陆续抵达西印度群岛、中美洲和南美大陆的一些地区，掠夺了大量白银和黄金之后返回西班牙。这就是人们所称谓的"新大陆的发现"。

　　再后来是第一次环球航行的完成。1519 年 9 月 20 日，葡葡牙航海家斐南多·麦哲伦奉西班牙国王之命，率探险队从巴罗斯港出发，横渡大西洋，沿巴西东海岸南下，绕过南美大陆南端与火地岛之间的海峡（即后来所称的麦哲伦海峡）进入太平洋。1521 年 3 月到达菲律宾群岛，麦哲伦死于此地。其后，麦哲伦的同伴继续航行，终于到达了"香料群岛"（今马鲁古群岛）中的哈马黑拉岛。之后，满载香料又经小巽他群岛，穿过印度洋，绕过好望角，循非洲西海岸北行，于1522年9月7日回到西班牙，完成了人类历史上第一次环球航行。

哥伦布、达·伽马、麦哲伦等人的航行及其取得的地理大发现，有着深远的意义。它发生于西方资本主义资本原始积累时期，改变了世界各大陆和各大洋分割孤立的状态，加强了世界范围的联系，为世界市场的形成准备了条件。同时它以实践证实了地圆学说，为建立新的天文学和地学奠定了基础，对近代科学技术的发展有不可估量的意义。更重要的是它所引起的思想观念的革命。它用实践突破了所谓经典的理论知识眼界，使人的思维方式从对权威的盲目崇拜中解放出来。

宗教改革

中世纪的西欧，天主教会是最有势力的封建主集团，是封建制度的国际政治中心，并且垄断着文化教育和意识形态。随着封建制度的瓦解和资本主义关系的产生，新兴资产阶级与封建主之间的矛盾日益尖锐化，而一切反封建的斗争必然采取神学异端的形式。

早在13、14世纪，已经有了改革天主教会和建立廉俭教会的呼声，文艺复兴运动给了宗教改革以巨大的推动作用。到16世纪，宗教改革发展到一个新阶段，提出以信仰得救为核心和建立廉俭教会的系统理论，并且发展成遍及西欧各国的运动。

最先向教会发难的是德国人路德。16世纪初，德意志是罗马教廷搜刮的主要对象。教皇派人到德意志去兜售赎罪券，使财富源源不断地流进教皇的财库。这种赤裸裸的敛财行径，遭到德意志人民的强烈反对。路德为反对教皇的压榨，于 1517 年 10 月 31 日首先提出抨击教皇出售赎罪券的《九十五条论纲》。《九十五条论纲》成了德意志人民反对教皇及天主教会的共同纲领和农民、平民举行反封建起义的信号。1520 年，路德又接连发表《致德意志基督教贵族公开书》、《罗马教皇权》、《论基督教徒的自由》等论文，提出信仰得救，不必通过由教士主持的各种宗教仪式，建立廉俭教会和改革文化教育的主张，号召驱逐天主教会势力实现德意志独立。

宗教改革打破了天主教会的垄断地位，天主教的大量土地和财产被没收。英国、荷兰、瑞士、北欧诸国和德意志部分地区，纷纷成立不受罗马控制的新教组织。天主教虽竭力反扑，残酷镇压一切被称为异端的人，但已无法恢复以前的状况。宗教改革摧毁了天主教会的精神独裁。新教成为早期资产阶级革命的旗帜，并对后来的资产阶级革命产生重大影响，是文艺复兴时期另一重大的思想解放运动。

二 哥白尼革命

推动地球的巨人——哥白尼

尼古拉·哥白尼，1473 年生于波兰维斯什拉河畔的托伦城一个商人家庭。他 10 岁丧父，靠舅父抚养成人。舅父学识渊博，思想开明，哥白尼受他的影响，从小酷爱自然科学知识。1491 年，哥白尼进入克拉科夫大学学医，这所大学是当时欧洲的学术中心。在这所以天文学和数学著称的高等学府，哥白尼对天文学产生了浓厚的兴趣。之后，他又在波伦亚大学和帕多瓦大学攻读法律、医学和神学，获得博士学位。哥白尼师从意大利著名天文学家诺瓦拉，经常和老师一起观察天体，参加有关天文学的讨论。诺瓦拉对哥白尼的影响很大，正是从他那里，哥白尼学到了天文观测技术以及希腊的天文学理论。对希腊自然哲学著作的系统钻研，给了他批判托勒密体系的勇气。1506年，哥白尼回到自己的祖国波兰，开始构思他的新宇宙体系。

回国后，哥白尼更多地倾注于天文学的研究和观测方面。他用教堂城垣的箭楼建了一个小小的天文观测台，自制了一些仪器，有四分仪、三角仪、等离仪等，进行观测和计算。哥白尼观测计算得到的数值的精确度是惊人的，而精确的数据不但使得发现正确的内在规律成为可能，同时也大大增加了研究者的信心。哥白尼用"将近四个九年的时间"去测算、校核、修订他的学说。1539年，哥白尼写出了天文学史上的伟大著作《天体运行论》，系统地论述了他的日心地动学说。《天体运行论》全书共6卷。第一卷主要论述了日心地动说的基本思想，第二卷论证天体运行的基本规律，第三卷至第六卷用数学方法分别讨论了地球、月亮、内行星和外行星的运行规律。

在哥白尼所处的时代，托勒密的"地心说"在欧洲仍然占统治地位，中世纪的教会把地心说加以神化，用它来作为上帝存在的依据，哥白尼在《天体运行论》中明确宣布，地球不是宇宙的中心。它和别的星球一样，是一种一边自转一边公转的普通行星，天球由远到近顺序如下："最远的是恒星天球，包罗一切，本身是不动的，它是其他天体运动必需的参考背景……在行星中土星的位置最远，三十年转一周；其次是木星，十二年转一周；然后是火星，两年转一周；第四是一年转一周的地球和同它在一起的月亮；金星居第五位，九个月转一周；第六为水星，八十天转一周，中心就是太阳……"

哥白尼形象地指出：托勒密由于没有区别现象和本质，而将假象视为真实，由于感觉不到地球的自转以致只感觉到太阳自东方升起而在西方落下，这正像人们坐在大船上行驶时，往往感觉不到船在动，而只见到岸上的东西往后移一样。同样，太阳绕地球转是假象，地球自转并绕太阳运动才是事实。

哥白尼创立"日心地动说"表现出了非凡的才能和胆识，但也因此被视为邪教徒遭到迫害。1543 年 5 月 24 日，垂危的哥白尼在病床上见到了《天体运行论》的样书，据说他只摸了摸书的封面，便与世长辞了，终年 70 岁。《天体运行论》发表后即遭到马丁·路德的反对和责难，70 年后的 1616 年被罗马教廷列为禁书，300 年后才解除禁令。

哥白尼学说的诞生，在自然科学史上具有深远的意义。诗人歌德说："哥白尼地动学说撼动人类意识之深，自古无一种创建、无一种发明，可与之相比……自古以来没有这样天翻地覆地把人类意识颠倒过来。因为若是地球不是宇宙的中心，那么无数古人相信的事物成为一场空了。谁还相信伊甸园的乐园、赞美的颂歌、宗教的故事呢？"的确，对于西方信奉上帝的人来说，哥白尼的学说是灾难性的打击。恩格斯在《自然辩证法》中对哥白尼的《天体运行论》也给予了高度评价："自然科学借以宣布其独立并且好像是重演路德焚烧教谕的革命行动，便是哥白尼那本不朽著作的出版，他用这本书（虽然是胆怯地而且可以说是只在临终时）来向自然事物方面的教会权威挑战，从此自然科学便开始从神学中解放出来。"从此，《天体运行论》出版的 1543 年被视为近代科学的诞生年。

为真理献身的布鲁诺

布鲁诺 1548 年出生于意大利诺拉城一个破落的小贵族家庭。10 岁左右，父母把他送到一所私立的人文主义学校读书。15 岁时，他成为意大利天主教多米尼克派的修士，进了修道院。在修道院学习神学的同时，他也刻苦钻研古代希腊罗马的语言文学和东方哲学。布鲁诺在修道院学校学习达 10 年之久，毕业时获得神学博士学位和神父的教职，成为当时有名的学者。

在修道院学习期间，布鲁诺与文艺复兴时期的人文主义者交往密切，有机会系统地阅读了不少禁书。在读到哥白尼的著作后，他特别为哥白尼的太阳中心说所吸引，并为哥白尼著作中严谨的逻辑和精辟的论证所倾倒。此后他逐渐对宗教产生了怀疑；他认为，教会关于上帝具有"三位一体"性的教义是错误的，有一次他甚至还把基督的圣像从自己的房中扔了出去。他还写文章批判《圣经》。他的这些离经叛道的言行激怒了教会，被教会革除教籍。但他毫不动摇，为躲避教会的迫害，他毅然决然地离开了修道院。年轻的布鲁诺成为哥白尼日心说的热心宣传者，走上了为捍卫和宣传哥白尼学说而奋斗到底的道路。

1576 年，28 岁的布鲁诺开始了在欧洲各国的流浪生活。先是在祖国意大利的北部，后又到瑞士、法国、英国、德国、捷克等地。在这期间，他以非凡的精力宣传和捍卫哥白尼的日心说，并在此基础上提出了自己关于宇宙无限性和统一性的新理论。他的重要著作有：《论原因、本原和统一》、《论无限性、宇宙和诸世界》、《论三种极少的限度》、《论单子、数和形》等。

此外，布鲁诺还克服了哥白尼日心说的局限，即哥白尼认为宇宙是有限的，而布鲁诺认为，宇宙无论在空间还是时间上都是无限的。地球不是宇宙的中心，太阳也不是宇宙的中心，太阳只是太阳系的中心。整个宇宙根本就没有中心，也没有界限。宇宙中有无数的太阳，而围绕它们运行的是无数的行星。他还认为，宇宙统一于不生不灭的物质。自然界有内在的创造本身的能力。不过由于时代的局限，布鲁诺不得不给自然披上一层神的外衣，但他把神的外衣给自然披上后，就再也不谈神了。他具有神即自然、自然即神的泛神论思想。

应该说，布鲁诺并不是一位天文学家，而是一位哲学家，他的理论并不是建立在天文观测基础上的，更多的是哲学上的思辨和猜测。然而他的理论却是文艺复兴时期自然哲学的最高峰。尤其是他的宇宙无限的思想，超越他的时代太多了，以至当时的人无法理解。它是人类宇宙观的一次革命，也成为300多年后现代宇宙论的思想先驱。

布鲁诺凭借广博的知识和如剑的舌锋，到处宣传日心说和他的新宇宙观，并经常和教徒辩论，罗马教廷对此非常恐惧和仇恨，把他视为眼中钉，必欲置之死地而后快。1592年，布鲁诺回到威尼斯，被人出卖，被威尼斯当局逮捕，最后把他交给了罗马宗教裁判所。布鲁诺在罗马被关押了三年多之后，宗教裁判所才开始审讯。教会控告他否认神学真理，反对《圣经》，把他视为头等要犯。先后两任红衣主教都要处死他。但教会关押布鲁诺的目的还是要迫使他低头认罪，放弃自己的观点，向教会忏悔，屈膝投降。罗马教廷想摧毁这面旗帜，肃清他的影响，以此来重振教会的声威。但布鲁诺拒不认罪："我不应当也不愿意放弃自己的主张，没有什么可放弃的，没有根据要放弃什么，也不知道需要放弃什么。"

布鲁诺在长达 8 年之久的监狱生活中，受尽酷刑，但丝毫没有动摇自己的信念。他说："一个人的事业使他自己变得伟大时，他就能临死不惧。""为真理而斗争是人生最大的乐趣。"1600 年 2 月 17 日，布鲁诺被宗教裁判所处以火刑，烧死在罗马的鲜花广场上。临终时他说了两句话，第一句是当他以轻蔑的态度听完判决书后，正义凛然地说："你们对我宣读判词，比我听判词还要感到恐惧。"第二句是火刑架下燃起熊熊烈火，刽子手举着火把问：你的末日已经来临，还有什么要说的吗？布鲁诺回答："黑暗即将过去，黎明即将到来，真理终将战胜邪恶！火，不能征服我，未来的世界会了解我，会知道我的价值。"52 岁的布鲁诺在熊熊烈火中英勇就义。

他死后，教会害怕人们抢走这位伟大思想家的骨灰来纪念他，就匆匆忙忙把他的骨灰连同泥土一起抛撒在台伯河中。然而，真理是不死的。随着科学的发展，在布鲁诺牺牲 289 年后的 1889 年，罗马教皇不得不亲自出面，为布鲁诺平反并恢复名誉。同年 6 月 9 日，人们为了纪念这位献身科学的勇士，在他被焚烧的罗马鲜花广场上树立了一座他的铜像。每年 2 月 17 日这一天，一群群真诚的人们手捧鲜花拥向铜像，赶来纪念这位为捍卫科学真理而英勇献身的先驱者。

天空立法者——开普勒

1571 年开普勒出生于德国的符腾堡。他是一个早产儿，从小就体弱多病，所幸他的智力发育很好，从小就聪慧过人，善于思考。12 岁时入修道院学习。1587 年，他进入蒂宾根，在校中遇到秘密宣传哥白尼学说的天文学家麦斯特林。在他的影响下，开普勒很快成为哥白尼学说的忠实维护者。毕业后他得到大学的有力推荐，去奥地利格拉茨的路德派高级中学任数学教师。在那里他开始研究天文学。

1596年，当他25岁时，因出版《神秘的宇宙》一书而受到著名天文学家第谷的赏识，开始与第谷合作。他们的合作，意味着经验观察与数学理论在天文学上的结合，第谷精于观测而短于理论分析，开普勒善于抽象思维而不善于观测（因为视力受到过损伤），他们各有所长各有所短，结合起来取长补短，就导致了科学发现的重大突破。可惜的是，第二年第谷就突发重病去世了。作为第谷事业的继承人，开普勒只能面对老师遗留下来的一大堆底稿孤军奋战了。

开普勒是一个思想家，在数学上很有造诣。他的兴趣主要不在积累更多的观测资料上，而是希望利用第谷这批珍贵的观测资料把哥白尼日心说中的行星运动曲线描绘出来。开普勒首先研究的是火星，这是因为在第谷的观测数据中，对火星的观测占有最大的篇幅。而且恰好这颗离地球最近的外行星的运行与哥白尼理论出入最大。

开普勒想从火星的观测数据中找出它的运动规律，并把它用一条曲线表示出来。起初按正圆编制火星的运行表，可是发现火星老是出轨。开普勒经过积极思考，将正圆形轨道修正为偏圆形轨道。经过艰辛的研究和无数次的失败，他终于意识到火星的轨道不是圆的。并断定它的运动的线速度跟它与太阳的距离有关。他又把轨道看成是卵形，进而确定是椭圆。1609年，开普勒出版了他的《新天文学》一书，书中介绍了他的第一和第二定律。

开普勒第一定律：所有的行星都分别在大小不同的椭圆轨道上围绕太阳运动，太阳在这些椭圆的一个焦点上。开普勒第二定律：行星与太阳的连线在相等的时间里扫过相等的面积。如果说开普勒第一定律能告诉我们某颗行星一切可能的位置，那么第二定律则指出了行星沿轨道运动时，速率改变的规律，从而能确定该行星在什么时候处于某个可能的位置上。

开普勒的行星运动两个定律的发现是令人激动的，尤其是第一定律。因为开普勒发现的行星运动轨迹竟是一千多年前古希腊阿波罗尼乌斯的固锥曲线中的椭圆，而太阳就位于一个焦点之上。这不由得让人们想起了古希腊的大哲学家毕达哥拉斯"数即万物"的命题和宇宙统一于数的和谐的思想。其实，开普勒本人就是毕达哥拉斯这种思想的忠实信徒。

开普勒继续探索，经过9年苦战，开普勒终于使杂乱无章的数字显示了数的和谐性，得出了行星公转周期的平方与它距太阳的距离的立方成正比的结论。这就是著名的开普勒行星运动第三定律。这一定律是开普勒的哲学思辨和第谷的精确观测相结合的产物。1619年，开普勒出版《宇宙和谐论》一书，公布了这一发现。

开普勒定律是行星运行的基本定律。自从这三大定律被发现之后，行星的复杂运动立刻便失去了它的神秘性。更为重要的是它把哥白尼的理论推进了一步，为专业天文学家和数学家提供了支持日心说的强有力论据。人们称赞开普勒是"天空立法者"。大哲学家黑格尔称他是"现代天体力学的真正奠基人"。另外，开普勒定律为牛顿数十年后发现的万有引力定律铺平了道路。除了行星运动定律外，在其他领域，开普勒也颇有建树，如光学和数学。

开普勒对科学做出了巨大的贡献。然而，他的一生却是在极端艰难贫困中度过的。有人说："第谷的后面有国王，伽利略的后面有公爵，牛顿的后面有政府，但是，开普勒只有疾病和贫困。"的确，疾病、贫困，加上教会的迫害，使开普勒一生不曾得到安宁。1623年，开普勒因出版《哥白尼太阳中心说概念》受到教会迫害，书被焚, 工资被停发。1630年, 开普勒已几个月没有领到薪俸了, 生活没有着落。于是他不得不亲自前往布拉格讨还皇家欠他的薪水。然而, 他在去往布拉格的途中, 突然发起高烧, 几天后就在贫病交困中去世, 终年59岁。后来德国大哲学家黑格尔谈到这件事, 曾痛心疾首地说: "开普勒是被德国饿死的。" 这不能不说是当时他的祖国德国的悲哀, 但这更是那个时代的悲哀。

三　近代科学的诞生

近代物理学之父——伽利略

1564年, 伽利略出生在意大利西海岸比萨城一个破落的贵族之家, 父亲是很有才华的音乐家, 爱好数学, 精通希腊文、拉丁文和英语。17岁时, 按照父亲的意愿, 伽利略进入比萨大学学医, 不过他本人的兴趣却不在此。由于听了几次关于欧几里得几何学的演讲, 很快对数学着迷, 倾心于研究欧几里得的几何学和阿基米德的物理学, 朋友们都称他为"新时代的阿基米德"。

伽利略善于观察和思考, 据说他18岁时到比萨教堂去做礼拜, 注意到教堂里挂的那些摇摆不定的油灯, 尽管摆动幅度不同, 但往复运动的时间 (他按自己的脉搏计时) 却是相同的, 从而发现了摆的等时性。1585年伽利略放弃学医, 离开比萨大学回到佛罗伦萨, 在家自学数学和物理, 攻读欧几里得的《几何原本》和阿基米德的著作。1588年, 他发表了题为《固体的重心》论文, 从此以数学和实验著称的伽利略名闻全国。从这时候开始, 他在比萨大学担任数学教授，但是真正使伽利略成为科学史上巨人的是他的重物实验。

亚里士多德认为物体下落速度与其重量成正比例关系。这一理论没有人会怀疑，比萨大学的教授是这样讲的，学生也是这样接受的。在当时学者们的眼中，除了上帝之外，只有亚里士多德是对的。但只有 25 岁的青年伽利略，出于追求真理的愿望，以科学实验为根据，公然反对被人们崇拜了 1700 多年的希腊圣人之教。这就是后人传说的 1590 年他在比萨斜塔做的重物实验。1604 年，为了寻求落体速度和距离、时间的关系，伽利略又通过斜面落体实验求出自由落体运动规律和近似结果。他把复杂问题简单化了，伽利略称之为"分析法"、"综合法"。

1592 年，伽利略被聘为帕多瓦大学数学教授，当时他只有二十多岁，他研究支配粉碎机、扬水机、起重机等机械的共同规律，写成《机械学》一书。当时很多人认为，机械省力，就是机械产生力量。他在书中却提出不同意见，并解释了力矩的科学涵意。

1608 年，他听说荷兰米德尔堡眼镜店有人做成一个可以把远处物体放大的镜子，他研究了这个镜子放大物体的原理，做出了世界上第一台望远镜。它能把远处物体放大 32 倍，能看到月亮上的高山低谷，还看到银河是由许多星体集合而成的。1610 年 1 月 8 日到 10 日他又发现木星有四颗卫星，并且每天变换位置，土星也有卫星，金星有盈有亏，后来他还发现太阳有黑子和自转。此外，望远镜可用于战争侦察敌情，还可以提前 3 小时发现将要靠岸的船，所以引起军界、航海者和政府的重视，轰动了上层社会，受到人们的重视和赞赏，给予"特等教授"、"首席科学家"的荣誉称号。1610 年，他在《星界的使者》一书中公布了他这一系列天文史上少有的重要发现。这些事实是对亚里士多德学说的否定。

伽利略另一重大贡献是确认了惯性定律，即不受外力的物体将保持惯性运动的状态不变。其实古希腊的德谟克利特和伊壁鸠鲁以及后来牛顿都有这样的想法。然而，当时在欧洲占统治地位的是亚里士多德的观点——力是物体运动的原因。伽利略则认为"维持"运动不需要力，"改变"物体的运动状态才需要力。他再次利用理想实验的威力：斜面实验表明，倾斜度越小，小球的加速度也越小。如果把斜面完全放平，并且斜面无比光滑，小球的加速度将会变为零，小球也将永远沿直线做匀速运动。因此，伽利略得到了惯性定律。

伽利略名声大振，但却受到教会的压制。他的一系列天文发现使他坚信哥白尼的太阳中心说是对的，但在罗马教皇的淫威之下，哥白尼学说被列为禁书，伽利略也不得不沉默了。1638 年他以间接隐蔽的笔法，以通俗易懂的三人对话形式发表了《关于托勒密和哥白尼两大世界体系的对话》，详细论证了哥白尼的"太阳中心说"，批驳了"地球中心说"，成为近代科学思想史上重要学术著作。伽利略早在 1597 年开普勒送给他《神秘的宇宙》一书时就已经是一个太阳中心说的拥护者，但是他亲眼看到布鲁诺之死，没有勇气诉诸于世。直到 68 岁的时候，才把心里话在《对话》一书中说出来，他说清楚了哥白尼没有说清楚的问题。但此事成为教会神父和学者们组成"反伽利略联盟"的开始。不久他被召到罗马，接受异端裁判所的残酷审讯。经过三个月的审讯和种种严刑拷问，伽利略"悔罪"之后被放了出来，这时他已是一位风烛残年的老人了。

他在晚年失去自由又失去了唯一的女儿后，仍然进行科学研究。他说："我的脑筋是不肯让我闲着的，我现在写一本《新科学对话》。"这就是他关于力学知识的总结，成为后来牛顿据以提出力学三定律的基础。当 1636 年这本书写完的时候，他已经双目失明，四年以后就逝世了。直到 300 年后，罗马教皇保罗二世提出为伽利略平反，1980 年正式宣布当年教会压制伽利略的意见是错误的，伽利略终于沉冤昭雪。这也说明，真理是不可战胜的。

伽利略把实验事实和抽象思维结合起来，运用理想化的模型突出事物的主要特性，化繁为简，总结其规律性，留给了后人宝贵的精神财富。爱因斯坦评论说："伽利略的发现以及他所用的科学推理方法，是人类思想史上最伟大的成就之一，而且标志着物理学的真正开端。"伽利略首开实验科学的先河，从无休无止的"为什么"转向地球上的物体是"怎么样"运动的；从漫无边际的大讨论转向局部的、简单的、有限的问题研究。这就是近代西方科学成功的道路。

流体静力学的奠基人——帕斯卡

帕斯卡于 1623 年生于法国奥维涅省的克莱蒙特，在兄弟姊妹中排行第三，也是家中唯一的男孩。帕斯卡没有受过正规的学校教育。他 4 岁时母亲病故，由受过高等教育、担任政府官员的父亲和两个姐姐负责对他进行教育和培养。他父亲是一位受人尊敬的数学家，在其精心地教育下，帕斯卡很小时就精通欧几里得几何，他自己独立地发现出欧几里得的前 32 条定理，而且顺序也完全正确。12 岁独自发现了"三角形的内角和等于 180 度"后，开始师从父亲学习数学。1631 年帕斯卡随家人移居巴黎。父亲发现帕斯卡很有出息，为了让他开阔眼界，在他 16 岁那年，满心欢喜地带他参加巴黎数学家和物理学家小组（法国巴黎科学院的前身）的学术活动。17 岁时帕斯卡写成了数学水平很高的《圆锥截线论》，在这篇论文里，他提出了投影几何的一个重要定理，即圆锥曲线内接六边形，其三对边之交点共线，后来被称为帕斯卡定理，并成为投影几何学上的基本定理之一。这个神秘的六边形题目即帕斯卡定理连同帕斯卡本人，从此扬名于数学界。

1641年帕斯卡又随家移居鲁昂。1642年到1644年间帮助父亲做税务计算工作时，帕斯卡发明了加法器，这是世界上最早的计算器，现陈列于法国博物馆中。1646年前帕斯卡一家都信奉天主教。由于他父亲的一场病，使他同一种更加深奥的宗教信仰方式有所接触，对他以后的生活影响很大。帕斯卡和数学家费马通信，他们一起解决某一个上流社会的赌徒兼业余哲学家送来的一个问题，他弄不清楚他赌掷三个骰子出现某种组合时为什么老是输钱。在他们解决这个问题的过程中，奠定了近代概率论的基础。

帕斯卡的主要成就还是在于对流体力学和大气压强的研究，被称为流体静力学的奠基人。帕斯卡通过对液体静力学的研究，提出了著名的帕斯卡定律，指出，盛有液体的容器壁上所受的由于液体的质量所产生的压强仅仅与深度有关。传说他曾做过一次生动的实验：取一个大木桶，把它密封起来，再在盖面上开一个小孔，接上一根细长的管子，在桶里预先洒了水，然后取来一杯水，当众把水灌注到细管里，由于水面一下子升得很高，桶内压强急骤增大，木桶不胜负载，水便破壁四溅。这个实验引起了观众的莫大兴趣。

1646—1647年，帕斯卡准备了几根长几米的各种形状的玻璃管，把他们固定在船桅上，分别用水和葡萄酒做实验。实验前，很多人认为酒易挥发，在挥发气体作用下，其液柱要比水柱低些，但实验结果却相反，这是因为葡萄酒的密度比水的密度大，所以它的液柱比水柱低。帕斯卡根据这次实验的结果，在1647年10月出版的

《关于真空的新实验》一书中指出，倒立玻璃液管顶端出现的空间就是真空。

1648年9月，帕斯卡让他的内弟佩里埃把气压计带到克莱蒙特附近的高约1000米的多姆山上进行实验，看到大气压因高度的增加而减小（山顶比山脚的水银柱高度低8.5厘米）。也正在上述一系列的实验中，帕斯卡发明了注射器。帕斯卡还发现大气压强的数值跟天气有关，这在气象学上具有重大意义。他还做了虹吸实验，并用大气压来解释虹吸原理。其实，帕斯卡有关大气压强的研究工作在1653年就写在《论空气的重量》论文中，而此论文一直到他死后10年（1672年）才发表。

帕斯卡在文学和哲学方面也极有造诣，他的文字婉约，流利而有力，极为世人称赞，对法国的文学颇有影响，他的许多哲理名句常为后人所传诵，比如他所著的哲学名著《思想录》里的一句名言："人只不过是一根芦苇，是自然界最脆弱的东西，但他是一根有思想的芦苇。"《思想录》和《致外省书》，对法国散文的影响也很大。1962年，世界和平理事会曾推荐帕斯卡为世界文化名人而予以纪念。

帕斯卡从小就体质虚弱，又因过度劳累而使疾病缠身。然而正是他在病休的1651—1654年间，紧张地进行科学工作，写成了关于液体平衡、空气的重量和密度及算术三角形等多篇论文，后一篇论文成为概率论的基础。在1655—1659年间还写了许多宗教著作。晚年，有人建议他把关于旋轮线的研究结果发表出来，于是他又沉浸于科学兴趣之中，但从1659年2月起，病情加重，使他不能正常工作，而安于虔诚的宗教生活。1662年，帕斯卡在巨大的病痛中逝世，年仅39岁。后人为纪念帕斯卡的贡献，用他的名字来命名压强的单位，简称帕，符号是Pa。

经典力学之父——牛顿

英国著名诗人波普曾经写过一首赞美牛顿的诗：自然和自然的规律，隐藏在黑夜里，上帝说："让牛顿去吧！"于是，一切都光明了。17世纪后期，经过伽利略、开普勒等一批科学巨匠们一个多世纪的努力，经典力学的基础工作已经完成。但各种力学的知识和理论基本处于"各自为战"的状态，显得有些杂乱无章。这时牛顿出现了，他用优美得无与伦比的数学语言，描述并统一了地面、天空的力学理论，创立了经典力学体系。

1642年12月25日，牛顿出生在英国林肯郡，是一个小农的遗腹子。牛顿出世时，给他接生的接生婆说："咳！这么一个小不点儿，我简直可以把他塞进一只杯子里去。"由于母亲再嫁，从两岁起，他就与年迈的外祖母过着贫困孤苦的生活。在小学时他就非常爱科学，经常制作一些灵巧的小机械，如水钟、风筝和日晷等。他的兴趣很广，时而作诗，时而绘画。他是一个意志坚强的孩子。因为经济困难，14岁就离开学校回家务农。劳动之暇，他独自躺在草地上聚精会神地钻研数学。牛顿的舅父是剑桥大学三一学院成员，发现牛顿热爱科学，很有钻研精神，就帮助他重新回到学校读书。1661年，牛顿18岁时作为公费生进入剑桥大学学习。剑桥是英国最古老、最有威望的大学之一。这是一所思想比较自由、学术气氛浓厚的高等学府。他在这里学习数学、天文学和物理学。读到三年级时，一位游历过欧洲大陆的学者巴罗来剑桥担任"鲁卡斯讲座"的首任教授，给剑桥带来了科学的新曙光。他向学生介绍哥白尼、开普勒、伽利略和笛卡尔等人的先进思想、科学理论以及研究方法，使牛顿大开眼界。巴罗发现牛顿的才华，举荐牛顿为研究生，让他继续在剑桥深造。

1665 年秋季到 1667 年春季期间，伦敦市区瘟疫流行，各校停课，学生被遣散回家。牛顿也回到农村老家住了 18 个月。表面看来，牛顿隐居穷乡僻壤田舍山庄之中，但他的头脑正掀起科学革命的巨浪，成为牛顿一生划时代的创造的岁月。在这期间，23 岁的牛顿首先发现了数学中的二项式定理，然后建立微分学，第二年又建立积分学；他用三棱镜研究光学，发现了白光的组成，还考虑过引力问题。

1667 年，牛顿回到剑桥大学三一学院继续他的学业，于 1668 年获得硕士学位。1669 午，由巴罗推荐，任剑桥大学教授，接替巴罗担任了鲁卡斯讲座的第二代教授职务。这时，牛顿年仅 27 岁。可以这样认为，如果没有舅父和巴罗教授的热情帮助，牛顿这匹千里马就不可能驰骋在科学的大道上。

牛顿在剑桥大学讲授的第一门课程是光学，他公开发表的第一篇论文也是研究光色来源的。牛顿对光学有着经久不衰的浓厚兴趣。早在 1668 年，他就亲自设计并动手制作了一架反射望远镜模型。这架望远镜虽然不大（长 6 英寸，直径 1 英寸），但是却可以放大 40 倍，能够清楚地看到木星的 4 个卫星和金星的盈亏现象。这架反射望远镜的观测效果，大大超过了同样大小的折射望远镜。英国皇家学会极为赞赏，并要求他正式做一架。于是牛顿在 1671 年制造了一架更大的反射望远镜。同年秋天，这架当时世界上最好的望远镜又被送给了英国皇室，受到赞扬。这架望远镜至今被作为珍品保存在英国皇家学会，上面标着"牛顿爵士亲手所造的世界上第一架反射望远镜"的字样。

由于反射望远镜的发明，牛顿被提名为英国皇家学会的候补会员。不久，于 1672 年 1 月，又被推选为正式会员。牛顿的第一篇论文《关于光和色的新理论》，就是这一年在《皇家学会哲学杂志》上发表的。在这篇论文中，不仅总结了他在光学方面所进行过的实验结果，更为重要的是提出了光的本质问题。牛顿认为，光是与以太相互作用而产生波的高速度粒子流。这种见解，在光学史上称为"微粒说"。牛顿对光学的发展作出了巨大的贡献。后世科学家评论说："单凭他在光学上的成就，牛顿就已经可以成为科学上的头等人物。"

当然，牛顿最重要的成就并不是在光学上，而是发现了万有引力定律。它的发现是牛顿力学的最高成就，而且就源自那个几乎人尽皆知的"苹果落地"的故事。这只苹果引起了牛顿的注意，他想苹果为什么不向天上飞，也不向前后左右落，而偏偏垂直地落到地上呢？肯定是地球在吸引它。既然地球能吸引离地面这么高的苹果树上的苹果，那它也肯定在吸引着月亮。在长时间的思考中，牛顿逐渐认识到，地球吸引地球表面物体的力（如吸引苹果落地的力），与地球吸引月球的力，以及太阳吸引行星的力，是同一种力。这种力是任何物体、任何物质都有的，因而是万有的。于是，牛顿就发现了万有引力定律，这是人类认识上的一个重大飞跃。

后来，牛顿又通过对地球对月球的引力研究，发现了地月间的引力与其距离平方成反比的关系，并认为，这一引力并非磁力，本质上就是重力。不过，牛顿对引力的这些研究结果一直没有发表，直到多年后的 80 年代才重新提出。这一点颇令人费解，据后来科学史家考证，主要的原因是牛顿无法肯定天体的全部质量是否集中在其中心，这样也就无法确定两个天体之间的距离精确值。虽然在一般天体情况下，这一点影响并不大，但牛顿是一个非常谨慎的人，对此他是不会冒然下结论的。后来，在 1685 年他的微积分创立后，这个问题才得到完满的解决。这样万有引力定律也才完美地提出来。

《自然哲学的数学原理》被誉为"经典力学的圣经"，牛顿的主要研究成果就集中在他这本不朽的名著里。《自然哲学的数学原理》在结构和写法上仿照欧几里得的《几何原本》。全书分为两大部分，第一部分包括："定义和注释"与"运动的基本定理或定律"。这部分虽然篇幅不大，却极为重要。第二部分是这些基本定律的作用，包括三篇：第一篇是研究万有引力的；第二篇是讨论介质对物体运动的影响；第三篇是"论宇宙系统"。《自然哲学的数学原理》以牛顿三大运动定律和万有引力定律为基础，建立了完美的力学理论体系，说明了当时人们所能理解的一切力学现象，解决了行星运动、落体运动、振子运动、微粒运动、声音和波、潮涨潮落以及地球的扁圆形状等各种各样的问题。在此后二百多年中，再也没有人补充任何本质上的东西。

在生活上，牛顿是一个书呆子型的教授，惯于内省、谦虚谨慎。他的重要学术成果都是青年时完成的。他一辈子没有结婚，个人生活由他的妹妹和侄女照顾。"他从不做任何娱乐和消遣，不骑马外出换空气，不散步，不玩球，也不做任何其他运动。认为不花在研究上的时间都是损失。"他经常工作到半夜三更，往往忘记吃饭，当他偶尔在学院的餐厅出现时，总是"穿一双磨掉后跟的鞋，袜子乱糟糟，披着衣服，头也不梳。"晚年牛顿的研究方向逐渐转向神学。牛顿的哲学思想基本上属于自发的唯心主义。

1703 年，牛顿被选为英国皇家学会会长，以后的 24 年间，他一直连任，直至去世，这在英国皇家学会历史上是绝无仅有的。1705 年，英国女王授予牛顿爵士头衔。1727 年 3 月，84 岁的牛顿出席了皇家学会的例会后突然病倒，于当月 20 日逝世。牛顿作为有功于国家的伟人，被葬于威斯敏斯特教堂，与英国历代君主和名人长眠在一起，供人瞻仰。

牛顿一生中有许多重大成就，但是他却很谦逊。他说："我不知道世上的人对我怎么评价，我却这样认为，我好像是站在海边玩耍的孩子，时而拾到几块莹洁的石子，时而拾到几块美丽的贝壳并为之欢欣，那浩瀚的真理海洋仍然在我的前面未被发现。如果我所见的比笛卡尔要远一点，那是因为我站在巨人肩膀上的缘故。"1942年，爱因斯坦为纪念牛顿诞辰 300 周年而写的文章，对牛顿的一生做了如下的评价："只有把他的一生看做为永恒真理而斗争的舞台上的一幕才能理解他。"这一赞语最恰当不过了。

近代化学之父——波义尔

波义耳是化学史上的第一位伟人，他第一次为化学元素下了明确的定义，使化学发展有了新的起点。恩格斯曾对此评价说："波义耳把化学确立为科学。"波义耳 1627 年出生在爱尔兰一个大官僚家庭，他的父亲理查德·波义耳，曾被封为公爵，家中广有庄园，生活富有，因而从小受到过良好的教育。波义耳读书时就非常喜欢实验科学，他最崇拜的人是英国大哲学家和科学家弗兰西斯·培根。他认为，培根是一个脚踏实地的人，他把培根说的"知识就是力量，力量就是知识"作为自己一生的座右铭，他主张："空谈无济于事，实验决定一切"。

为了研究化学，波义耳自己建了一个规模不小的实验室。波义耳的祖父和父亲曾留下许多受封的领地，有一处在斯泰尔桥。这个地方的地理位置很好，它处在牛津和伦敦之间，同时还有许多空房子，其中还有一座楼房。楼房上下两层，他把上层改建成卧室、工作室和藏书室，下层全部改建成实验室。有了实验室，波义耳的研究工作就如虎添翼。在化学实验中取得了很多的研究成果。

波义耳在实验中是个观察很仔细也很敏锐的人，有时似乎一件很偶然的事情，他也不会轻易放过。波义耳常说："要想做好实验，就要敏于观察。"据说波义耳非常喜欢花。有一次，他把一把深紫色的紫罗兰带进了实验室，放在实验台上，然后就紧张地进行加热浓硫酸的工作。一缕缕酸雾从瓶中冒出，加热完浓硫酸以后他又和助手一起转移了一些浓盐酸，浓盐酸倒入烧杯以后，和往常一样，又冒出许多白烟，这些白烟弥散在实验台和放在实验台上的紫罗兰上。做完这些工作以后，波义耳一看，他那把心爱的紫罗兰在微微地冒烟。"可惜啊，可惜！酸雾都弄到花上了，应当马上洗一洗。"于是，他把紫罗兰冲洗了一下，就插进窗台上的花瓶里。过了一会，波义耳转过身来一看，啊！紫罗兰全都变成"红罗兰"了，这简直是奇迹！波义耳没有放过这个奇怪的现象，他马上采来各种花，进行了花木和酸碱相互作用实验。经过实验发现，大部分花草受酸或碱的作用都能改变颜色。其中，从石蕊地衣中提取的紫色浸液和酸碱的作用最有意思。和酸作用能变成红色，和碱作用能变成蓝色。后来，波义耳就用这种石蕊浸液把纸浸透，然后再烤干，用以实验溶液的酸碱性，这就是有名的石蕊试纸。

波义耳对化学最大的贡献是在理论上。化学主要源于炼金术，到了15、16世纪，化学开始摆脱炼金术的束缚，但仍从属于医学和冶金，没能成为一门独立的科学。波义耳从亲身实践中体会到化学有其自身的目的，而不是医学和冶金学的从属品。应当把化学看作一门科学，看作自然哲学的一个分支。在他的代表作《怀疑的化学家》一书中，有这样一段话明确地表达了他的观点："至今从事化学研究的人，主要是从医师的角度以配制良药，或者从炼金术师的角度以人工制造金子为目的，而没有把自然科学的进步作为奋斗目标，因而忽视了许多现象。我发现了这一缺陷，准备作为一个大自然的探索者，使化学为哲学的目的服务。"正是在这一思想的支配下，波义耳大胆批驳了当时炼金术士的三要素说和仍广为流行的亚里士多德的四元素说，提出了科学的元素定义。

在波义耳之前，人们事实上已经发现了不少可以称得上是元素的物质。如远在古代，人们就发现了铜、锡、锌、铁、铅、金、银、汞等金属元素，后来人们又发现了砷、碳等非金属元素。但是到底什么是元素，人们一直都说不清楚。波义耳在积极吸取前人元素定义的基础上，通过对自己的实践进行认真的分析总结，终于在《怀疑的化学家》一书中提出了一个关于元素的科学定义。他指出："我说的元素的意思和那些讲得最明白的化学家们说的要素的意思相同，是指某种原始的、简单的、一点也没有杂质的物体。元素不能用任何其它物体造成，也不能彼此相互造成。元素是直接合成所谓完全混合物（化合物）的成分，也是完全混合物最终分解成的要素。"波义耳的元素定义的提出，激起了人们对已知的"元素"进行重新鉴别的热情。当然，从现代化学的观点看，波义耳所定义的元素实际上是单质，他以这一定义将单质与化合物和混合物区别开来。不过人们发现，根据波义耳的元素定义，被炼金术士们称做元素的硫和汞确实是元素，而被炼金术士们称为元素的盐、水和空气根本不是元素；反之，炼金术士们认为不是元素的铜、铁、锌、碳等倒是真正的元素。波义耳的元素定义的提出，也激起了人们寻找新元素的热情。正是在波义耳的元素定义的指引下，人们逐渐发现了一系列新的化学元素，而化学也因之得以迅速进步。

波义耳的科学的元素概念以及他对各种化学现象和化学物质的深入研究，使化学真正以科学的形态出现了。作为研究物质及其变化规律的化学，把化学元素当成了自己最基本的概念，因此，这个概念的确定有着十分重大的意义。它是化学史上的一个里程碑，标志着人类对物质基本组成的认识进入了一个科学的新阶段。

波义耳还澄清了火在化学分解中的作用。他认识到混合与化合的不同，自然界的物质由元素化合而成，火可以分离许多混合物，但不能分离一切混合物。有些经火分离出来的物质也不一定是元素，而是另一种化合物。关于燃烧问题的研究是波义耳对化学的又一重大贡献。他在胡克的帮助下造出了抽气机，这使得他有可能在真空中做实验，从而意识到空气对燃烧的必要性。另一个实验使得他接近于发现氧，他认识到，像灯火一样，动物的生命也依靠空气中的某一部分来维持，但他没有想到，维持灯火的那一部分空气恰恰就是维持动物生命的那一部分空气。

波义耳也是终生未娶，他把毕生的精力都献给了自己所钟爱的事业。1686 年，波义耳被选为英国皇家学会会长。但他拒绝就职，而是回到祖传的庄园。他有时去剑桥同牛顿会晤，有时往牛津与老友叙旧，有时来伦敦和哲学家们会面。但是，他最惬意的还是在书房中与书籍为伍。1691 年，波义耳与世长辞，终年 64 岁。波义耳的在化学上的杰出贡献为他赢得了"近代化学之父"的美称。

近代生命科学的诞生

1. 维萨留斯和《人体结构》

直到 16 世纪初期，欧洲人关于人体的知识，主要来源于古代医学家盖伦的著作，而不是人体本身。盖伦是同亚里士多德、托勒密一样对后世产生了重大影响的古代学者。他对人的脉搏进行了研究，认为脉搏不是像人们认为的那样输送空气，而是输送血液。他认为人体的健康取决于4种体液即粘液、黑胆汁、黄胆汁和血液的平衡。盖伦最主要的著作《论人体各部分的用处》，详细介绍了人体的肢体和器官，并说明了它们的特定作用。

盖伦的学说中有很多错误，但他强调经验和实践，反对学究式的医学。然而，在他之后的1000多年中，他的医学著作成了医学的金科玉律，医师们因循他的学说，也接受了他的全部缺陷。近代之初，盖伦的学说借助于文艺复兴而在欧洲产生了新的影响，盖伦的观点广泛传播，其正统地位也因此而得到加强。虽然宗教和道德的因素对于直接研究人体起着阻碍作用，但对人体疾病的治疗，要求人们必须认识自身。

推翻盖伦的理论，为近代解剖学奠定基础的是比利时医师、解剖学家维萨留斯。维萨留斯1514年出生在比利时布鲁塞尔的一个医生世家，他的曾祖父、祖父和父亲都曾是宫廷御医。1533年，维萨留斯进入巴黎大学医学院学习。当时的巴黎大学盛行着本本主义、教条主义，一切知识都只从古代权威的著作中寻找，不实地考察，也不亲自动手实验。维萨留斯对这种学风很不满，他在系统学习盖伦学说的同时，偷偷进行了人体解剖，曾经挖掘过无主墓地，夜间到绞刑架下偷过尸体。通过这些艰苦冒险的活动，维萨留斯掌握了丰富的人体解剖学知识。由于即使在帕多瓦这样最好的医科学校也很少有解剖人体的机会，维萨留斯绘制了大型解剖挂图，以备在没有可供解剖的尸体时让学生观看。挂图上人体的每一部分都以术语标出、足以让学生了解人体结构。使用挂图进行解剖学教学，是一个发明，因为即使是16世纪被重新发现并经认真编纂、翻译印行的盖伦的著作也没有解剖图。

1543年8月，维萨留斯所著《人体结构》一书出版。发生在这一年的另一件大事就是哥白尼《天体运行论》的问世。如果说《天体运行论》意味着人类对宇宙认识的突破，那么《人体结构》则标志着人类对自身认识的飞跃。《人体结构》有663页，其中附有许多质量很高的图片。《人体结构》论述的内容，从人体的骨骼开始，然后肌肉、血管、神经、腹部器官、胸部和心肌，最后是脑。维萨留斯根据自己的观察和研究，对盖伦的一系列错误做了修正。这部具有划时代意义的医学巨著曾受到非难，但仍然很快产生了影响。不到半个世纪，欧洲的医科学校就普遍采用了维萨留斯的观点和方法。维萨留斯指出的认识人体的道路、从根本上改变了欧洲的解剖学，对近代医学的发展起到了很大作用。

然而，这位医学勇士最终也未能逃过劫难。由于他的敌人们诬告他做活人体解剖，宗教裁判所判了他死刑。在西班牙王室的调解下，他被改判为去耶路撒冷朝圣。1564年，在朝圣回来的路上，维萨留斯乘坐的船遭到破坏，被困在赞特岛，最终病死在那里。

2. 血液循环的发现

继维萨留斯在认识人体结构方面迈出决定性的一步之后，他的同学西班牙的塞尔维特（1511—1553）初步认识了人体的血液循环。

1546年，他完成了《恢复基督教的本来面目》一书，书中阐述了他对人体血液循环的见解。塞尔维特认为，血液从右心室向左心室的流动，不是如盖伦所指出的那样经过心脏中膈，而是要经过肺部形成循环。这对于认识生命过程具有重要的意义。

1599年，意大利的解剖学教授雷亚尔多·哥伦布提出了同赛尔维特类似的观点。他的研究产生了一些重要的结果：血液从心脏的右侧通过肺流到左侧；心脏在不断地收缩和扩张，心脏扩张时动脉收缩，而心脏收缩时动脉则扩张。

在发现血液循环的道路上还应提到在帕多瓦大学教了 64 年书的法布里修斯。他在 1603 年发表了《论静脉的瓣膜》一书，但他没有弄明白瓣膜的作用是使血液单向地流回心脏，而真正理解这一点并发现了人体血液大循环的是他的一个英国学生哈维。

哈维出生在英国一个富裕农民的家里。19 岁毕业于英国的剑桥大学，之后到意大利留学，5 年后成为医学博士。在意大利学医时，他还常常去听伽利略讲授的力学和天文知识。伽利略注重实验的做法，对哈维影响极大，这为他日后研究医学，发现人的血液循环奠定了基础。哈维在行医的同时，还进行着研究工作。他仔细地观察病人、解剖过人体和多种动物，还曾用皇家园林中的鹿进行过实验。1628 年，他发表了《动物心血运动的解剖研究》（简称《心血运行论》）一书，第一次阐明了血液循环的原理。《动物心血运动的解剖研究》是一本只有 72 页外加两幅插图的小册子，但它彻底改变了这方面现有知识的框架结构、意味着生命科学的革命。

哈维认为，心脏的作用就如同一个泵，它通过收缩和扩张发生作用：收缩时将其容纳的血液排出，扩张时则吸收新鲜血液，这种有规律的重复收缩和扩张，使血液保持在血管中运动，而心脏和血管中的各种瓣膜则保证这种运动朝一个方向进行。哈维通过定量检测证实了自己的发现。他估算，一个普通成年人在半小时内大约 83 磅血从心脏输送出来。仅仅是这个量的结论，就动摇盖伦学说的基础，哈维断言，血液是围绕着一个环路而不停地流动的，即进行着循环的运动；凭借心脏的搏动，血液被输送，这也是心脏搏跳运动的唯一理由。哈维指出，有许多理由可以称血液的流动为循环运动。

他的结论改变了一个持续了1000多年之久的错误，并在实际上成为现代生理学的基本概念。而他在得出这个结论过程中采用的方法，也被作为发展生物学和建立生命科学的手段而被确立下来。哈维对生物科学作出的伟大贡献，是17世纪最引人注目的科学事件之一。血液循环的理论带来了具有深远影响的生物学革命。但他的理论因为有悖于权威的理论，所以，书出版之后，遭到当时学术界、医学界、宗教界的权威人士的攻击，说他的著作是一派胡言、是荒谬而不可信的。幸好，哈维当时是英国国王查理一世的御医，受到国王的宠幸，才使他没有像前辈维萨留斯、塞尔维特那样付出生命的代价。直到哈维1657年逝世以后的第四年，伽利略发明的望远镜被意大利马尔比基教授改制为显微镜用于医学上，观察到毛细血管的存在，才证实了哈维血液循环理论的正确性。

四　科学革命的实质

方法论上的革新

从古希腊到中世纪，人类认识自然的主要方法是靠"天才的自然哲学的直觉"以及随后产生的三段论。凭借直觉方法，希腊哲学家不仅把自然界万物的变化看成一种循环，而且提出很多在整体上似有道理、而在细节上往往流于荒谬的假设。中世纪基督教使人的理性为信仰服务，并把人的兴趣从世俗引向天国，神学家们运用三段论寻求关于"上帝存在"的各种证明或者去探讨"天使是否睡觉"、"一个针尖上可以站多少小天使"之类的问题。经院哲学研究问题的方法，特别是迷信权威和教条的态度抑制了人们对探索自然的兴趣。

文艺复兴以来，作为近代科学方法论变革的重要特征，乃是经验方法在认识自然和建立知识体系中的地位的变化。而这种经验论的方法论思潮萌芽的代表人物是中世纪末期唯名论哲学家格罗塞特和罗吉尔·培根。在此之前，邓斯·司各脱和威廉·奥卡姆由于把神学以外的课题划为理性王国的范围，而为古典学术在不违背教义的前提下获得独立创造了精神条件。此外，14世纪人文主义者彼特拉克等人在他们的著名诗歌中所表达的崭新的对自然的热爱，无疑大大推动了新的观察和研究自然之方法的进步。

对自然事物研究方法的真正变革开始于15世纪下半叶，其代表正是前面提到的天文学家哥白尼和生理学家维萨留斯。他们用精心而系统的观察或实验结果否定了被中世纪基督教奉为权威的错误学说或教条。由此使自然科学从神学和经院哲学的思辨传统中独立出来。到17世纪，在对亚里士多德三段论进行深刻批判的同时，自然科学研究逐步形成了一整套面对自然的新方法。

与实际需要的接近

近代早期科学革命的又一特点，是科学发展同工艺技术传统的紧密结合。这在自然科学处于经验水平时期是必然的。正如恩格斯所说，欧洲新兴资产阶级为了壮大自己的力量，迫切"需要有探察自然物体的物理特性和自然力的活动方式的科学"。

由于国际贸易和远洋探险事业的发展，对航海术提出了大量的实际问题都需要科学去解决。15世纪初，葡萄牙的航海家已到达西非海岸。1420 年前后由一位亲王"航海家"亨利支持建立的航海研究所和天文台，发现托勒密地理学著作中绘制的非洲地图与实际极为不符，于是包括德国和意大利数学家、地理学家在内的地图绘制者从 15 世纪 60 年代起开始了海陆探测并绘制航海图。于 1474 年绘制了由西方环绕地球的航线。由此而引起葡萄牙人的"科学航海运动"，并在 16 世纪开始取得积极成果。此外，西班牙人哥伦布在航抵西印度群岛的过程中也绘制了海洋图。过了一个世纪，1569 年荷兰地理学家麦卡托（1512—1594）根据自己发明的投射法绘制了可供航海家用的世界地图《根据航海资料修正描绘的新的和不断扩展的世界》。为了更精确地测定经纬度，15、16 世纪在法国南部、意大利南部和荷兰有不少人利用对某些天象的观测结果来修订历法和编订航海历书资料。英国和法国正是因地理大发现而在工艺和商业上得到好处，特别是英国采取了吸引外国科学家和工匠的政策，所以很快首先形成了实用科学传统，接着又形成了基础科学传统。英国商人对提倡数学研究特别关心，主要是为解决有关航海术以及圈地运动中产生的测量问题。

在实用科学发展中，印刷术发挥了不可低估的作用，16 世纪下半叶至 17 世纪上半叶很多优秀工匠与发明家的设计与发明都以手册等出版物形式出现。这些出版物的作者努力把他们发明的新机器建立在达芬奇、斯台文和伽利略等人创立的新力学基础上。

科学建制萌芽

在科技社会建制初步确立的近代以前，科学研究和科技活动在漫长的历史中只是少数人业余或教会大学兼带的活动，只有少数业余科学家，没有形成被社会正式认可的科学组织。文艺复兴时代的科学家都是单独工作的，或几个志同道合者偶尔在某一大学或某一王侯的宫廷中相遇而共同合作。而在大多数情况下主要是借助信函互通情报。

文艺复兴以后，随着近代自然科学的诞生，从事科学活动的人活跃起来。首先是在大学里。欧洲中世纪以后，大学的任务起初是培养神职人员、法官和医生，课程也围绕神学、法学和医学设置。后来有一些教师逐渐对科学问题发生兴趣，如逻辑学教师开始讨论数学和物理学问题，医学教师开始研究生物学问题，慢慢出现了靠教授自然科学课程得到工资的专门教师，教授自然科学的大学教师成为一种社会职业，这种社会职业孕育着未来的科学家角色。

另外就是以达·芬奇为代表的艺术家和工匠。达·芬奇为了美术创作的需要，进行解剖实验，研究透视法、眼球的构造、人体肌肉和骨骼构造，研究建筑工程以及流体力学等。达·芬奇是一个书本知识不多的人，因为他本人没有受过正规的大学教育。他之所以能够取得这些成就，首先是由于他受到了工匠式的训练，在这种师傅带徒弟式的训练中，他学到了各种技能和知识；不仅仅是达·芬奇，文艺复兴时期许多学者都是集手工艺者、工程师、艺术家和科学家于一身的人。他们受到工匠传统的训练，具有尊重经验、擅长观察和实验的探索精神。从这些人身上我们可以看到，文艺复兴时期知识已经离开了经院哲学的书斋，走向了从事具体的社会实践的人民大众，科学与实践相结合的端倪已经显现。

当大学教师的学术传统和工匠的实验探索精神结合起来时，便产生了近代意义上的科学研究，出现了近代科学家的社会角色。科学体制化确立的条件日臻成熟，科学作为一种体制已经呼之欲出。16世纪50年代在意大利的那不勒斯出现了最早的科学社团——自然奥秘协会。但不久就以"私搞巫术"的罪名被封闭了。而在意大利作为世界科学中心的后期，于1601年在罗马建立了第一所科学研究院——猞狸学院，该学院有32名院士，其中就包括伽利略。1630年因学院赞助人凯西公爵的逝世，学院也完结了。但无论如何，这两个科学社团的出现，标志科学社会建制的萌芽。

紧接着，英国在近代科学家社会角色形成过程中迈出了第一步。1644年开始，一批崇尚培根实验哲学的人物开始每周在伦敦聚会讨论科学问题，他们将这个团体称为"哲学学会"，波义耳称其为"无形学院"。这一活动最终导致世界上第一个有影响的科学家组织——英国皇家学会在1660年宣布成立，并于1662年获得英王的特许状。皇家学会的成立宣告了科学活动和科学家角色在英国社会中得到正式承认。法国在英国之后迈出了第二步。1666年法国建立了巴黎科学院，它是科学家的专门学术机构。虽然科学院院士仅限于少数专职从事科学活动的高级精英人物，但是可以从国家得到丰厚的年薪，还配有助手。所以，巴黎科学院的成立和领取国家薪俸的院士制度的出现，是科学家社会角色形成过程中的重要一步。而科学最终发展成为一种专门的职业则要到19世纪的德国，它和高等教育、工业生产的发展密切相关。

五　明朝（1368－1644）商品经济的发展和科技小高峰

商品经济的发展与外国人眼中的中国

明代时的欧洲，是文艺复兴时期；明朝灭亡的1644年，伽利略已经去世两年，牛顿刚刚两岁。对比同时期欧洲资本主义萌芽的发展和思想的鼎革，明朝的中国是同步的，而同时期中国的科技文化乃至生产力，依然遥遥领先当时的世界。明朝无论是铁、造船、建筑等重工业，还是丝绸、纺织、瓷器、印刷等轻工业，在世界都享有盛誉。以较短的时间完成了宋朝手工业从官营到私营的演变，而且变化得更为彻底。迄至明朝后期，除了盐业等少数几个行业还在实行以商人为主体的盐引制外，一些手工业都摆脱了官府的控制，成为民间手工业。晚明时中国民间私营经济力量远比同期西方强大，当英国商人手工场业主拥有几万英镑已算巨富时，明朝民间商人和资本家动用几百万两的银子进行贸易和生产已经是很寻常，郑芝龙海上贸易集团的经济实力达到每年收入数千万两白银，当时荷兰的东印度公司根本无法与之相抗衡。

明代中后期，农产品呈现粮食生产的专业化、商业化趋势。江南广东一大片原来产粮区由于大半甚至八九成都用来生产棉花甘蔗等经济作物而成为粮食进口区，其它一些地方则靠供给粮食成为商品粮食出口区。长江三角洲一带是当时桑、棉经济作物和手工业最发达的地步，常思患粮食不足……区域内调剂甚繁。但整个区域仍有不足，须由湖北，江西，安徽运入，所谓"半仰食于江、楚、庐、安之粟"。一般粮食作物的种植，主要有稻、麦、粟、粱、黍、菽等多种谷类；某些本来可以自给的区域，由于手工业的发展，非农业人口的剧增，或经济作物种植面积的不断扩大，使本地生产粮食不能满足需求，因而每年需从外地输入大量粮食。

与此同时，商人逐渐发展，社会地位也得到提高。明中叶以后，随着社会生产力和商品经济的发展，商业的作用不断扩大，商人对社会的影响力逐渐增强，地位不断提高。当时的四民观排列已是：

士、商、农、工，士、商为社会上层阶层，农工为社会下层阶层。特别是在商人势力比较强的地区，出现了商人已在四民中排列在前的社会现象。这使得一些原来重农轻商的封建士大夫也开始热衷于商业活动。一些儒生士子在"竞事商贩"潮流的影响下，弃儒经商。不少地主缙绅逐步将资金投向工商业，"富者缩资而趋末"，以徽商、晋商、闽商、粤商等为名号的商帮亦逐渐形成，并在一定地区和行业中有着举足轻重的地位。农业人口转为工商业者的数量急增。

在这种情况下，商业都市的规模、人口城市化状况和市场化程度自然有很大发展。16世纪的欧洲城市规模较小，1519年至1558年时期，拥有2万至3万人口即可称为"大城市"。从城市规模和人口比例看，晚明中国的城市化程度反倒稍高一些。据伊懋可的数据，中国城市人口在明朝末年占到总人口的6%至7.5%。据曹树基的估计，1630年时中国城市化率已达到8%。同时，商人社会地位的变化，也造成了区域民众心态的转变，进而汇成一股汹涌的拜金思潮，冲击着晚明传统社会。

在元朝时期的意大利人马可波罗，已然为全欧洲展现了一幅繁华中国的幻境后，三百多年后的欧洲传教士们，为欧洲人带回了一个更真实，其文化、教育、政治制度、经济水准、繁华程度，都更让欧洲人艳羡不已的中国。明朝时期来到中国的葡萄牙人曾德昭是耶稣会士，他在返回欧洲途中完成了《大中国志》，其中有以下记载："中国人是如此之多，我在那里生活了22年，离开时和刚到时一样，拥挤的人群令人惊叹。情况确是这样，绝非夸张，不仅城镇及公共场所（有的地方，如不用力推攘就不能通行），甚至在大道上，也汇集了大群的人，很像欧洲通常过大节或群众集会，如果我们查看总户籍簿，其中只登录纳税人口，而不记载妇女儿童、太监、文武教师（人数几乎无穷），共有 5805 万 5180 人。（引者注：明末中国人口至少在两亿以上，应该接近三亿。这也可以和曾德昭此处记载相印证，5 千多万人口不包括女性、儿童以及一些特殊阶层，所以接近三亿应该是保守的估计。）""他们最喜欢的欧洲工艺品是我们的钟，但现在他们已生产很好的桌钟，并能生产类似的小钟，价钱和我们的相当。其中一些东西，如在我们这儿生产，价钱会十分昂贵。"明末的传教士利玛窦也说中国物质生产极大丰富，无所不有，糖比欧洲白，布比欧洲精美……人们衣饰华美，风度翩翩，百姓精神愉快，彬彬有礼，谈吐文雅。

传教士来华——外国人眼中的中国

这一时期也是"西学东渐"和"东学西渐"的开始。当时来华传教的西方教士有数百人之多，他们无形中充当了东西方文明交流史上的桥梁角色。不但为中国带来了西方文艺复兴时期的文明成果，欧洲数学，天文，水利，制造业的尖端成就发现，在这一时期起源源不断传入中国。同时，明朝中后期，是中国自成体系的文艺复兴时期，中国的文化，艺术，哲学乃至科学，也同样产生了突破性进展。这一切被西方传教士带回欧洲后，对欧洲 17—18 世纪的文化流变乃至社会思潮，都产生过更加深远的影响。

在这许多传教士中对后世影响较大者有沙勿略、罗明坚、利玛窦等，而其中最杰出的就是利玛窦，他被称为"西方汉学之父"。利玛窦 1552 年（嘉靖二十九年）出生在意大利马尔凯州，也就是在这一年葡萄牙传教士沙勿略带着与中国大陆咫尺天涯的遗憾溘然长逝。三十年后，利玛窦沿着沙勿略的足迹来到中国。在到达中国之前，利玛窦已经接触了多年的东方文明，他在越南，印度，日本等地先后生活了四年。而在更早的时候，他就是意大利当地知名的青年学者，他的老师就是彼时意大利著名数学家克拉乌，比起刻苦的罗明坚，利玛窦自幼就是个天资聪明的人，他在意大利当地，就学会了希腊语和意大利语。

万历十年（1582年），他与罗明坚一起在广东肇庆传教，并很快与肇庆知府搞好了关系，被批准择地居住和修建教堂。但当地士绅百姓与他们存在隔阂，称他们为"番僧"，不时发生矛盾冲突，有人甚至往他们的房屋上扔石头。为缓解当地百姓的敌对情绪，利玛窦等穿起中国式的大褂长袍，决定暂时不谈宗教，并出重金聘请当地有名望的学者介绍中国情况，讲解经书，以便与中国知识分子有更多的共同语言。他们又用西方科学技术、新奇的西洋方物等吸引中国人，博取当地民众的好感。他们积极学习中国文化，将天主教义融合进中国的古代经籍之中，从《中庸》、《诗经》、《周易》、《尚书》等书中摘取有关"天"和"帝"的条目，比作西方天主教义中的天主。为吸引中国人目光，利玛窦还公开展览西方先进的机械制造产品和科技成果，如钟表、三棱镜、圣母像、地图等。为迎合中国人"中国是中央帝国"的观念，利玛窦还改变了世界地图在西方的原始面貌，使中国刚好位于地图中央。这些引起了中国人的浓厚兴趣，利玛窦的住宅门庭若市。他利用在国内所学的知识，致力于制造天球仪、地球仪，成为西方先进自然科学知识的传播者。

此后，利玛窦又在南昌、南京传教游历十多年，他的汉语越来越纯熟，中国的民俗也越来越深刻地影响了他，他结交了许多中国朋友。利玛窦听从了中国朋友的忠告，换上儒装，一边学习翻译中国的四书五经，一边接近中国的士大夫阶层，如徐光启等人。他颂扬中国文化的博大精深，糅合中西方两种哲学观念，并用先进的科技产品敲开了贵族、官员们的大门。1600 年（明万历二十八年），为了传教利玛窦再次向北京进发，不但顺利抵达北京还获得万历皇帝的好感，被允许在北京长期居住，明政府每隔四个月给他们发一次津贴。1610 年（明万历三十八年）3 月，利玛窦因病在北京去世，万历皇帝还为他在阜城门外拨了一块墓地。

晚年的利玛窦除了传教外，最重要的工作，就是著书译书，万历三十四年（1606 年），他在北京和徐光启合作翻译了欧几里得的《几何原本》，这是一本奠定现代中国数学教育的著作。他又与李之藻合作翻译了《同文算指》，这是西方数学家克拉维斯的经典数学著作。如熊三拔，邓若涵，汤若望，郭居静等具有深厚科学造诣的传教士，也经他介绍，进入中国主流知识阶层。在中西方文化交流上，他确是位至关重要的人物。值得一提的是，利玛窦传播西方学术思想的初衷，是为了帮助传教。但中国士大夫对西方自然科学的热情，却最终让他吃惊。在他早期传教韶州的日记里，他曾感叹中国知识分子"很少有科学方面的交流"。但晚年他寓居北京的日记里，却惊讶的赞叹"中国士大夫对科学的热情，可以用饥渴来形容"。彼时明朝已是末世，国家危机严重，学术领域里，"经世致用"的实用主义思潮盛行，青年知识分子普遍希望用实用的学术知识来挽救江山社稷，这也是利玛窦等西方传教士，得到知识分子们普遍欢迎的重要原因。

利玛窦等传教士的更大贡献，是"东学西渐"。利玛窦作为西方汉学的先驱，他促成了西方汉学的兴起，甚至引发了之后持续西方百年的"中国热"。中国的哲学，历史，文化，以及造纸，印刷，农艺，数学，饲养等先进文化，都被他们不遗余力翻译到西方。早在万历二十一年（1592 年），利玛窦就把他翻译出的《四书》托人带回意大利，拉丁文版的《四书》问世后，在欧洲引起轰动。利玛窦去世十六年后，另一位传教士金尼阁完成了他的心愿，将《五经》也翻译成为拉丁文。中国儒家文化的传入，在彼时西方知识界引起了剧烈地震。德国哲学家莱布尼兹评价说："中国儒家文化极有权威，远在希腊哲学之上。"莱布尼兹成立的柏林学派，从此将中国哲学作为核心研究课题。而利玛窦在欧洲影响最大的著作，却是他在中国用拉丁文写的日记，后被金尼阁整理成《利玛窦中国札记》，在这本日记里，利玛窦全方位的介绍了中国的社会风貌，经济情况，文明程度，书中展现的繁华、文明、富足、开放的中国社会，让无数欧洲人心向往之。在 17—18 两个世纪里，这是欧洲最畅销的图书。

中国的远洋航海——郑和七下西洋

明代被称之为中国航海家的时代，明代初期我国在航海技术上继续保持着世界先进水平。郑和与哥伦布的航行都发生在 15 世纪，前者在世纪初，后者则在世纪末。无疑，郑和的远航在世界航海史上占有非常重要的地位。

郑和，本姓马，小字三保，回族，云南昆阳（今昆明市晋宁县）人，郑和约于洪武四年（公元 1371 年）出生。由于宗教信仰的原因，父亲与祖父都曾朝拜过伊斯兰教的圣地麦加，熟悉远方异域、海外各国的情况。从父亲与祖父的言谈中，年少的郑和已对外界充满了强烈的好奇心，而父亲为人刚直不阿、乐善好施、不图回报的秉性也在郑和的头脑中留下了抹不去的记忆。明朝统一云南战争后，郑和被带到南京，作了宦官，后被分到北平，在燕王府服役。郑和在燕王府期间，因为学习刻苦、聪明伶俐、才智过人、勤劳谨慎，取得了燕王的信任。在长达四年之久的"靖难之役"中，郑和跟随朱棣出生入死，建立了许多战功，显示出突出的才能。明成祖朱棣登上皇位后，赐他"郑"姓，又将其升迁为内官监太监，由于郑和又名"三保"，所以人们也叫他"三保太监"。郑和姿貌才智，在内侍当中无人可比，是领航远洋的最佳人选。

于是，在明永乐三年至宣德八年（1405—1433）将近 30 年的时间里，郑和先后七次率船队经南海进入印度洋，抵达 30 多个国家，最远到达波斯湾和非洲东海岸。当时，只有中国人才有这样的技术条件和能力组织如此大规模的远程航海。在 80 多年后，葡萄牙人迪亚士（1450—1500）才绕过非洲，从大西洋进入了印度洋。郑和远航的顺利进行，表明了当时造船与航海技术的成就。郑和的远航不仅在时间上早，船队大，而且在航海技术上也是较为先进的。这些先进技术包括航海时使用的罗盘、计程法、测深器、牵星板以及航海图的绘制，等等。郑和下西洋所率船队最多时有 2.7 万多人，分乘船只多达 200 多艘，长度超过 100 米的大船就有 40 至 60 艘。而且组织严密，完全是按照海上航行和军事组织编成的，在当时世界上堪称一支实力雄厚的海上机动编队。当年哥伦布航行大西洋时只有 88 人，乘 3 只长约 19 米的小船。达·伽马也只有 4 只船，船员 148 人。郑和的远航在世界航海史上占有非常重要的地位。很多外国学者称郑和船队是特混舰队，郑和是海军司令或海军统帅。著名的国际学者英国的李约瑟博士在全面分析了这一时期的世界历史之后，得出了这样的结论："明代海军在历史上可能比任何亚洲国家都出色，甚至同时代的任何欧洲国家，以致所有欧洲国家联合起来，可以说都无法与明代海军匹敌。"在与外国人发生冲突的情况下，郑和也使用了武力，但他更多地还是赢得了朋友。

因为郑和下西洋的目的主要是为了显示明代"天朝大国"的国威，而不是为了经济往来，更不是为了侵略和征伐。郑和出使时，每到一国，就实行"封敕""赏赐"等活动，经济贸易也贯彻"厚往薄来"的原则，以显示中华帝国之大度和自尊。尽管也带回了不计其数的外邦宝物，但郑和之行花费大，收益少，对中国经济发展促进不大。但令国人通过郑和航海更确切地了解了海洋和世界，南方各省沿海地区开始向东南亚移民。

明朝科技"四大名著"

明中叶以后，在商品经济的发展和资本主义萌芽的影响下，一些先进人物敢于冲破封建思想的束缚，他们讲求实际，崇尚真知，主张经世致用。这一时期出现了不少著名的科学家和优秀的科技著作。李时珍（1518—1593）、徐霞客（1586—1641）、徐光启（1562—1633）、宋应星（1587—清初）是这一时期科学家最杰出的代表。

李时珍遍访各地，采拾标本，收集验方，有时还对动物进行剖视，进行类似药理学的实验，完成了共有 52 卷的《本草纲目》。在这部巨著中共叙述药物 1892 种（其中植物药 1000 多种，其余为动物药和矿物药），书后还附有处方 11096 条。李时珍在书中生动地描述了药用生物的形态、产地、采集和栽培方法，还精确地论述了蒸馏法及其历史以及水银、碘、高岭土等在医疗中的用途，纠正了前人的某些错误，对世界医药学和生物学都作出了重大贡献。达尔文在《人类的由来》一书中，曾经引用《本草纲目》中关于金鱼颜色形成的史料来说明动物的人工选择。李时珍在逆境中经过了 20 余年的辛勤工作，在许多人的热情帮助下，于 1578 年完成了《本草纲目》一书。当该书于 1596 年在南京出版时，他已与世长辞了。该书先流传到日本，在日本曾翻刻 9 次，17 世纪后传到欧洲，在欧洲先后有德、法、英、俄、拉丁文的译本和节译本。

徐霞客是我国历史上著名的地理学家之一，江苏江阴人。他从小就读了很多书，最使他感兴趣的是记载山川、名胜和旅行的书籍。他很早就下决心摈弃科举入仕的道路。从 21 岁至 54 岁去世前一年为止，他用几乎毕生的精力，历尽艰辛，到祖国各地进行实地考察。他以游记的形式记述了他考山观水所得到的地理知识，特别是关于溶岩、河道的考察结果。他对因高度、纬度不同而产生的气候差异及其对动植物生态与分布的影响等，都做了很好的论述。李约瑟对《徐霞客游记》评价说："徐霞客的游记并不像 17 世纪学者所写的东西，倒像是 20 世纪野外勘察家所写的考察记录。"

徐光启是明末又一位著名的科学家，上海人。在 20 岁到 40 岁期间，他先后以秀才和举人的资历在家乡及广东、广西等地教书。这为他日后进行科学研究打下了基础。后考中进士，任翰林院庶吉士，与当时同在北京的耶稣传教士利玛窦成为好友，共同研究天文、历法、数学、地学、水利等，并与利玛窦等共同翻译了许多科学著作。徐光启在科学研究中，除天文、历算外，用力最勤的是农业。他经过几十年的努力，完成了《农政全书》一书，这是一部集我国古代农业科学之大成的学术著作，全书分 60 卷，包括了从政、水利、农事、树艺、农器、桑蚕、牧养等项目，搜集了有关农业政策和农业生产技术等各方面的知识。书中既有对前人的概括，又有自己的见解和评论。如他主张治水与治田相结合，提倡培养良种，以及先试种，有成效后再行推广等，这些主张都颇有见地。

宋应星的《天工开物》是当时世界上有关手工业和农业生产的

最宝贵的百科全书之一。在这部著作中包含着生物"种性随水土而分"的自然哲学观点，记载了一斤水银可得朱砂 17.5 两的经验事实，说明了增多部分是"借硫质而生"。但这部书在基本内容上则是描述生产经验的实用科学著作。《天工开物》计 18 篇，其篇名都是当时手工业和农业的生产部门，涉及到农作物种植、养蚕缫丝和织造印染、粮食加工、制盐、制糖、制陶、金属冶炼、车船制造、铸造与锻造、煤炭开采、硫磺和石灰石生产、造纸、榨油、焊接加工、兵器、制曲和珠玉采集等各方面。每一方面又依具体工艺和产品分为若干细目加以论述，且图文并茂，既详尽又生动。《天工开物》刊行后，很快传到日本，自 1869 年有了法文摘译本后，又译成德、日、英多种文字，受到世界各国的重视。

六　思想的力量——科学破茧而出走向独立

科学的诞生较比人类的历史而言是很晚的事，甚至最早还是作为神学的附庸存在的。按照学术界普遍接受的观点，近代科学是从文艺复兴才开始的。如果说在哈维（W. Harvey，1578—1657）时代，剑桥大学的医学课还主要是讲逻辑和神学；1546 年亨利八世在牛律和剑桥设立的 5 个钦定教授席位（神学、希伯来语、希腊语、罗马法、医学）中很少考虑科学，那么到 1575 年格雷山姆学院建立时，就设立了数学、天文学教授席位。1628 年厄尔（John Earle）在《社会缩影》（Micro-Cosmographie）一书中曾描述了 54 种"人物"或"类型"，其中没有包括一位科学家，这说明科学仍然受到社会蔑视。但到了 17 世纪中叶，科学作为一种社会价值的评价尺度已明显上升，这首先表现在社会上献身于科学职业的人数与日俱增。默顿（R. K. Merton，1910－2003）根据《国民传记辞典》进行的统计表明，若将1601—1700年按每25年分期，则教士与科学家人数之比呈现明显变化，前者分别为37.2%、30.1%、19.5%、13.2%，呈连续无中断的下降趋势；后者分别为12.8%、28.2%、31.4%、27.6%，呈明显上升趋势，并在1651—1675年间达到顶峰。这样，按对科学的初始兴趣的发生期与重要科学成果出产期之间存在有10—20年的时间差这一规律进行验证，就可以认识到科学高峰发生在牛顿时代绝不是偶然的事。

那么，在科学破茧而出走上独立的过程中，与我们之前讲述的科学革命前夜的社会大变革当然有着密切的联系。哥白尼的"日心说"将宇宙图景完全颠倒了过来。哥白尼所处的时代，亚里士多德的观点和基督教捆绑在一起，依然是凛然不可侵犯的权威。"地心说"在欧洲依然占统治地位。而且，中世纪的教会把地心说加以神化，用它来作为证明上帝存在的依据。哥白尼的理论对天地两界说是一个沉重的打击，由于他使天和地具有同等资格，由此出发再把宇宙中的所有点都看作同等资格就不难了，是哥白尼导致人们把空间看做是各向同性的。同时他为了解释恒星视差问题，又不得不假设恒星比想象的要远得多，布鲁诺又从这个假设出发，把这一点从逻辑上推到无限，提出了宇宙无限性主张，笛卡尔进一步把空间定义为广延。这样，上下两个特殊方向、宇宙中心、及其周围的层次秩序的观念也就彻底失去了存在的基础。所以，人们一致认为是《天体运行论》宣告了自然科学的独立。恩格斯在《自然辩证法》中说，"从此自然科学便开始从神学中解放出来……科学的发展从此便大踏步地前进，而且得到了一种力量，这种力量可以说是与从其出发点起的（时间的）距离的平方成正比的。仿佛要向世界证明：从此以后，对有机物的最高产物，即对人的精神起作用的，是一种和无机物的运动规律正好相反的运动规律。"当然，用现代科学的理论来审视哥白尼的学说，我们会发现其中还有不少错误，但我们毕竟不应该苛求前人，倒是应该认识到一种新思想所具有的强大的力量——它可以颠覆传统，摧毁权威！

文艺复兴前后，东西文化的交流也在日益解放着人们的思想，改变着社会风气。欧洲中世纪，人们的精神状态是把希望寄托在天国来世，不想在现世有多大追求。一切都是盲从，很少进行思索；不需进行发现，不需进行努力，圣经和先哲已经为世人准备好了万古不变的真理。这种麻木的、不求奋进的精神状态是无法进行科学探索的。要从这种精神状态下摆脱出来，首先就需要造就一股强大的社会力量，而起源于意大利发生在 1500 年前后的文艺复兴运动就充分提供了这样的力量。大量翻译古希腊的著作，给知识界提供了相互竞争的科学体系，导致了有关古代权威的论战（如关于亚里士多德和盖伦之间的争论），提供了迫使人们作出抉择的重大问题，人们再也无法靠盲从生活了。可以说文艺复兴运动是"人们的思想从古代的停泊处解开缆绳，在广阔的探索求知的海洋上启航前进"的出发点，只经过几代就产生了充满好奇心、热爱生活和有自信心的人，他们探索自然界的新热情和对精神抽象的关注终于使知识界完成了从中世纪的精神状态向科学革命的过渡。

此外，文艺复兴前后一系列新的发现，如 1492 年哥伦布发现美洲大陆，1498 年达·伽马发现经非洲好望角到达印度的航线，1519—1522 年麦哲伦环球航行成功，则极大地开拓了人们的视野，视野的开阔必然强有力地触动人们的思想，自然也激起了人们的探索热情。

于是，在文艺复兴前后，科学在不断地前进发展着，科学的发展证明了圣经并不是不可更改的。如按照圣经说法，上帝是先按照自己的形象创造了亚当，然后亚当用自己的一根肋骨创造了夏娃。这样，男人的肋骨应该比女人少一根。但在解剖刀下，男女都是24根肋骨，而且左右肋骨数相等。神学家们曾说，人体上有块主宰人的生死的"复活骨"，解剖表明这也是虚构的。这一系列的科学发现大大降低了圣经和神学说教的信誉，促成了信仰崩溃，解放了思想。在这种背景下，维萨留斯才能够说出"让神学家们胡说八道去吧"这种在过去看来纯属大逆不道的话。

一旦解放了思想，冲破了禁区和有害的信仰，世风就会随之改变！于是，科学终于冲破障碍破茧而出，昂首阔步地走上了独立发展的道路，并且是加速前进！

第四章

思想启蒙运动与产业革命和生产方式的深刻变革

一 产业革命的前奏

资本主义的发展

产业革命也称工业革命，一般指从纺织机器的改革开始到蒸汽机的利用这一历史过程。欧洲各主要国家在 18 世纪时已先后取得了资产阶级革命的胜利，摆脱了阻碍生产力发展的封建桎梏。资本的原始积累使资产者获取了大量金钱，使成千上万的农民破产为"自由的"劳动者。工场手工业的发展和分工的扩大，造成了一大批熟练工人，他们在技术改进上积累了经验，使应用机器进行生产成为可能。17、18 世纪科技方面的知识水平，也为生产的发展提供了便利，许多发现和发明就在此时产生。于是，在这些条件具备得更充分的英国和相继而起的其他一些国家，开始了工业革命。

工业革命最早发起于英国，这决不是历史的偶然，而是有其深刻的社会原因的。英国是较早完成资产阶级革命的国家，资产阶级政权的确立为资本主义生产方式的发展扫清了道路，这是产业革命得以兴起的根本原因。16世纪之前，英国还是一个农业国，它的手工业和商业都落后于欧洲的先进国家。从16世纪开始，航海及对外掠夺为工场手工业提供了大量资金。农村中的圈地运动又为工业发展提供了大量廉价的"自由劳动力"，使得毛纺业、冶金和采矿业及工场手工业迅速地发展起来。到18世纪，英国已成为世界贸易市场上最大的毛纺织品基地之一，据说占半数的欧洲人都穿着英国的纺织品。英国在扩大自己的工场手工业的同时十分注意提高技术水平，国家又采取了有利于吸收外国先进技术的政策，比如专利制度的建立。技术水平的提高促进了操作过程的专业化和熟练程度，为用机器代替手工操作准备了条件。

在工场手工业发展的同时，发生在农村的圈地运动到18世纪更是得到政府的批准而合法化，土地越来越多地集中到少数人手中，失去了土地的大批农民，成了与生产资料完全分离的"自由劳动力"。同时，土地的占有者开始采用新的经营方式，从而把英国的庄园经济演化为资本主义的大农场。农业的资本主义化促进了农业技术的改革和生产的发展，为大批的工业和城市人口准备了必要的粮食和副食品，并为工业准备了原料。此外，圈地运动还为工业开辟了国内市场。过去的自耕农依赖农业和家庭手工业满足他们自己的生活需要，现在他们失去了土地，自己生产的产品又成为工业原料或农副产品，他们的生活必需品不得不依赖别人的产品来维持，因而他们作为商品消费者和购买者出现在国内市场上。所有这些都为工业的发展准备了条件。

对外贸易和海上掠夺是刺激资本主义生产的直接动因之一。17世纪，英国通过战争，先后战胜西班牙、荷兰、法国，一跃而成为海上霸主。对外贸易的扩大和掠夺殖民地的活动固然使英国完成了原始积累，但是要保持产品在世界市场上的竞争力不能只依赖暴力，主要还是依赖于大规模的技术改造和高效率的生产，从这方面来说英国工业革命的条件也日益成熟。

新生产方式的萌芽

作为资本主义生产起点的简单协作，仅仅是有较多工人在同一时间、同一空间为生产同种商品而在同一资本家指挥下进行协同劳动。除了同一资本家同时雇用的工人较多之外，它同行会手工业似乎并没有什么区别。尽管如此，这也会在劳动过程中的物质条件上引起革命，何况共同使用的生产资料的规模乃至整个生产规模必然会增大，从而创造了一种个人劳动根本不可能达到的新的生产力。

而当工场手工业取代简单协作之后，使劳动过程出现了越来越细致的分工，即把手工业活动分成各种不同的局部操作，其中每一种操作都形成了一个工人的专门职能，全部操作就由这些局部工人的联合体来完成。马克思在《资本论》中以马车制造工场、造纸工场和制针工场为例，说明了过去一个行会工匠要依次完成的比如20种操作在手工业工场则由20个工匠同时分别操作，而后来这20种操作又进一步划分、孤立、并独立化为各个工人的专门职能。

同时，由于分工的发展所必然带来的对生产过程连续性的要求，即对工艺流程其合理化的要求，使得原先自发形成的以分工为基础的协作获得巩固和扩展，并成为资本主义生产方式的有意识、有计划的和系统的形式。此外，以连续性为宗旨的工艺流程衔接合理性的日益增强，又为承担着该流程上不同程序的不同操作工具的合理组合提供了可能。而这一系列担当不同职能的工具的有机组合本身创造了机器和机器体系的"原型"。

思想启蒙运动和科学知识的普及

欧洲近代文明史上，与第一次工业革命密切相关的一件大事就是思想启蒙运动。这次思想启蒙最早开始于17世纪英国的资产阶级革命，而后发展到法国、德国与俄国，此外，荷兰、比利时等国也有波及。在18世纪法国百科全书派代表人物的推动下达到高潮。就思想史的意义而言，不妨说启蒙运动是文艺复兴运动在思想领域的继续与深化。

法国的启蒙运动与其他国家相比，声势最大，战斗性最强，影响最深远，堪称为西欧各国启蒙运动的典范。从字面上讲，启蒙运动就是启迪蒙昧，反对愚昧主义，提倡普及文化教育的运动。但就其精神实质上看，它是宣扬资产阶级政治思想体系的运动，并非单纯是文学运动。它是文艺复兴时期资产阶级反封建、反禁欲、反教会斗争的继续和发展，直接为1789年的法国大革命奠定了思想基础。启蒙思想家们从人文主义者手里把反封建、反教会的旗帜接过来，进一步从理论上证明封建制度的不合理，从而提出一整套哲学理论，政治纲领和社会改革方案，要求建立一个以"理性"为基础的社会。他们用政治自由对抗专制暴政，用信仰自由对抗宗教压迫，用自然神论和无神论来摧毁天主教权威和宗教偶像，"天赋人权"的口号来反对"君权神授"的观点，用"人人在法律面前平等"来反对贵族的等级特权。他们就用这些思想启发教育群众，去推翻封建主义的统治，进而建立资产阶级的政权。上述的这种思想，称为启蒙思潮，宣传这种思想的活动，就称为启蒙运动。启蒙运动，既是文艺复兴时期新兴资产阶级反封建、反教会斗争的继续和深化，也是资产阶级政治革命的理论准备阶段。

其间所出版的最有影响的划时代的著作是狄德罗和达兰贝尔主持编写的 11 卷本的法国《百科全书》（1751—1772）。该书把大量篇幅用于科学和技术，并对其中介绍的工艺过程有详细的说明和大量图解。这部《百科全书》后经扩充与改编，于 1788—1832 年以《方法百科全书》为书名重新发行。在影响上仅次于法国《百科全书》的还有德国学者策特勒（Zedler）编纂的 64 卷本的《大型科学和艺术百科辞典》（1732—1750）。另外，1711 年在爱丁堡出版了三卷本的《英国百科全书》。其执英语百科全书之牛耳的地位一直维持至 20 世纪中叶。除此之外，意、英、法、德等国学者还出版了篇幅较小的一些《技术百科全书》、《技术文库》、《艺术与科学百科全书》以及《百科全书杂志》等书刊。特别是 1798 年创办的英国《哲学杂志》以向公众传播科学知识和报道科学发现为宗旨，其中很多精彩文章均选自各个科学学会的出版物。

18 世纪在科学知识普及方面的另一件大事，是在这个世纪即将完结之时，欧洲所建立的至今犹存的两个传播科学和技术知识的公共机构——巴黎的国家工艺博物馆和伦敦的大不列颠皇家研究院。法国的国家工艺博物馆是根据国民会议的法令于 1794 年创立的。它除了陈列拉瓦锡等科学家的仪器外，还开设免费听讲的公共演讲。受其影响，英国在伦福德的倡议下，仿效巴黎博物馆于 1800 年建立了类似的机构——大不列颠皇家研究院。但与法国不同的是这个研究院不能指望英国政府的财政支持，以至于在它开办初期的 30 年中，一直只有两个科学家在工作，而后来则几乎濒临破产。只是由于戴维（H. Davy，1778—1829）在电化学方面的成就和声望，才得以重蓄资财，并开始了延续至今的光辉历程。

二 工作机——第一层次的革命

18世纪60年代在英国开始工业革命的同时，也出现了近代以来的第一次技术革命，它开始于纺织工业的机械化。如上所述，英国的工业革命是从纺织部门开始的，但不是传统的毛纺织业，而是新兴的棉纺织业。因为毛纺织业是英国最主要的工业部门，它有雄厚的基础和充足的原料，并在世界市场上处于垄断地位，对改革技术的需要并不迫切。棉纺织业则不同，它的技术基础薄弱，设备简陋，而且在国内被毛纺织业看作是最危险的竞争者，受到种种限制和打击，此外，还受到品质优良的印度棉布的强烈竞争，因此，棉纺织业迫切要求革新技术。同时，棉纺织业是没有旧传统约束的后起工业部门，也比较易于进行技术革新。

棉纺织业分为纺纱和织布两个主要部门。1733年钟表匠约翰凯伊（John Kay，1704—1714）发明了飞梭，用飞梭的自动往返代替了手工投递，提高了一倍的织布效率，并使布面加宽。使用飞梭之后，造成纺与织之间的严重不平衡，长期发生"纱荒"。1764年织工兼工匠哈格里夫斯（James Hargreaves，1720—1778）发明了手摇纺纱机（珍妮机），把原来水平放置的单锭纺车改造成竖直放置的多锭纺车，使纺纱效率提高了十几倍。珍妮机解决了纺纱和织布供需不协调的状况，成为手工工具向机器转变的典型。珍妮机带动的纱锭日益增多，使人力作为动力越来越难以胜任。1768年阿克莱特（Sir Richard Arkwright，1732—1793）利用了赫斯的发明而制成了水力纺纱机。水力纺纱机的应用，一方面因为它用水力作动力，使纺纱成本大大降低，开始大量排挤个体纺纱工；另一方面，水力机体积大，又必须在特定的地点使用，因而它不能安置在一般家庭中，必须另建厂房集中大量工人工作，这就奠定了工厂制度的基础。

标志着纺纱机革新完成的是克伦普顿（Samuel Crompton，1753—1827）发明的骡机。过去的两种工作机虽然都能解决一些问题，但仍各有不足。珍妮机纺出的纱线精细但不结实，而水力纺纱机纺出的纱线结实但又太粗糙。童工出身的克伦普顿在大量实际操作经验的基础上，于1774—1779年间把水力机动力较大的优点与珍妮机带纱锭较多的优点结合起来，设计了一架纺出的线既结实又均匀的新型纺纱机，人们称之为"骡机"。因为骡机就像骡子兼有马与驴子的某些优点一样，兼有水力机和珍妮机的不同优点。骡机仍以水力为动力，但它可以带动400个纱锭。经过改进后的纺纱机不仅满足而且还超过了织布机的要求，这样又反过来推动了织布机的改进。1785年，牧师卡特莱特（Cartwright，1743—1823）发明了自动织布机，使生产效率一下子又提高了10倍。

随着棉纺织业的机械化，与绵纺织业有关的部门也接二连三地出现了各种各样的机器，机械化的思想不断地影响着人们，手工劳动逐渐被越来越多的工作机所代替，如净棉机、梳棉机、自动卷扬机、漂白机、整染机等，都陆续出现在棉纺织业的工厂中，实现了棉纺织整个行业的机械化。不久，在毛纺工业、呢绒工业、冶金业、采煤业、造纸业、印刷业都陆续采用了机器。工作机如雨后春笋般的出现着，它们一方面加快了工业发展的步伐，另一方面也对动力提出了新的要求。过去作为机器动力的水力已显不足，而且还要受到季节和地区的限制。人们迫切地需要发明一种在任何情况下都能正常工作的动力装置，这是导致蒸汽机诞生的一个直接原因。

三　蒸汽机的发明——生产方式的深刻变革

纺织技术的变革引起了一系列的连锁反应，有了机器纺纱、织布，就要求有机械化的净棉、梳棉，机械化的起重和运输，同时也对漂白、印染技术提出了新的要求。而所有这一切都要求有更强大的动力。如果说工业革命产生于工作机的变革，则工业革命的进一步发展就必须有动力机的革新。

人们最初在生产中所使用的动力只有人本身所产生的肌肉力，随后则有风力、畜力和水力的利用。直到17、18世纪水力仍是大多数国家手工业生产的重要动力，以至于手工业工场只能建在河流的两旁。但水力受地区和季节的限制，能力不能随意增加，甚至有时会枯竭。在工场手工业时代，马是经常使用的动力，主要用于交通运输和矿井排水，英国有的矿山曾饲养几百匹马，以至于今天的人们还用"马力"来作为功率的单位。但是以马作动力也有缺陷，不仅费用昂贵，马的力量也有限，又不能连续工作，必须经常换班，带来了许多麻烦。尤其到17世纪末，英国的许多矿井积水问题日趋严重，当时一般只有靠马力转动辘轳来排除积水，据说有一个矿竟用了500匹马来做这项工作，这就大大影响了矿主的盈利，而且对于较深的矿井，排水还有各种技术上的困难。因此，发明一种在任何情况下都能正常工作的动力装置成为迫切需要，这就有了蒸汽动力机的发明和应用。

利用蒸汽作为动力的器物可以追溯到古希腊。早在公元前2世纪，希腊人赫伦（Hero）就利用蒸汽喷射的反作用原理制造过一种蒸汽旋转球，但很可能只是一种玩具而已。第一个较为实用的蒸汽机是英国的铁匠纽可门（T. Newcomen，1663—1729）于1705年制成的。他综合了前人研究的相关装置的优点，制成了名叫"大气机"的抽水机器。纽可门机结构上的特点是它依靠一根平衡横梁与水泵相连；平衡梁一端同活塞相连，另一端与抽水机相连；活塞在汽缸中上下运动，平衡梁便带动水泵抽水。而且该装置可以安放在地面上，不容易被水淹没；所用压力不很大，没有爆炸的危险；效率也比前有所提高。纽可门机的出现，受到了工业界，尤其是煤矿主的欢迎。在英国北部深的煤井中，17世纪末许多矿井被水淹没，纽可门机的出现，使这些煤矿获得新生。纽可门机不仅在英国许多矿井中得到推广，还用于城市供水和农田灌溉。但纽可门机还存在严重的缺陷，如只能作往复运动，热效率也很低，因而应用范围受到限制。

对纽可门机进行根本性变革的是英国格拉斯哥大学的仪器修理工瓦特（James Watt，1736—1819）。1763年，格拉斯哥大学从伦敦买回一部纽可门机的模型，却运转不灵。于是瓦特开始着手修理这部机器，这实际是他的创造活动的开始。他专门仿造了几部纽可门机，研究了它的优缺点，同时还查阅了许多关于蒸汽机发展历史的书籍，通过分析、实验、比较，他发现纽可门机为了产生真空，每一冲程都要用冷水将汽缸冷却一次，造成巨大的热量损失，这正是机器运转不好，效率低下的原因。于是，瓦特就着手对纽可门机做进一步的改进，但由于当时他的理论水平有限，很难取得进展。而此时，由于蒸汽机的出现和应用，产生了初步的热学理论，这无疑对瓦特是一个极大的帮助。该校的化学教授布莱克（Joseph Black，1728—1799）正着手研究量热工作，并于1756年首先提出比热概念，并发现了熔化、沸腾的"潜热"，形成了量热学的基础。在布莱克教授的帮助下，瓦特对纽可门机效率低下的原因有了更深的认识，经过一系列的研究，瓦特终于在1765年制成了分离冷凝器，这对蒸汽机的发展起了关键性的作用。1769年，瓦特的具有历史意义的专利——"在火力发动机减少蒸汽和燃料的消耗的一种新方法"被批准，它的基本部分是凝汽器的利用。18世纪80年代，瓦特蒸汽机又做了两次重要的改进。1784年瓦特发明了双向旋转式蒸汽机而使专门的泵用蒸汽机变成作为各工业部门普遍动力的万能发动机。1788年他又设计了离心调速器，6年后他又在发动机上装入蒸汽指示器，以对蒸汽机的运转加以适当控制，从而使第二种蒸汽机进一步得到改进与完善。可以说，瓦特的蒸汽机不但功率增大了，而且效率也有很大的提高，到1787年瓦特的双动旋转式蒸汽机实际上已经标准化了，具备了现代蒸汽机的基本型式。

我们说，工业革命的实质就在于从根本上改变物质财富的生产方式。蒸汽动力的产生、完善和推广应用为资本主义生产方式最终战胜封建主义生产方式奠定了基础。它不仅改变着生产过程的社会结合形式，而且根本变革了劳动工具本身。工厂制度的机器生产是以机器体系为基础的，它表现为一系列各不相同而又互为补充的工具机的协作，这是以分工为基础的协作在新形式下的再现。它同工场手工业的本质区别在于：由于各种局部机器的数量、规模和速度之间的一定比例，代替了直接协作的局部工人的各个特殊小组之间的一定比例，从而使劳动过程的协作性质不再是人为的、主观的，而成为由劳动资料本身的性质所决定的技术上的必要了。机器生产消灭了各特殊劳动过程的相互分离性，代之以各特殊过程的连续性。在工业革命所造成的机器大工业生产中，机器及其分工协作代替了劳动者及其分工协作。正因如此，带来了社会生产力的巨大发展，自1770—1840年的70年中，英国工业的平均劳动生产率提高了20倍。难怪恩格斯说：资产阶级在不到100年的统治中所创造的生产力，比过去一切世代创造的全部生产力还要多，还要大。

四 蒸汽机时代技术的发展

机器制造业的兴起

现代机器的产生和制造是从18世纪开始的。以手工劳动为主的工场训练造就了相当数量的技工，这些人虽然不是专门制造机器的"行家"，但他们制造过各种各样的手工器具，有着丰富的经验和娴熟的技艺。另外，在工场手工业中，已有了相当完善的社会分工，不仅出现了专门制造手工业器具的部门，而且工人之间也有了详细的分工。因而，工场手工业为大工业的机器制造，奠定了直接的技术基础。

在手工生产向机械制造过渡的过程中，充满了矛盾和辩证的发展。最初，用手工制造的一部分机器，取代了部分手工劳动。随着机器生产不断向前发展，手工制造已远远不能满足需要，因此机器制造就不得不从手工生产转为机器生产。随着蒸汽机的改进和发展，人们对机器的使用越来越广泛，新的机器品种不断涌现，工作机、发动机、传动机构的体积日益增大，机器的结构和零件的形状日益复杂、多样，加工难度越来越大，这些问题，都是在机器的发展过程中自然而然地产生的。因而，以蒸汽机为动力的机械制造业逐渐兴起，并取代了延续已久的手工制造业，成为一个独立的工业部门。

随着机器的不断发展，机器制造业中的发明也越来越多。1818年，美国人惠特尼（E. Whitney, 1765—1825）设计和制造了卧式铣床；1830年，英国的罗伯特（R. Robert, 1808—1890）制成了第一台插床；1855年，出现了具备现代结构形式的万能铣床；1867年，出现了六角车床。此外，其他一些机械如牛头刨床、龙门刨床、钻床、锯床等相继出现。特别是英国工程师惠特沃斯（J. Whitworth, 1803—1887）倡导机器零件螺纹标准化，改进了螺纹的切削方法。此外，在机器制造的发展过程中，还出现了工具机的大型化趋势。这些机械制造技术的不断发展，不仅使新诞生的蒸汽机得到迅速、广泛地使用，而且使机械制造在整个工程技术结构中，起着越来越重要的作用，使生产规模和速度发生着日新月异的变化。

钢铁工业的诞生与发展

人类有着悠久的金属冶炼历史，但工业革命前由于历史条件的限制，冶炼技术还很落后，炼出来的铁数量少、质量差。蒸汽机的出现，极大地推进了冶金工业的发展，使之逐渐从旧的生产方式中解脱出来，走上了新的发展道路。

冶金业的发展大致可分为三个阶段。第一阶段是英国人亚伯拉罕·达比（A. Darby, 1677—1717）发明的炭铁炉阶段。第二阶段是亨利·科特（H. Cort, 1740—1800）发明的锻炼炉阶段。第三阶段是炼钢技术的发明。

1855—1856年间，英国工程师贝塞默（H. Bessemer, 1813—1898）发明了转炉炼钢法，把生铁熔化，吹入空气，再加入高锰铁水，以除去铁中的杂质，控制含碳量。此法大大提高了钢生产的数量和质量，开辟了炼钢的新纪元。19世纪70年代初，贝塞默炼钢法已在欧洲推广，在英、法、德等国已有100多座使用此法炼钢的转炉。随着转炉炼钢法的发展和钢制产品的广泛应用，工业废钢数量日益增多，而转炉只能用铁水做原料，不能解决废钢处理问题。1861年，德国工程师西门子（W. Siemens, 1823—1883）等发明了煤气发生炉和蓄热式煤气燃烧炉，得到了可以熔化钢的高温。1865年，法国工程师马丁（P. E. Martin, 1824—1915）利用西门子的发明，开创了平炉炼钢法，不仅解决了废钢的再利用问题，钢的质量也比转炉炼的好，从而确立了高炉、转炉、平炉的钢铁冶金的生产体系，使钢铁工业大规模兴起，钢铁产量不断增加。

贝塞默炼钢法只适用于合低磷、低硫的铁矿石，这种原料在英国仅占全部铁矿石的1/10，德、法、比利时、卢森堡等国的铁矿资源均为高磷矿石，不少钢铁厂在用贝塞默法炼钢时遭到失败。经过多年的研究，英国的托马斯（S. G. THomas, 1850—1885）在1879年发明了碱性转炉炼钢法，解决了高磷铁的炼钢难题。1868年以后，又有了高碳钨锰钢、钨铬钢、高速钢的炼制。钢产量的迅速提高和钢铁产品种类的不断增多，为各行各业的材料消费和机械加工工具及刀具的改进提供了物质保证，有力地促进了以钢铁工业为基础的其他工业的迅猛发展，也使运输工业产生了一场新的革命。

运输工业的蓬勃发展

工业革命所引起的生产的增长，国内外市场的扩大，资本主义向外扩张和为掠夺殖民地而发动的战争，都对交通运输部门提出了新的要求。而旧的马车、帆船等运输工具极不适应这种要求，因此自1784年蒸汽机成为一项成熟的技术进入实用阶段，并广泛运用于交通运输业中，相继发明了轮船和蒸汽机车后，交通运输技术发生了一次革命性的变革。

第一艘实用轮船是美国的罗伯特·富尔顿（Robert FuLton，1765—1815）。1786年，他东渡到了伦敦，在蓬勃兴起的工业革命浪潮中，结识了瓦特，激发了他用蒸汽机推动船舶行驶的热情。他前后共花费了四年时间，经过多次波折，于1807年在美国建造了一艘明轮船"克勒蒙号"，在纽约市的哈德逊河下水并试航成功。船长150英尺、宽30英尺，排水量为100吨。该船发动机是伯明翰的布尔顿（Boulton）和瓦特建造的，船身完全用金属材料制作，这是造船材料的大变革。"克勒蒙特"号作为哈德逊河上的定期航班，往返于纽约和奥尔巴尼之间，全程约150英里，航速比一般帆船快1/3，"克勒蒙特"号的试航成功标志着以蒸汽动力船取代帆船的新时代的开始。尔后，1812年，英国制成明轮船"彗星"号，在克来游河上第一次航行。以后美国和欧洲已有50艘汽船行驶在内陆河流中。随着资本主义向外扩张，远洋轮船发展起来了，1838年，英国轮船"天狼星"号和"大西方"号完全依靠蒸汽机为动力，横渡大西洋成功。以后几年间英国成立了几个大航运公司，经营世界的海洋航运，使英国的海运业进入了一个新的时代。到19世纪末，体积小、效率高的内燃机又被应用到轮船上，从此开启了现代航运时代。

陆上交通方面，1814年，英国发明家史蒂芬逊（George Stephenson，1781—1848）在继承前人成果的基础上，制成了第一辆实用的蒸汽机车。这台机车能牵引30多吨货物，并且解决了火车经常脱轨的问题，并在基林沃斯煤矿运煤。后经不断改进，在结构上日趋完善，速度不断提高，成为现代蒸汽机车的雏形。同时，史蒂芬逊还亲自主持了架桥、筑堤、建筑涵洞和铁路等各种施工。1825

年，世界上第一条铁路在英国正式建成。这年的 9 月 27 日，"旅行号"列车在这条铁路上进行了盛况空前的试车表演，史蒂芬逊亲自驾驶载重达 90 吨、时速 15 千米的列车，由此开启了陆上运输的新纪元。但是行驶在这条铁路上的火车，还不是我们今天所常见的火车，而是用机车和马匹同时牵引的火车。1830 年，另一条更加重要的铁路——曼彻斯特到利物浦的铁路建成，史蒂芬逊与他的儿子共同制造的"火箭号"机车在上面运行。此列车第一次完全依靠火车头牵引，平均时速 29 千米，牵引 17 吨货物，在规定的 112 千米路程中没有发生任何故障。这一事实使人们真正认识到了铁路运输的优越性，导致了"铁路时代"的到来。到 19 世纪 40 年代，英国的主要铁路干线大都已建成。19 世纪末，世界铁路里程已经发展到 65 万千米，到 20 世纪 20 年代又将近翻了一番，达到 127 万千米。工业发达国家都基本上形成了铁路网，有力地促进了资本主义的发展。

第五章

科学发现推进思想观念大变革

一　科学世纪的新发现

天体演化理论

　　1755 年，德国科学家、哲学家康德（I. Kant，1724—1804）发表《宇宙发展史概论》，提出了太阳系起源的星云假说。这个假说所依据的科学事实是，科学家通过大量的天文观测，已经发现太阳系内行星公转轨道具有共面性，行星公转的方向具有同向性，行星公转轨道呈近圆性。为了回答太阳系行星公转时何以具有这样多的相似性，康德设想太阳系可能是从同一团原始星云演化而来。他的主要论点有：原始星云是由弥漫于宇宙空间的不停运动着的无数物质微粒组成；其密度不均匀；凭借万有引力，密度较大的部分可以从它周围吸引密度较小的物质微粒，以后它们自己又同所聚集的物质一起，聚集到密度更为巨大的地方，并如此一直继续下去。这样，星云中必有一处其密度比其他地方都大，就会形成整个星云的引力中心；当微粒物质向引力中心降落时，除受到引力作用外，同时还受到斥力作用。这样就有可能造成运动方向的偏离，使垂直的下落运动变成围绕降落中心的圆周运动；开始时圆周运动可能还很混乱，后来逐渐出现一个主要的运动方向，形成巨大的旋涡，使整个星云逐渐向垂直于转动轴的平面集中。在这个平面上，速度较小的团块继续落到中心团块，速度较大的团块则可以保持力的平衡形成各个行星；在形成行星的小团块中又会由类似的过程形成行星的卫星系统。

康德的这个假说能够解释行星的共面性、近圆性和同向性，也能解释行星的不同密度和质量的形成。但康德假说本身的思辨成分太多，有许多问题解释不清楚，加之当时许多科学家受形而上学、经验主义的影响，厌恶理论思维，因此这个假说发表以后没有引起什么反响，竟然埋没了半个世纪之久。直到18世纪末法国著名数学家、力学家拉普拉斯根据天文观测资料，对天体的形成从数学和力学方面作了论证，提出了类似的星云假说后，这一观点才为人们普遍接受。

拉普拉斯（P. S. Laplace，1749—1827）的星云假说体现在1796年出版的《宇宙体系概说》一书中。他也认为太阳系的所有天体都起源于同一原始星云。但和康德不同，他假设原始星云是炽热气体；假设炽热的球状气体星云从一开始就在缓慢转动。这样就回避了康德想用引力和斥力的矛盾加以解释，但并未解释清楚"星云是怎样开始旋转起来的"这个问题。按照拉普拉斯假说，气体状的炽热星云大致呈球形，它的直径很大，在宇宙中缓慢地旋转。同时向外散发热量渐渐变冷，其体积也在逐渐收缩。根据角动量守恒原理，其旋转速度将加大。按离心力规律，星云物质所受的惯性离心力也随之增大，而且在赤道处的星云物质所受惯性离心力最大。这使得星云的赤道部分向外突出，使球形星云变为扇球乃至扁平圆盘。当外缘部分受到的离心力增大到足以和星云对它的吸引力相抗衡时，这部分物质便不再随整个星云一起收缩而保留在原来的半径上旋转。重复上述过程就可以得到一个又一个的圆环，其中心部分最后收缩为太阳。分离出来的圆环经过相互吸引和凝聚，就形成了各个行星。

由于这个假说和康德的假说类似，人们就把这两个假说统称为"康德—拉普拉斯星云假说"。尽管康德—拉普拉斯假说仍有许多具体问题不能解决，但其形成和演化的思想逐渐被天文学发展所证实。尤其是 1859 年德国物理学家吉尔霍夫和德国化学家本生创造出光谱分析法以后，可以对恒星上存在的元素进行分析了。分析证明，各种不同的天体构成元素相同。而且通过光谱分析还可以比较出它们所处的不同发展阶段。天体形成和演化的观点从而被确立下来了。

地质进化理论

由于地貌的变化人们比较容易观测到，科学家就会常常由地貌的变化去猜测整个地球的变化，所以有关这方面的研究很早就有了。如 1644 年笛卡儿（R. P. Descartes，1596—1650）就在《哲学原理》一书中讨论了地球的形成过程。德国的莱布尼兹（G. W. Leibniz，1646—1716）1680 年也出版了《原始地球》一书，猜想地球最初是高温发光物体，后逐渐冷却，表面形成皱褶，这就是山脉。最初的地壳是多孔结构，海水可由这些小孔流入地下，使海平面下降，山露出水面。但是这些早期猜测和研究，思辨性都比较强，而科学性不足。但以这些研究为基础，使后来的地质研究分成不同的学派，其中主要有水成派和火成派，灾变论和渐变论。

1. 水火之争

17 世纪时，西方地质学界对地球的形成就存在有水成派和火成派之争。1695 年，英国地质学家伍德沃德（J. Woodward，1665—1728）发表《地球自然历史探讨》，主张地球的水成观点。认为是摩西洪水造成地球上原有生物的灭绝，并把它们变成化石。火成派的代表是莫罗（Mauro），他则相信岩石是由火山喷发造成的。到 18 世纪后，在对地球岩石圈历史演变的认识上两派斗争更加激烈，德国地质学家维尔纳（A. G. Werner，1749—1817）等人主张水成论，认为一切结晶岩都是在原始海洋中形成的，都是水成岩，后来由于全球水位突然下降，才使岩石的较高部分露出水面形成陆地和高山，但在这一过程中构成地壳的岩石圈本身并没有任何改变。水成派与圣经中的描述一致，所以一时之间占了上风。苏格兰地质学家赫顿（J. Hutton，1726—1797）坚持火成论，认为地球内部是熔融的岩浆，通过火山爆发在地面凝结成花岗岩，由于地下熔期岩浆的推动，还将引起已经形成的沉积岩倾斜变形。后来法国地质学家马列斯特在一个偶然机会中发现了玄武岩，他沿着玄武岩的分布一直追索到火山口，说明了玄武岩也是火成岩。在火成论的指导下，建立了地壳运动的观念。1787 年，冰岛附近的海底玄武岩发生了一次火山大喷发，使火成派又抬了头。后来在英国苏格兰山上开会讨论时，两派互不相让，竟然发生地质史上的武斗事件。

水成论者提出两点反对火成论的论据：（1）熔融的岩浆凝固时只能形成玻璃体而不会结晶化；（2）有些岩石如石灰石受热后会被分解掉。对此，詹姆士·霍尔（J. Hall，1761—1832）在 1790—1812 年间还进行了一系列的实验。他在玻璃厂使熔融的玻璃非常缓慢地冷却，证明它可以结晶化形成不透明体；他又将从火山口弄来熔岩重新用炉子熔化，然后也使它慢慢冷却，结果也能结晶成玄武岩那样的岩石。他又通过实验证明，如果把石灰石放在密闭容器中加热，石灰石并不分解，而是形成像大理石一样的岩石。实验结果是有利于火成论的。

应该指出，这两派观点都有合理之处，因为岩石本来就分沉积岩和火成岩（花岗岩、玄武岩）。但又都不全对，因为从思维方法上看，两派都犯了绝对化的错误。

2. 灾变论和渐变论之争

灾变论的代表是法国生物学家居维叶（G. Cuvier, 1769—1832）。在对巴黎盆地地层的研究中，他发现老地层中化石少，而且化石生物原始；新地层中化石多，生物物种也较复杂。这本来可以看成生物不断进化的证据，但居维叶 1765 年认为，这些不同时代的物种之间毫无联系，地球表面的历次变动都是间断的，由于突然的巨大洪水造成的。他在《地球表面的革命》一书中写道："这种洪水的反复进退不是以缓慢和渐进为特征；恰好相反，大多数激变是突变引起的……较老的地层的位错和倒转没有任何疑问地表明，置岩石于现在这样位置的过程是突然和强烈的……这可怕的洪水常会席卷地球上的生命，无数生物因激变而消失了。"这样，地球演变的历史就成了一堆前后无关的突变集合，而在各次突变之间，地球以及地球上的生物则没有任何演化和渐变。当时正值 1765 年意大利的一个火山爆发，似乎成了居维叶论点的一个佐证，所以居维叶灾变论的提出迎合了欧洲人对灾变的恐惧。居维叶在生物学上成就很大，他提出了"器官相关律。"根据这个规律，你只要找到一小块动物化石，他就能预言动物的原型。他的学生挖出来的化石可以和他预言的一点不差。我们至今猜不透是什么使他在地质理论上却持这么保守的观点。

另一派是渐变论者。英国业余科学家赫顿1795年出版了《地球理论》，主张应以现在仍起作用的地质力量去解释历史上发生的地壳变动。后来英国地质学家赖尔（C. Lyell，1797—1875）进一步发展了这一思想。他虽是水成论代表维尔纳的学生，但不信他老师的观点。他以"现在是认识过去的钥匙"这一思想作指导，1830—1833年间写成了《地质学原理》一书，这本书的副标题就是"以现在还在起作用的原因试释地球表面上以前的变化"。他在这部著作里以丰富的地质资料证明，江河海流、潮汐、风雨、冰雪、火山、地震等自然作用至今仍在持续缓慢地改变着地球的表面状况，地球的历史在时间上是连续的，现状是以前变迁的结果，是"长期一连串前后相继事变的结果"，而不是像灾变论者所说的彼此隔绝而无联系。而且，引起这种变化的原因，不是一两项原因单独作用的结果，更不是靠有限几次突然灾变造成的，而是诸种自然原因复合作用的结果。各种地质作用所产生的效果是由一系列微小的、缓慢的变化积累起来的，而不是突变式的。有人把赖尔的这些观点概括为连续性法则、均一性法则和积累法则。

赖尔的地质渐变论进而导致物种可变的思想。既然地壳是逐渐形成的、不断变化的，那么在它上面生活的一切生物也必定是进化发展的。正如赫胥黎（T. H. Huxley，1825—1829）所说：赖尔"铺平了达尔文的道路"。达尔文（C. Darwin，1809—1882）自己也在自传中承认，是《地质学原理》引导他得到物种进化的结论的。但赖尔本人是拥护物种不变观点的，还批评过拉马克（J. B. Lamarck，1744—1829）的进化论。可见赖尔在方法上还是陷入了绝对化，他过分强调渐变，否定了激变的可能；他绝对化了自然规律的古今一致性，认为在地球上起作用的各种力量也是从来不变的。然而，世界上的事物大都是非绝对的。

原子—分子论的确立

化学是在近代兴起的一门学科，无数的科学先驱者为这门学科奠定了理论基础。1789 年，拉瓦锡（A. L. Lavoisier，1743—1794）根据大量的化学实验建立了质量不灭定律，从此化学中能够使用天平进行精确的研究，也使化学得以进入定量研究阶段。1791 年德国化学家李斯特已能作出预言："化学是应用数学的一个分支。"定量化的方法使李斯特发现了"定比定律"——相互化合的元素间有固定的质量比。1799 年法国化学家普鲁斯特（J. L. Proust，1754—1826）发现"定组成定律"——各种化合物都有确定的组成，与制备方法无关。

自学成才的英国物理学家、化学家约翰·道尔顿在对原子的研究方面取得了非凡的成果，成为近代原子学说的奠基人。他既具有敏锐的理论思维头脑，又具有卓越的实验才能，他是从气体的物理性质的研究开始构建其原子论的。在这里牛顿的粒子说和拉瓦锡的元素概念成为他的原子概念的基础。由于经常发现气体在水中的溶解和气体体积可被压缩等一些重要的物理化学现象，道尔顿发现了"倍比定律"，并且逐渐形成了一个概念，即物质内部不可能是连续的，应该由一些质点所组成。由此，他于 1803 年提出了新的原子论，其主要内容包括：元素由非常微小的不可再分的物质微粒——原子组成；原子在化学变化中保持其本性不变；同一元素原子的各种性质和重量都完全相同，不同元素原子的性质和重量不同；原子的重量是每一化学元素的重要特征。1808 年，道尔顿又在《化学哲学的新体系》这本书里更加系统和充分地阐述了他的原子论思想。其要点是：（1）元素的最终组成称为"简单原子"，它们不可见、不可创生、不可消灭、不可分割，其在一切化学反应中保持本性不变；（2）同一元素的原子其形状、质量等各种性质均相同，而不同元素的原子则各不相同。原子量是元素的最基本特征；（3）不同元素的原子以简单整数比相结合而形成化合物，化合物的原子称为复杂原子。他的这部著作与拉瓦锡的《化学大纲》一起成为经典化学的两大名著。

但是在原子论建立的初期，化学家们宁愿采用元素的概念，也不愿使用原子概念；宁愿仍然采用元素当量，也不愿采用原子量。这是由于当时还没有办法准确确定参与化学过程的各种元素的原子数目，所以原子量很难准确断定；另一方面，道尔顿忽视了原子和分子的区别。他认为单质只是简单原子的组合，不存在分子状态，只有化合物才是复杂原子，是由分子组成的。所以当 1811 年意大利化学物理学家阿佛加德罗（A. Avogadro，1776—1856）提出分子概念，并认为单质物质的分子是由相同原子组成的简单分子，化合物分子是由不同原子组成的复合分子，"分子是物质存在的独立单元"时，道尔顿坚持认为，相同的原子要互相排斥，不可能结合成一个分子。直到 1860 年于德国召开的国际会议上，意大利化学家康尼查罗（S. Canizzaro，1826—1910）才说服化学家接受分子概念，澄清了半个多世纪以来理论上的混乱，为分子论和原子论统一为原子—分子论做出了巨大贡献。这说明，一个正确的理论，尤其是一个新概念，其提出是一回事，能否为大家接受又是一回事。

元素周期表

在化学教科书中，都附有一张"元素周期表"。这张表揭示了物质世界的秘密，把一些看来似乎互不相关的元素统一起来，组成了一个完整的自然体系。这张表的发明，是近代化学史上的一个创举，对于促进化学的发展，起了巨大的作用。这张表的最早发明者就是杰出的俄国化学家门捷列夫。1834 年，门捷列夫（D. I. Mendeleev，1834—1907）生于俄国西伯利亚的托波尔斯克市，在那儿，一个政治流放者指导门捷列夫学习科学并使他对化学产生了兴趣。当时，关于自然界到底有多少元素；元素之间有什么异同和存在什么内部联系；新的元素应该怎样去发现这些问题，化学界正处在探索阶段。各国的化学家们进行了顽强的努力，但由于他们都没有把所有元素作为整体来概括，所以没有找到元素的正确分类原则。年轻的门捷列夫勇敢地冲进了这个领域，开始了艰难的探索工作。他不分昼夜地研究着，探求元素的化学特性和它们的一般原子特性，然后将每个元素记在一张小纸卡上。上面记载着元素的原子量、化合价、物理性质和化学性质，等等。他企图在元素全部的复杂的特性里，捕捉元素的共同性。他的研究一次又一次地失败了，可他屡败屡战，坚持不懈。

1869 年，门捷列夫编制了一份包括当时已知的全部 63 种元素的周期表。他的结论是，按照原子量大小排列起来的元素，在性质上呈现明显的周期性。1871 年，他对周期表作了进一步的修改，使之基本具备了现代周期表的形式。在这份周期表中，门捷列夫大胆地修正了一些元素的原子量。如把铀的原子量从当时认为的 116 改为 240；对周期表中四个空位元素的性质他也作了极为详尽的预言。到

1875 年，发现了他预言的类铝"镓"，1880 年，发现了类硼"钪"，1886 年，发现类硅"锗"。它们的性质都和门捷列夫的预言十分接近。

门捷列夫是如何发现周期律的？其中有许多传说。有人说这是他在玩扑克牌游戏时偶然发现的；也有人说是他连续工作三天三夜没有睡觉，终于在梦中发现的。事实上，门氏是在 1869 年俄历 2 月 17 日（公历 3 月 1 日）这一天内发现元素周期律的。当时他正在编写《化学原理》第二卷，在结束这卷的第二章之后，必须确定在碱金属之后应该紧跟着叙述哪一族金属元素的问题。在他看来，似应叙述碱土金属，但又拿不出根据。恰巧，这一天他收到了一封信，便信手在信的空白处对化学性质不相似的钠族和类锌族的原子量的差值进行了计算。然后他对比了紧密相连的若干元素族，先编成了一张包含 31 个元素的表格，指导思想是使常见的不相似的各元素族紧密相连而原子量又最大限度的靠近，以至使各元素族间再也放不进元素。接着又列了第二个表。其中原子量的排列按竖行，不像第一次按横行。这个表包括了 42 个元素，为了编制当时已知 63 个元素的总表，门氏采用了"化学牌阵"的方法（即用卡片写上元素名，性质，原子量），把 63 个元素按研究程度和原子量轻重分成四堆，最后剩下 7 个元素，门氏试着把它们放在适当的位置，终于编成了一个元素周期律的草表。

门氏时代，虽然已知 63 个元素，但只占天然元素总数（92 个）的 2/3，而且有 11 个元素的原子量测得不对。虽然有不少元素已组成了自然族，但已组成的这些自然族里还有不少疑问，而且有一些元素还无法安置。在这种情况下，要想揭示化学元素的内在联系和一般规律也是不容易的。这时，门氏的逐步综合法又帮了他的大忙。

所谓逐步综合法是指不断综合、逐级综合的方法，即只有先小综合，才能大综合；只有先把元素小综合成自然族，才能大综合成体系，否则把单个元素直接排在某一个体系里显然是困难的。门氏采用的比较方法则使他容易把握元素的内在联系。他自己也说过："要全面地把握，就需要有比较的方法。"门氏对元素分族时，首先就要对各个化学元素的性质进行比较分析，只有对各个族的性质进行比较研究才能综合考察。他通过比较不相似的两类元素原子量的差值，发现了元素性质的变化是由原子量的大小决定的；他应用比较法预言了应该有过渡元素存在，为建立包括所有元素在内的周期表作了准备。

实践证实了门捷列夫的论断，也证明了周期律的正确性。在化学的系统化过程中，周期律的发现是一个重要的里程碑。这个定律的重要性不仅仅是总结了前人的工作，将许多似乎毫不相干的事实用一个规律联系起来，并且指明了研究方向。元素周期律经过后人的不断完善和发展，在人们认识自然、改造自然、征服自然的斗争中，发挥着越来越大的作用。

有机化学的诞生

化学原子论的确立，使无机化学奠定在监视的理论基础上，也为有机化学提供了示范。"有机化学"这一名词1806年首次由瑞典化学家贝采利乌斯（Jos Jacob Berzelius，1779—1848）提出。当时只是作为"无机化学"的对立物而命名的。

早在18世纪末，化学家们就开始提纯和分析有机化合物。例如，氧的发现人之一、瑞典化学家席勒（1742—1786）分离出了酒石酸、柠檬酸、苹果酸、乳酸、草酸等，他还通过用硝酸氧化蔗糖的方法制得了草酸。其他一些化学家还从有机物中分离出尿素（1773）、马尿酸（1829）、胆固醇（1815）、吗啡（1805）等有机物。这一段时间，对有机元素的分析也得到了迅速的发展，如，泰纳（Thenard，1777—1857）等人成功地分析了蔗糖、乳糖、淀粉、蜡等有机物，确定了它们所含氮、氢、氧等元素的百分比。瑞典化学大师贝采利乌斯在 1815 年系统分析了柠檬酸、酒石酸、琥珀酸等有机物的成分，并在 1830 年发现葡萄糖与酒石酸的组成成分相同。1830 年，德国化学家李比希（Liebig，1803—1873）还制成了有机分析仪器——燃烧仪，从而把有机分析提高到精确定量阶段。

有机化学之所以能产生和发展，是和维勒（F. Wohler，1800—1882）的工作是分不开的。维勒是瑞典化学大师贝采利乌斯的得意门生。他早年在德国求学，获博士学位之后，去瑞典留学，跟着贝采利乌斯继续深造。1825 年从瑞典回国，专门从事化学教学和研究工作。他在 1828 年，成功地人工合成了尿素，并发表了《论尿素的人工合成》，从而填平了有机物与无机物之间的鸿沟，打破了"生命力"的学说，解放了人们的思想，开拓了有机合成的新道路。19 世纪初，许多化学家相信，在生物体内由于存在所谓"生命力"，才能产生有机化合物，而在实验室里是不能由无机化合物合成的。维勒的实验结果给予"生命力"学说第一次冲击，此后，乙酸等有机化合物相继由碳、氢等元素合成，"生命力"学说才逐渐被人们抛弃。维勒以后，有机合成物不断增加。1845 年，德国化学家柯尔柏（Kolbe，1818—1884）人工合成了醋酸；1854 年，法国化学家贝特罗（Berthelot，1827—1907）合成了油脂类物质；1861 年，俄国化学家布特列洛夫（A. M. Butlerov，1828—1886）合成了糖类物质。

到 19 世纪有机化学理论也逐步发展起来。先是维勒和李比希提出有机化合物是由"基"组成的。李比希认为，基是一系列化合物中不变的组成部分，有机物中的基可以被其他简单物取代，基与某简单物化合以后，简单物还可被相当量的其他简单物所取代。1834—1839年，杜马（Dumas，1800—1884）发现了醋酸中的氢被氯取代的详细过程。1842—1843年，法国化学家日拉尔（Gerhardt，1816—1856）通过研究把有机物分成多种类型，这就是著名的日拉尔"类型论"，类型论是有机化学同系物的早期概念，1848—1850年，德国化学家霍夫曼（A. W. Hofmamn，1818—1892）又发展了日拉尔提出的类型论，提出了有机化合物的多种类型，如水型、氢型、氯水氢型、氨型，等等。

1858年，德国著名化学家凯库勒（F. A. Kekule，1829—1896）提出了碳的四价学说，这一学说成了有机化学结构理论的基础。凯库勒还因发现了苯的分子结构而出名。他1829年生于德国的达姆斯塔德，中学时就懂四门外语，1849年从师于李比希，学习化学。据说1865年圣诞节后的一天，凯库勒因研究苯分子结构已疲惫不堪，按说他早已测定清楚苯分子是由六个碳原子和六个氢原子组成，而按照碳原子四价的学说，却很难把它的结构式说清楚。凯库勒百思不得其解，就坐在安乐椅上靠着壁炉睡着了，睡着以后他做了一个奇怪的梦，梦见他画的苯分子的六个碳连着六个氢的直链变成了一条怪蛇，这条怪蛇翻转舞动，最后回头一口咬住了自己的尾巴，形成一个环。凯库勒就此惊醒，从而发现了苯分子的环状结构。

原子四价学说和苯分子结构发现之后，对有机结构理论的研究发展就更快了。俄国化学家布特列洛夫在1861年德国"自然科学家和医生代表大会"上作了题为《论物质化学结构》的报告，系统地提出了有机结构理论，从而奠定了有机化学结构学说的基础。与此同时，英国化学家弗兰克兰（Fronkland，1825—1899）、库帕（Couper，1831—1892）等人在有机结构理论的建立方面也做出了巨大贡献。

立体有机化学理论在19世纪也得到了发展。1815年，法国人比奥（1774—1862）发现有些天然有机物在液态或它的溶液中有旋光性（当偏振光射入这类物质后，振动面会发生偏转，石英晶体、松节油、糖溶液都有这种性质）。1848年，巴斯德用人工方法把19种酒石酸盐的结晶分为左旋酒石酸和右旋酒石酸，它们之间的关系就像左手和右手一样不能叠合，亦如镜中影像和实体的镜像对称一样。接着，德国化学家威利森努斯（1838—1902）研究了乳酸的旋光性后得出结论：分子的旋光异构只能以原子在空间的不同排布来解释。在此基础上，1874年，荷兰人范霍夫（Jacobus Henricus vant Hoff，1852—1911）和法国人勒贝尔（1847—1930）分别提出了碳的四面体结构学说。这一学说标志着人类已在有机物的微观世界开始立体思维。有机物质的原子在空间有规则地排列着也是一种自然奥秘的美。范霍夫由于他后来的化学成果而在1901年成为第一个诺贝尔化学奖的获得者，而这个新的世纪已是人类开始探索生命基本组成单元DNA的空间结构的时代了。

能量守恒与转化定律

对能量守恒单纯从哲学上给以思辨性研究的历史很长，在古希腊的哲学家那里已经有所提及。到了笛卡儿，提出了运动守恒；而黑格尔（G. W. F. Hegel，1770—1831）则提出了现象之间互相联系和转化的思想。这些观点当时并未引起人们的注意，因为能量守恒和转化定律必须建立在一定的客观基础上，而这种客观基础还在建设的过程中，它主要包括三个方面：

第一，是力学和蒸汽技术的基础，这是能量守恒定律的第一个基本物质前提。力学方面，伽利略已直观地把这个定理表述为："物体在下落过程中所达到的速度能够使它跳回到原来的高度，但不会更高。"1695 年，莱布尼兹（G. W. Leibniz，1646—1716）把能量原理表述为：力和路程的乘积等于活力（mv^2）的增加。他认为宇宙间的活力的总和是守恒的。瑞士数学家伯努里（Johann Bernoulli，1667—1748）一再讲到"活力守恒"，即当活力消失时做功的本领没有失去，而只是变成另一种形式。在热学领域，最初广泛流传着热质说，就是在拉瓦锡用燃烧理论代替燃素说时，他还把热看做一种物质。把热看做物质就不可能存在热和机械能的转化问题。所以在热素说占统治地位时人们不可能理解由蒸汽机的发明所揭示的热和机械运动之间的关系。在蒸汽机的改进过程中，为了不断提高热机的效率，法国工程师卡诺（L. N. M. Carnot，1753—1823）分析了蒸汽机中决定热产生机械能的各种因素，发现热机做功的数值仅取决于两个热源间的温度差。经过慎重思考，他终于放弃了热素论，1830 年他在笔记中明确地提出了能量守恒和转化定律，他说："动力（能量）是自然界的一个不变量，准确地说，它既不产生，也不能消灭。实际上，它只改变它的形式，这就是说，它有时引起一种运动，有时引起另一种运动，但它决不消失。"

第二，生理学抛弃了神秘的活力观点，而把生命过程作为普通的自然过程，这是成就能量守恒定律的第二个实质性前提。19 世纪初对植物的研究表明，拉瓦锡的物质守恒定律和普劳斯特的定组成定律对有机体是同样适用的，旧植物就像一个独特的化学实验室，它能把吸收的无机物、矿物质在体内转化为有机物。迈尔、赫尔姆霍兹（H. Helmhltz, 1821—1894）等人进一步认为，能量在有机体内的一切表现都应该追溯到能量的某种已知的物理的或化学的来源，思维的劳动、动物的发热都是依靠包含在有机物质中的、从食物吸收来的潜在能量而产生的。

第三，物理学家证明自然界力的统一性和可转化性是能量守恒定律的第三个基本前提。在19世纪，电转化为热，热转化为电以及电磁互相转化的关系得到普遍承认。法拉弟（M. Faraday, 1791—1867）在证明自然界的力的统一性和相互转化性方面做了许多工作，他坚持的普遍联系的观点给他的科学研究帮了很大的忙。他说过"有一个古老而不可改变的信念，即自然界的一切力都彼此有关，有共同的起源，或者是同一基本力的不同表现形式，这种信念常常使我想到在实验上证明重力和电之间联系的可能性"。

由于上述三个方面的发展，到19世纪30—40年代，经过五个国家、六七种不同职业的十几个科学家的共同努力，终于揭示了各种运动形式之间的统一性。1851年，由威廉·汤姆逊（W. Clausius, 1822—1888）和德国克劳修斯（R. Clausius, 1822—1888）提出的能量守恒定律作为自然界的普遍规律被确立下来，从此，特别是在物理学中，每一种新的理论能否被承认首先要检查它是否跟能量守恒原理相符合。

关于能量的定律，当时的物理学家都强调量"守恒"的一面，把这条定律称为"能量守恒定律"。恩格斯则突出强调了质的"转化"这一面。他早于1858年7月14日同马克思讨论这个定律时，就说明这是物理学中各种力（即能量）的相互转化的关系。到了19世纪70年代，恩格斯更是明确地把这定律改称为"能量守恒和转化定律"。恩格斯在1885年写的《反杜林论》第三版序言中说："如果说，新发现的、伟大的运动基本定律，10 年前还仅仅概括为能量守恒定律，仅仅概括为运动不生不灭这种表述，就是说，仅仅从量的方面概括它，那么，这种狭隘的、消极的表述日益被那种关于能的转化的积极的表述所代替，在这里过程的质的内容第一次获得了自己的权利，对世外造物主的最后记忆也消除了。当运动（所谓能）的量从动能（所谓机械力）转化为电、热、位能等等，以及发生相反转化时，它仍是不变的，这一点现在已无须再当做什么新的东西来宣扬了；这种认识，是今后对转化过程本身进行更为丰富多彩的研究的既得的基础，而转化过程是一个伟大的基本过程，对自然的全部认识都综合于对这个过程的认识中。"由此可见，恩格斯的表述才深刻地、全面地反映了这一定律的本质内容，因而是这一定律的最科学的表述形式。

细胞学说和遗传学的开端

1. 细胞学说的提出

自从列文虎克和胡克用显微镜对生物进行微观研究以后，细胞学说就逐步发展起来了，经许多专家的努力，最终在 19 世纪 30 年代末，由德国植物学家施莱登（M. J. Schleiden，1804—1881）和动物学家施旺（T. Schwann，1810—1882）共同提出。"细胞学说"与"能量守恒定律"和"进化论"被恩格斯称为 19 世纪自然科学的三大发现，对生物科学的发展起了巨大的促进作用。

施莱登 1804 午出生在德国，早年学习法律，在海德尔堡（Heideberg）学习结束之后，就在该城任律师工作。但因工作极不顺利，曾试图用枪自杀，幸而未死，在额头上留下了一个明显的伤疤。伤愈后，他决定放弃法律工作，改学自然科学。1831 年以后，施莱登先后在哥廷根大学和柏林大学研究植物学和医学，不久获医学哲学博士学位，被聘为耶那大学植物学教授多年。后来他又辞去了大学教授职务在欧洲各地游学，1864年以后，他靠当家庭教师和江湖医生为生，曾在柏林认识了施旺。

施莱登批评了林耐的分类学，主张只有植物化学和植物生理学才有真正的意义。1838年施莱登出版了《论植物发生》，认为植物中普遍存在的结构是细胞，细胞是最基本的结构，他把细胞称为"Cytoblast"，同时还指出，无论形态多么复杂的植物，它们的基本生存单位都是细胞。施莱登在《论植物发生》之后，还发表了《植物学概论》一文，文中还对细胞的起源进行了探索。1837年10月，施莱登把他对细胞研究未发表的成果通知了他的好友施旺，经过施旺的研究，把细胞学说扩展到动物界，最后用细胞学说统一了动物和植物。

施旺是和施莱登性格不同的人，施莱登比较急躁，好走极端，施旺则性格温顺，内向而虔诚。他在1834年毕业于柏林。他和伟大的生理学家弥勒关系非常密切，据说他曾受教于弥勒，他对施莱登也很尊重，他对动植物的细胞进行过认真的显微研究。1839年，施旺发表了著名的论文《关于动植物结构和生长一致性的显微研究》，阐明了动物和植物两大有机界中最本质的联系。该文主要分为三部分：第一，描述了在蝌蚪体内脊索和各种不同来源的软骨的结构和生长；第二，指出了各种不同的动物构成基础都是细胞；第三，详细阐明了细胞理论。论文中提出了一个有重大意义的思想：凡有生命的东西都源自细胞。尽管施旺和施莱登一样，对细胞的了解比现代细胞概念要肤浅，也还有些不确切的地方，但他们的工作，用细胞学说把包括动植物在内的生命都统一起来了。

施莱登和施旺提出细胞学说以后，生物学家、生理学家、医学家们在此基础上，经过半个多世纪的努力，使这一学说日趋完善。细胞学说使人们开始认识和了解生命的本质，给当时仍在生物学中占统治地位的神学又一次沉重的打击。"神创论"和"活力论"对生命所做的种种解释显得荒谬和多余。

2. 遗传学的建立

细胞学说一旦确立，马上在生命科学中显示出生命力。其最显著的成就是德国生物学家微耳和（R. C. Virchow，1821—1902）将细胞学说运用于病理学，创立了细胞病理学，为现代医学奠定了基础。同时，也为遗传学开辟了道路。瑞士的植物学家耐格里（C. W. Nageli，1817—1891）提出了最初的有关遗传的细胞种质论，这一理论又引导孟德尔进行了遗传育种实验，并发现了孟德尔遗传定律，为遗传学的诞生准备了充分的条件。

孟德尔（1822—1884）出身于贫苦的农民家庭，他天资聪颖，却无钱接受良好的教育。他少年时曾为一家庄园主照看庄园的果树，长大后进了故乡的奥古斯丁修道院以解决生存问题。1851 年，他被修道院送进维也纳大学学习自然科学课程。他先后学习了数学、物理学、化学、动物学、植物学、昆虫学等，据说曾为多普勒当过物理实验的演示助手。他还参加了维也纳大学的动植物学会，发表过一些生物学论文。1853 年，孟德尔回修道院当了神父，并开始在附近的教会学校任教。

1854 年夏天，孟德尔在修道院的花园里种植了 34 个株系的豌豆，开始从事植物杂交育种的遗传研究。豌豆是一种自花授粉的植物，孟德尔同时进行自花授粉（即同一品种自我生殖）和人工杂交授粉（即用不同品种杂交生育）。他将授粉后的植株仔细包扎起来，以免发生其他意外的授粉。下一代生长出来后，继续进行同样的授粉实验。用这种方法，孟德尔能够仔细研究子代与亲本之间的遗传关系。

他首先考察株的高矮这两种性状的遗传情况，结果发现，矮株的种子永远只能生出矮株，因此它属于纯种。高株则不同，约占高株总数1/3的高株属于纯种，一代代生育出的都是高株，其余高株的种子生出一部分高株、一部分矮株。高矮的比例大约总是1：3。这说明高株有两类，一类是纯种的，一类是非纯种的。孟德尔将矮株与纯种高株杂交，吃惊地发现，杂交生出的全是高株，矮株的性状似乎全都消失了。但是，将这一代杂交出的高株进行自花授粉，结果新一代1/4是纯矮种，1/4是纯高种，1/2是非纯高种。

这简直太神奇了。品德尔认识到，豌豆的高矮性状在遗传时表现不同，前者是显性的，后者是隐性的。这种显性和隐性的性状遗传是否具有普遍性呢？孟德尔接着考察了其他一些性状，结果发现类似的遗传规律也在起作用。如圆皮豌豆与皱皮豌豆杂交，圆皮是显性性状，皱皮是隐性性状；紫花豌豆与白花豌豆杂交，紫花是显性性状，白花是隐性性状。其性状的分配规律也恰是3：1。

经过多年的育种实验，孟德尔掌握了大量的数据。1865年，他总结了自己多年的研究工作，写出了《植物杂交试验》的实验报告。他在论文中指出，植物种子内存在稳定的遗传因子，它控制着物种的性状。每一性状由来自父本和母本的一对遗传因子所控制。它们只有一方表现出来，另一方不表现出来。不表现的一方并不消失，会在下一代以1/4的比例重新表现出来。孟德尔的论文首先在布隆的博物学会宣读，并于次年发表在该会的会议录上。

孟德尔的工作一直默默无闻的。当时的大多数生物学家关注的是进化论的博物学研究，感兴趣的是一些对人有利的生物优良性状的遗传问题，加上孟德尔的遗传定律过于简单，许多性状的遗传由于受多种因素控制，并不遵循这一定律，所以，连孟德尔自己也怀疑自己的工作是否具有普通意义。他读过达尔文的《物种起源》，甚至为之作注，但未意识到他的遗传学研究正好为达尔文的自然选择进化论提供了强有力的支持。由于孟德尔像拉瓦锡将化学确立为科学一样将遗传学确立为科学，人们赞誉他是"植物学上的拉瓦锡"。

达尔文的生物进化论

科学世家出身的达尔文（Charles Darwin，1809—1882）1809年2月12日出生在英格兰希罗普镇，幼年学习一般，他的老师和父亲都认为他是一个非常普通的孩子，智力在一般水平之下，他的父亲甚至误认为，达尔文除了打鸟、玩狗和抓老鼠以外，什么也不干，将来会辱没门楣。1825年10月，16岁的达尔文被父亲送去爱丁堡学医，这也是他父祖所从事的行业，一直到1827午4月，达尔文都在爱丁堡学习。但是，达尔文对医学并不感兴趣，认为麻醉和手术是带有"兽性的职业"。由于达尔文学医没有长进，他父亲不愿意儿子过那种"无所事事的游荡生活"，所以，1827年10月又把他送进剑桥基督学院学习神学，希望他将来当个受人尊敬的牧师。达尔文在那里学了3年，后来他自己回忆说，这3年是浪费时间。

命运的安排使他作为官方科学家，出现在"贝格尔号"船上，进行了5年的科学考察活动。1831年，英国皇家军舰"贝格尔号"要进行环球航行，目的是发现和测绘南美东西两岸和附近岛屿的水文地图，同时完成环球各地的时间测定工作以及寻找一些有商业价值的矿物，但船上缺一名医生。一开始这个机会并没有给达尔文，而是想给另外两个人，当那两个人拒绝去的时候，这个机会才落到达尔文的头上。当时达尔文已经24岁，他父亲不同意他去，但他的朋友亨斯罗（Henslow）和他的舅父韦奇伍德都支持他。后来，韦奇伍德说服了老达尔文，终于同意他去了。但这时"贝格尔号"的船长罗伊（R. F. Roy）又不大想用他。总之，达尔文最后终于能登上"贝格尔号"舰，一方面是他自己的爱好和坚持，另一方面也是一系列偶然事件促成的。

长达5年的考察使热爱自然的达尔文有幸看到未被破坏的自然界：原始热带雨林、各种地层、火山，各具风俗的民族，各种各样的昆虫、鸟类和哺乳动物，每种生物与它们所处的环境完美地契合。达尔文认为自己终于找到了热爱的事业。他克服种种困难，随着考察团深入丛林、登上高山，收集各种标本、挖掘古生物化石，记录地层情况。他坚持写日记和调查报告，为以后的研究工作积累了大量丰富的材料。这期间，达尔文还阅读了赖尔的《地质学原理》，地质渐变的思想使他产生了强烈的认同感。赖尔所倡导的地质学研究中的比较历史方法也给了他深刻的启发。在南美洲东海岸，达尔文目睹物种随地域分布而变化的明显规律性：有亲缘关系的物种总是分布在邻近地域，随着距离的增大，一个物种为另一个物种所代替；两地距离越远，物种差异越大。南美西海岸的加拉帕戈斯群岛上的大部分生物都与大陆上的类似，但各岛又有自己特有的物种；即便同一物种，各岛也呈现出微小的差异。物种的巨大丰富性和连续性使达尔文对流行的物种起源的上帝创造论产生了怀疑。他想到，上帝何必为创造这些仅有微小差异的生物花费如此巨大的心力呢？赖尔的方法论和他自己的实地考察，使达尔文产生了生物逐渐进化的思想。

回国后，他于1846年出版了他在探险航行中获得的地质学和动物学研究成果。这些著作很快使他跻身于科学家的最前列。1838年，他当选为地质学会秘书，次年与表姐埃玛结婚。结婚使达尔文有了经济保障，双方老人给了他们很多钱，使达尔文可以毫无后顾之忧地从事他的研究事业。

1838年，达尔文偶然接触到了马尔萨斯的《人口论》，马尔萨斯关于人类为争夺食物所导致的灾难性竞争的观点，给他留下了深刻印象。他联想到在生物界中，一定也有类似的生存竞争，而且由于他们繁衍地更迅速，这种斗争只会更加激烈。"贝格尔号"的环球考察使达尔文完全接受了赖尔式的生物渐变思想，马尔萨斯的著作更使他对生物进化机制有了某种顿悟。达尔文意识到，生物界存在着极为巨大的繁殖力和大量变种，但是只有那些在生存斗争中有适应能力的变种才能活下来，并得以有最多的后代；其余变种被淘汰，这就是自然选择的过程。为了证明这一过程，他首先研究人工选择问题，事实上，人类一直在进行培育优良品种的工作。达尔文自己进行家鸽的育种实验，对变异和选择问题有了更深地了解。1856年，在赖尔的敦促下，达尔文开始准备写作《物种起源》。

在发现生物进化、自然选择的过程中，英国博物学家华莱士（A. R. Wallace，1823—1913）也作出了很大贡献。华莱士曾把他自己发现的自然选择与生物进化的论文寄给达尔文。达尔文看了非常吃惊，因为，华莱士的观点与达尔文的观点非常一致，而且表达得非常明确清晰，这促使达尔文抓紧写作，又经过13个月零10天的努力，终于在1859年最后完成了《物种起源》。

达尔文的进化论给唯心主义在物种起源方面的神创论和目的论以沉重打击，对物种不变的形而上学自然观也是一次致命的打击。

进化论使唯心主义和形而上学在生物起源方面丧失了最后的地盘，同时，从科学方法论方面，对那种不顾事实的思辩科学也是一个否定。达尔文的进化论在一片攻击声中受到了广泛的关注，他为人类的起源和进化提供了证据。他的观点得到了广泛的引用，种族主义和种族平等者，重男轻女者和男女平等者，战争狂与和平主义者，资产阶级社会学家和共产主义者，都引用进化论来论证自己的观点。

二 辩证唯物主义自然观的确立

辩证唯物主义自然观的主要特征是强调事物的发展变化和普遍联系，变化的根本原因在事物的内部。但近代科学发展早期所形成的自然观是机械自然观，具有完全不同的特点。显然，从机械自然观过渡到辩证的自然观，需要经过思想观念上的大变革。造成这种思想观念大变革的伟大动力正是自然科学的全面发展和普遍影响。

发展变化思想的确立

在僵化的形而上学自然观上打开第一个缺口的，是康德1755年提出的有关太阳系起源的星云假说。因为康德的假说已经把太阳系理解成为一个运动、发展、变化的过程，正如恩格斯评价的：他把"地球和整个太阳系表现为某种在时间的进程中逐渐生成的东西"，而且这种变化的根本原因在事物的内部。这样，牛顿"第一推动力"的假设就自然而然地被取消了。正因为如此，恩格斯才把这个学说称做"是从哥白尼以来天文学取得的最大进步。认为自然界在时间上没有任何历史的那种观念，第一次被动摇了"。相应地，如果地球是某种逐渐生成的东西，它一定不仅有在空间中互相邻近的历史，而且还有在时间上前后相继的历史。

其次是进化论思潮。进化论思潮包括天体演化思想，地质进化思想，生物进化思想，以及物理学中的进化问题。这些思想集中在18、19世纪形成并完善，从而转变成为一种社会思潮。关于天体演化思想、地质进化思想、生物进化思想我们已在前面讲过，下面主要研究物理学中的进化问题。众所周知，在牛顿经典力学中，时间是无方向的，如知一物体的状态、初始条件，就可推测未来，追溯过去。牛顿力学只讨论运动、变化，不讨论发展、进化。把发展的观点，时间箭头问题引入物理学，是19世纪热力学研究所提供的。克劳修斯通过热力学第二定律的研究提出了"热寂说"。他认为宇宙总会到达这样的一天，即所有的运动都会变成热运动，最后由于热量平衡，热虽存在，但热运动没有了，宇宙就死亡，处于热寂状态。克劳修斯在这里实际提出了一个无机界的发展方向问题。

热寂说提出以后，许多人对热寂说提出了批评，但也有人表示赞同。双方就以下观点展开讨论：（1）消失到宇宙中的热必然会以某种方式重新聚集。这是恩格斯在《自然辩证法》一书中提出的预言，即在一定条件下熵要增加，能量要发散；而在另外一些条件下熵要自发减少，能量要重新集中。相反的意见认为，这只是一种猜想，现在并不能从物理学的角度说明热量重新聚集的机制，所以不能用猜想来判定热寂说是错误的。（2）热寂说研究的是小的孤立系统，不能把有限的孤立系统推广到整个宇宙。相反的意见认为，科学的任务就是要不断外推。我们只能认识有限的事物，从有限事物加以外推，才能对整个宇宙、自然界提出理论说明。看起来似乎不能把宇宙理解为孤立系统，但宇宙是唯一的，它没有周围的环境，无所谓开放和孤立，因为唯一的宇宙不能同外界交换能量或交换物质。（3）如承认宇宙无限，则热寂到来也是在无穷远的未来，所以热寂不可能实现。相反意见认为，宇宙是否是无限，这个问题还没有结论，从宇宙学、天文学角度讲还是一个悬而未决的问题，所以热寂说可以探讨。尽管有争论，但熵理论预言宇宙将进入热寂，这已经向"宇宙是由上帝设计"的观念提出了挑战。从以上分析我们可以看出，物理学也研究进化问题；而且从某种意义上可以说，当物理学开始研究自然界的进化时，物理学才发展到一个新的历史水平。

总之，由于科学的发展，人们不仅看到自然界是发展变化的，天体是发展变化的，生物也是发展变化的。从无机物到复杂的有机物都是发展变化的。所以进化论的出现为打破僵化的自然观作出了自己的贡献，它对人的思想产生的影响是巨大的。戈德施密特（R. Goldschmidt）在《来自记忆的印象》一书中描述了海克尔的进化论著作对某个年轻人的影响：读了海克尔关于创造历史的论述后，这位青年感到"关于天国和大地的所有问题都简单明了而令人信服地解决了，引起年轻人烦恼的一切疑问都有了答案。进化论是解答一切问题的钥匙，它能代替正在被抛弃的各种信念和教义"。

进化论的影响远远超出了它所在的生物学自身，它被扩展到了许多领域。英国社会学家斯宾塞（H. Spencer，1820—1903）就将进化规律应用于人类社会，被誉为"社会达尔文主义之父"。他把社会看作和生物机体相似的东西，强调社会有机体的变化必须用进化过程的尺度来衡量。达尔文的著作还被许多社会运动和哲学派别当做"科学证据"加以引用，这中间既有无神论，也有进化神学；既有马克思主义，也有资产阶级哲学。许多人从进化论科学中看到了政治上和经济上的信息，如既然目前的状况是自然界长期进化的产物，那么任何一个事物就必然会处于它目前所处的那个状态，这样人们必须忍受当前工业社会的苦难，因为这是不可抗拒的自然规律活动的结果。

因此，可以毫不夸张地说，19世纪后半期已经形成了一股强大的进化论思潮，进化论对人类思想产生的影响，是相当巨大的。

普遍联系思想的确立

19世纪自然科学在自然观上的突破，不仅表现于发展变化思想的确立，而且表现在科学逐渐揭示了自然界中的普遍联系，证明了自然界的物质统一性。在这方面首先是近代化学的建立起了重要作用。正如恩格斯所说："从拉瓦锡以后，特别是从道尔顿以后，化学的惊人迅速的发展从另一方面向旧的自然观进行了攻击。"恩格斯这里所说的"另一方面"就是普遍联系思想的确立。

近代化学的建立从三个方面加强了普遍联系的思想。一是科学原子论的提出，揭示了一切化学过程在本质上的统一；二是元素周期律的发现，揭示了元素之间的内在联系，过去似乎相互孤立的元素，现在证明它们之间存在着密切的关系；三是维勒的尿素合成，它以雄辩的事实证明，有机物尿素和无机物氰酸铵有着同样的化学组成，用普通的化学方法，由氰、氰酸银、氰酸铝和氨水、氯化铵等无机原料按不同途径都可以合成同一有机物——尿素。这不仅把有机化合物的神秘性彻底扫除了，而且消除了有机界和无机界之间存在已久的鸿沟。

细胞学说的建立则把动物界和植物界之间存在的巨大壁垒拆除了。不但原本天壤之别的动物和植物通过细胞有了共通之处，而且一切有机体的分化、发育、生长都建立在细胞这一共同的基础上。正如恩格斯所说:"由于这一发现,我们不仅知道一切高等有机体都是按照一个共同规律发育和生长的,而且通过细胞的变异能力指出了使有机体能改变自己的物种并从而能实现一个比个体发育更高的发育的道路。"

能量守恒和转化定律的确立再一次揭示了自然界业已存在的普遍联系。它表明,自然界中一切运动的统一,现在已经不再是一个哲学的论断,而是自然科学的事实了。

辩证唯物主义自然观的确立

通过 19 世纪诸多自然科学领域的发展,已经造成这样一种变化:过去被看做是孤立的、割裂的自然现象,现在被证明是统一的物质运动的不同形式;过去被当做是一成不变的东西,现在被证明是逐渐形成的。在这些自然科学的新成就面前,一切僵硬的东西溶化了,一切固定的东西消散了,一切被当做永久存在的特殊东西变成了转瞬即逝的东西,整个自然界被证明是在永恒的流动和循环中运动着。原有的机械自然观的基础完全被动摇了,新的自然观——辩证唯物主义自然观具备了产生条件。

对此种新思想加以总结概括的人就是恩格斯(Friedrich Von Engels,1820—1895),他也是第一个明白阐述辩证唯物主义自然观的人。恩格斯1820年11月出生于德国莱茵省工业城市巴门市(今伍珀塔尔市),德国思想家、哲学家、革命家,全世界无产阶级和劳动人民的伟大导师,马克思主义的创始人之一。恩格斯是卡尔马克思的挚友,被誉为"第二提琴手",他为马克思从事学术研究提供了大量经济上的支持。他本人对历史、哲学、政治经济学和社会主义理论都有深刻研究。正是在其《自然辩证法》（1873年开始撰写，未完稿）和《反杜林论》（1876年5月底至1878年7月初的著作）这两部光辉著作中，恩格斯阐述了辩证唯物主义的自然观，这在自然观的发展中具有划时代的意义。

辩证唯物主义自然观的确立使我们又回到了希腊哲学的伟大创立者的观点：整个自然界，从最小的东西到最大的东西，从沙粒到太阳，从原生生物到人，都处于永恒的产生和消灭中，处于不断的流动中，处于无休止的运动和变化中。但新的自然观并非是古代自然观的简单重复，两者存在着一个本质上的差别，即在希腊人那里这是天才的直觉，而在近代自然科学大繁荣时期，这成为被严格科学的实验证明了的，有科学依据的研究成果。辩证自然观的出现，是人类科学思想史中一次重大的革命性变革，成为20世纪现代科学产生的思想基础。

三　晚清的西学东渐和洋务运动

从19世纪中叶到20世纪初，西方发达国家已经完成了蒸汽——机器时代的技术革命，并兴起了以电力为中心的技术革命。但是在中国，近代科学技术还处在它的产生时期，还未能出现真正意义上的技术革命。但是，随着两次鸦片战争的爆发，国门被打开，面对列强的坚船利炮，仁人志士发出了"师夷长技以制夷"的呼声，统治阶级内部也分化出洋务派和后继的维新党，拉开了洋务运动和维新变法的大幕，中国近代科学随着西学东渐而发展起来。

闭关自守政策的破产和洋务运动的兴起

从明万历到清康熙的 100 多年时间里，经过同反对派斗争的曲折过程，西方的某些科技知识终于开始传入中国。但好景不长，世事多变。自雍正年间到鸦片战争的 100 多年内，清王朝又推行了闭关锁国政策，对正在迅速发展的西方科学技术采取了视而不见的可笑态度，阻止了西方先进科技知识的继续传入。同时清王朝屡兴文字狱，禁锢了人们的思想。在乾隆、嘉庆年间兴起了考证之风，一批学者为逃避现实而走上了校勘注释、考证古典文献的道路。乾嘉学派对文化的影响也许有某些积极的作用，但由于它影响了人们对自然的探索与研究，对科学的发展则起到了阻碍作用。

就在清王朝已日趋腐败衰落，却又以天朝帝国自居，拒绝吸收西方先进的科学技术的时候，英国在完成了工业革命以后，为推行对外扩张侵略的政策以确保自己的生存与发展，于 1840 年打响了鸦片战争，西方列强也随之侵入。帝国主义用坚船利炮打开了中国禁闭的大门，从此中国逐渐沦为半封建半殖民地的社会。鸦片战争暴露了清政府的腐败与无能。农民起义也以此为转机风起云涌地发展起来。面对清王朝内外交困的局面，在地主阶级内部分化出一批抨击时弊，主张改革的知识分子，如林则徐（1785—1850）、魏源（1794—1857）等人。他们主张为了"筹制夷之策"，必须"知彼虚实"，即要了解西方，学习西方的先进科学技术。魏源则提出了"师夷之长以制夷"的主张。然而，在当时中国社会能达到林则徐、魏源这样认识水平的中国人仍属于少数，他们的建议既未引起朝廷的重视，也没有得到更多人的响应。

随着形势的更为严峻，学习西方似乎势在必行。就在第二次鸦片战争（1856—1860）之后，封建统治阶级内部出现了分化，以恭亲王奕䜣和曾国藩、李鸿章等为首的一派，以"自强""求实"为口号，主张兴办洋务。清政府在1861年1月设立总理各国事务衙门，负责涉外一切事务，即"洋务"，由此开始了"洋务运动"。他们在理论上打出的旗帜是"中学为体，西学为用"，要"借师"（学习西方之技艺）以"助剿"（镇压太平天国农民运动），实现"自强"、"求富"。"洋务运动"所要实现的具体内容包括：向西方购买船、炮、机器，雇佣外国技术人员，依靠他们的技术力量制造兵器船只，进而建置海军，操练新军，稍后又从军事部门发展到经济领域，兴办民用工矿、交通、电讯企业，设立同文馆，翻译外国科技书籍，培训人员，并派人出国留学。

洋务运动持续了30余年，此间西方先进的科技知识在中国传播之广，引进西方先进技术之多以及它对后来所产生的影响，是前所未有的。虽然这场运动，因为1894年中日甲午战争的失败而告终，但洋务运动的过程却使中国人真正看到了先进科学技术的力量。因此，在洋务运动失败之后，又出现了康有为、梁启超、严复等一批主张维新变法的人物。他们宣称"变法则强""守旧则亡"，提出了实行君主立宪制，"富强为先"、"以商立国"的主张，康梁等人还亲自倡导在各地成立学堂、学会、报馆、书局。在清朝内部也分化出以光绪为首的支持改良变法的派别。

中国近代工矿企业的建立

从洋务运动以来陆续建立了一批近代工矿企业。首先是由政府官办的军工厂，如曾国藩于1851年最早建立安庆军械所，以后又陆续建立了江南制造局（1867）、金陵制造局（1865）、福州船政局

（1866）、天津机器局（1867）、湖北枪炮厂（1890）。从 19 世纪 70 年代开始又以"官督商办"形式，兴办了一些民用工矿企业，如轮船招商局（1872）、基隆煤矿（1875）、开平矿务局（1877）、天津电报局（1880）、上海织布局（1882）、汉阳铁厂（1890）等。

在这期间，民族资本也有了一定发展，陆续开办了机器制造、缫丝、纺织、面粉、火柴、造纸、印刷等近代企业。随着近代工矿企业的建立，也就引进了近代技术知识和装备。1865 年江南制造局从美国引进了锅炉、蒸汽机作为原动机，还有其它工作机械，并建有汽锤车间。1866 年开办的上海民营发昌机器厂，于 1869 年已开始使用近代车床。由于造船技术的传入，1865 年在安庆制造了我国第一艘轮船，同年江南造船厂也有一艘轮船惠吉号下水。在 60 年代开办的上海江苏药水厂已可以制造酸和碱，70 年代已开始制造肥皂。江南制造局在 1890 年开始设立炼钢厂，设有 15 吨酸性平沪一座，日出钢 3 吨。1890 年建立的大冶铁矿，是我国第一座用机器开采的露天铁矿，而在这之前，1878 年开滦煤矿已开始用机器采煤。至 1908 年，由汉阳铁厂、大冶铁矿、萍乡煤矿合并的汉冶萍煤铁厂矿公司，已有近代化的高炉 2 座，50 吨的平炉 6 座，各种轮机 4 套，加之有机械化的矿山，已初步形成了一个钢铁联合企业。就钢铁冶炼技术和装备水平来看在当时世界上也是较为先进的。1876 年开平矿务局建立，为解决煤炭外运问题、于 1881 年建成了唐（唐山）胥（胥各庄）铁路，同时还造出了一辆机车头，尽管许多部件如锅炉、车辆和车身钢材是进口的，但它毕竟是中国制造的第一辆机车。

1879 年，李鸿章从军事需要出发，在大沽北塘海口炮台和天津之间架设了一条长约 40 英里的电报线，并于当年 5 月开始使用。1881 年我国正式开办的第一条陆路电报线路——津沪线，于 12 月投入使用。经 10 多年的修建扩展，到 1895 年已经形成了"殊方万里，呼吸可通"的电讯网，东到吉林、黑龙江，西达甘肃、新疆，东南达闽、粤、台湾，西南则可达广西、云南。1890 年，中国第一家棉纺织工厂——上海机器织布局投入生产，表明使用机器生产的近代棉纺织业诞生了。

新式学馆学堂和西学的传播

19 世纪 60 年代以后，介绍和编译出版西方近代科技知识的学馆、学堂陆续建立。1862 年，清政府决定设立同文馆。1862 年在广州设立了"广方言馆"。1868 年江南制造局则专门设立译书馆，聘请外籍教师传授科学知识，或与中国人合作共同编译出版科技著作。自咸丰三年（1853 年）到宣统三年（1911 年）近 60 年间，共有 468 部西方科学著作被译成中文出版。在这同时，西方传教士也在中国设学堂、书馆、医院，传播各种科技知识，培养了一批我国近代早期的科技工作者。

此时，出现了李善兰（1811—1860）、徐寿（1818—1884）、华衡芳（1833—1902）等一批既能学习西方科技知识，又善于独创的近代著名科学家。他们为把西方科学知识传入中国，在极其艰难的条件下，与外国人合作进行编译工作，传播了包括数学、物理、化学、地学、生物学以及各种技术方面的知识。李善兰一生花费很大力量从事翻译工作，还创造了不少名词术语，在今天依然沿用，如"代数"、"微分"、"积分"，等等。他独创了一种"尖锥术"，即用尖锥的面积来表示 Xn，用求尖锥之和的方法来解决各种数学问题。他实际上已得出了有关定积分的公式。他在没有接触微积分的情况下，通过特殊的途径，运用独特的思维方式达到了微积分，完成了从初等效学到高等数学的转变。

1871年出版的《化学鉴原》是化学家徐寿编译的一部有广泛影响的著作，在国内曾风行一时。书中所涉及的元素64个，他提出的取西文名字第一音节造新字的命名原则，被一直沿用下来，例如纳、锰、镍、钻、锌、钙、镁等。徐寿和一些人于1885年前后发起创造了"格致书院"，在这里兴办科学讲座和科学讨论会，或进行一些化学的示范表演试验。

这些著名的科学家在多个领域里做出了贡献。1867年由徐寿和华衡芳等自行设计，制造了中国第一台蒸汽机，次年又制成了中国第一艘蒸汽轮船。李善兰不仅翻译数学著作，他还和一些人共同努力，比较系统地介绍了近代天文学的知识。华衡芳于1873年则把地学名著赖尔的《地质学原理》译成中文出版，书中已开始介绍了达尔文的学说。从1895年开始，留学英国的严复（1853—1921）着手翻译赫胥黎的《进化论和伦理学》一书，1898年以《天演论》为书名分期刊登在严复自己创办的天津《国闻报》上。进化论思想在中国的传播，不仅在于介绍了先进的生物学知识，而且为反封建主义、反帝国主义的斗争提供了思想武器。

早期留学生的代表——从容闳到詹天佑

为向西方学习，洋务派在经过与顽固派几个回合的辩论之后，于19世纪70年代由国家正式派出留学生。在这之前只有教会资助的留学生和自费留学生。最早的由教会资助的留美学生为容闳、黄宪、黄胜三人。

容闳（1828—1912）1828年生于广东香山县南屏村的南屏镇。那里离澳门不远，是中国最早受到西方传教士文化影响的地区之一。

1835 年，七岁的容闳跟随父亲前往澳门，并于是年入读当时仍附设于伦敦妇女会女校的玛礼逊纪念学校（Morrison School），由独立宣教士郭士立（原属荷兰传道会）的夫人负责教导。玛礼逊学校是为纪念传教士玛礼逊博士而于 1839 年 11 月 1 日在澳门创建的。1840 年鸦片战争后，学校迁到香港。校长勃朗先生（S. R. Brown）是一个美国人，耶鲁大学 1832 年毕业生。据容闳后来回忆，勃朗先生是一个极为出色的教师。容闳入校学习时，全校已有了五个中国孩子，容闳是第六个学生，也是年纪最小的一个。孩子们在学校上午学习算术、地理和英文，下午学国文。容闳在那里读了 6 年书。1846 年 8 月的一天，一个决定改变了容闳的一生。那一天，勃朗先生来到班上，告诉全班同学，因为健康缘故，他决定要回美国去了。他说，他想带几个学生跟他一起走，以便他们能在美国完成学业。如果有谁愿意跟他一起走的话，勃朗先生说，请站起来。这时，全班死一般寂静。容闳第一个站了起来。接着站起来的是一个叫黄胜的孩子，然后，又有一个叫黄宽的孩子也站了起来。晚上，当容闳把自己的决定告诉母亲时，母亲哭了。那时到海外去，很可能意味着生离死别。但母亲最终还是同意了。四个月后，容闳和黄胜、黄宽一起在黄浦港乘上了那艘驶向美国的"亨特利思"号帆船。那时候，他们谁也没有想到自己正在开创历史。到了美国不久，黄胜因病于 1848 年秋回国。两年后，黄宽亦转往苏格兰去学医，只有容闳一人留下来。1850 年，他进入耶鲁大学，并在那里完成了学业。

1854 年冬，容闳归国。他不仅带回了一张耶鲁大学的毕业文凭，而且还带回了一个梦想——一个日后影响了几代中国青年命运和整个中国历史进程的梦想。然而，回国后却报国无门，竟然经过了 10 年的蹉跎。1864 年终经李善兰、华蘅芳等介绍到曾国藩的安庆军械所工作，深得曾国藩的赏识，令其携巨款到美国购办机器。这些机器后来成为上海江南制造局的基本设备。容闳为推进派遣赴美留学生工作做了大量工作，并自告奋勇要带领学生出洋。1872 年 8 月一批 30 人的幼童留学生被派往美国。这是由中国政府派出留学生的开始，以后又有派往欧洲的军事留学生。1896 年清政府又派出了第一批 13 名留学生去日本，开始了中国的近代留日运动。自甲午战争之后，在中国则又掀起了全面的留学运动。这一运动反映着中华民族已经放下了抱残守缺、固步自封、妄自尊大的思想包袱，是中华民族求进步、图生存的精神体现。留学运动促进了中华文化与世界文化的交流，引起了知识分子治学态度和学风的转变，促进了教育的改革。许多留学生回国后使西方的科学技术在中国土地上生根开花，从而也促进了经济的增长。

詹天佑（1861—1919）就是通过考取容闳倡议的留美幼童预备班去美国留学的。他原籍安徽婺源（今属江西），生于广东南海。祖上经营茶叶生意，到了詹天佑父亲詹兴藩时，遇上鸦片战争爆发，英国侵略者的大炮把长期控制外销贸易的"十三行"轰掉了，在广州的外贸小商人，开始衰落，詹氏的茶行也随之破产。詹兴藩一家由广州迁往南海，一边读书，一边种田，以维持家计。1861 年 3 月 27 日，太平军与清政府鏖战的炮火正隆，英法联军火烧圆明园的余烟未尽，詹天佑就在这时呱呱坠地了。

詹天佑 12 岁时，容闳向清廷建议选派幼童出洋赴美留学的"条陈"终于被批准，并指定容闳到香港主持"选送幼童出洋肄业"的招生工作。此时，詹兴藩有个同乡在香港经商，名叫谭伯村。他非常喜欢詹天佑。1871 年春天，谭伯村特地从香港赶到南海，劝詹兴藩不要放弃詹天佑留洋的机会，说这是"洋翰林"，一辈子的"铁饭碗"。而詹兴藩迟疑不决，直到谭伯村答应把自己的第四个女儿（詹天佑的夫人谭菊珍）给詹天佑配亲，这事才算定了下来。

詹天佑在美国先后就学于威哈吩小学，弩哈吩中学，1878年又进入耶鲁大学土木工程系学习铁路工程专业，1881年以优异的成绩毕业于耶鲁大学，获学士学位，并于同年回国。在这一年回国的120名中国留学生中，获得学位的只有两人，詹天佑便是其中的一个。回国后，詹天佑怀着满腔的热忱，准备把所学本领贡献给祖国的铁路事业。但是，清政府洋务派官员却过分迷信外国，在修筑铁路时一味依靠洋人，竟不顾詹天佑的专业特长，把他差遣到福建水师学堂学驾驶海船。1883年，詹天佑参加了中法海战，并表现出沉着机智、临大敌而不惧的优秀品质。

此后，詹天佑由老同学邝孙谋的推荐，几经周折，终于在1888年转入了中国铁路公司，担任工程师，这正是他献身中国铁路事业的开始。被湮没了七年之久的詹天佑才有机会献身于祖国的铁路事业。1894年由于他在铁路工程中的出色成绩，英国工程师学会选举他为该会会员。后来他担任了京张铁路的总工程师，于1909年终于建成了一条完全由中国自己筹资，不用洋工匠，完全由中国自己的工程技术人员自行勘测、设计和施工的铁路。当初外国人听说中国人要自己建造京张铁路，曾把它作为笑谈。事实回答了他们，铁路不仅胜利建成，而且实现了"花钱少，质量好，完工快"的工程要求。詹天佑为中国人民和中国工程技术界增了光。他为培养造就中国的工程技术力量花费了巨大力量，1921年他创建了中国工程师学会并亲自任会长。这是我国历史上时间最长的一个学会。他曾谆谆告诫青年工程技术人员："勿屈己以循人，勿沽名而钓誉，以诚接物，毋挟偏私，圭璧束身，以为范则，不因权势而操同室之戈，不因小忿而萌倾轧之念，视公事如家事，以己心谆人心，皆我青年工学家所必守之道德也。"在对待业务工作上，他说："行远自迩，登高自卑，一蹴而就，非可永久，工程事业，必学术经验相辅而行，徒恃空谈，渐难任事。"詹天佑作为杰出的近代工程师而载入中国近代技术史册。

　　无论是洋务运动还是维新变法，最终都以失败告终，这也说明没落的封建帝国已经无力收拾这个烂摊子了。一个千疮百孔的老大帝国恰又面临"千年未有之变局"，或许这也是我中华民族之宿命。当国门被打开之际，西学固然东渐，然而，五千年历史的古老文明也开始影响全世界！晚清的洋务运动虽然从政治、经济、军事等几个方面来看，都是彻底失败了，但从它对中国近代科学技术发展所造成的影响来看，洋务运动的作用还是应该予以肯定的。近代科学技术在中国的发展，如果追根溯源，在许多领域正是从洋务运动时期开始的。而且，它在诸多方面所做的尝试，无疑为后人提供了宝贵的经验借鉴！

第六章

科学思想引领技术创新——开启人类文明新时代

一　电力革命的科学基础

对静电和磁的研究

英国科学家吉尔伯特（William Gilbert，1544—1603）最先对磁的现象和摩擦起电现象进行了系统的研究，获得了许多重要的发现。他把研究成果总结在1600年出版的《磁石》一书中。另一位较早从事磁和静电研究的学者是意大利道德神学和数学教授卡比奥（Nicolo Cabeo，1585—1650）。他于1629年出版了《磁学哲学》，发现了电荷的排斥现象和用铁屑显示磁场的方法。

曾长期担任德国马德堡市市长的盖里克（Otto Von Guericke，1602—1686）在1672年出版的《马德堡新实验》一书中，介绍了他发明的摩擦起电机。该仪器虽然十分简陋，但却是人类制造的第一台起电器。在此后的100多年中许多研究者对摩擦起电机进行了逐步改进。摩擦起电机，为实验研究提供了电源，对电学的发展起了重要作用。英国天文观测工作者格雷（StePhen Groy，约 1666—1736）利用它发现了电的传导性。1733 年，法国科学家迪费（Charles Dufay，1698—1739）在论文《论电》中，提出电有玻璃电和树脂电两类。他所说的玻璃电就是用丝绸摩擦玻璃璃管时玻璃管上所带的电，也即我们今天所说的正电；他所说的树脂电则是用毛皮和树脂摩擦时树脂所带的电，也即负电。1736 年，英国皇家学会会员德萨古利（J. T. Oesaguliers，1683—1744）进一步把物质分为两大类："可带电体"和"不可带电体"，也即我们今天所说的导体和绝缘体。

早期静电学史上另一个重大事件是莱顿瓶的出现。荷兰莱顿大学教授穆欣布罗克（P. V. Musshenbrock，1692—1761）鉴于带电体所带的电在空气中会逐渐消失，想找到保存电的方法。他试图使玻璃里的水带电，在一次实验中受到了强烈的电击。法国电学家诺勒（J. A. No1let，1700—1770）了解到这一事件后，重复了穆欣布罗克的实验，并做出了改进。1746 年 4 月，他在法国科学院的会议上演示了莱顿瓶的实验。他还让法国国王的 180 个卫兵手拉手，让莱顿瓶通过他们放电，使他们同时受到电击而跳起。由于诺勒的宣传，莱顿瓶不仅很快在科学界传开，而且在欧洲和美洲市民中成为风靡一时的新奇玩意儿，以至于有些人竟以此为业到处表演，为电学知识的普及和传播起了很好的作用。科学家对莱顿瓶放电的研究，产生了电路的概念和电沿最短路径走的概念，并进一步提出了"电以太"的假说，这些都标志着人们对电的认识开始从现象深入到本质。

电流的发现

意大利医生伽伐尼门（1737—1798）从 1780 年开始利用蛙腿做

动物电的实验。他当然已知道给蛙腿通电会引起肌肉痉挛。有一次，他的助手把解剖刀轻轻触到蛙腿时，蛙腿抽搐了一下，起电机上有火花出现。他当时认为，这是由放电引起的。但当时他把连接着蛙腿的铜钩子挂到院外的铁栏上，想观察雷雨天的放电能否引起蛙腿收缩，结果蛙腿同样抽搐了一下，而且他发现，即便是晴天，只要铜钩一接触铁栏，蛙腿就会产生痉挛。这实际上是发现了两种不同金属接触时就会产生的电流，它是由两种金属表面不同的电子逸出功所产生的接触电势差造成的。伽伐尼于 1791 年发表了《论肌肉运动中的电作用》一文。他当时并没有认识到电流产生的真正机制，他以为电存在于蛙腿之中，在和不同金属接触后释放出来。

他的文章引起了另一个意大利人伏特（1745—1827）的注意。伏特当时已经知道德国人用相互连接起来的两根金属丝的两端同时接触舌头时，会尝到苦味。他用舌头含着一块金币和银币，当用一根导线把它们连接起来时，就同样感到了苦味。当伽伐尼的文章发表后，伏特用各种金属做这类实验，最后认识到：金属的接触是产生电流的真正原因（当两块相同的金属接触时，只有在它们的温度不同时才会产生电流，称为温差电效应；但当不同的金属接触时，在相同温度下亦会产生电流，这是由于接触电势差造成的）。伏特根据他的发现制成了用锌板和铜板作为两极的伏特电堆，这是最早的能提供稳定直流电的电池。这一发明为 19 世纪电学的实验和发展提供了最重要的工具，由于这一发现和发明，伏特的名字成为电势（电压）的基本单位，还被法国皇帝拿破仑邀请到法国讲学。

电动力学的诞生——从奥斯特到麦克斯韦

对静电的研究和电流的发现，导致了电学方面的一场科学革命。

1800 年，丹麦哥本哈根大学的奥斯特教授（1777—1851）在做物理实验时偶然发现：电流通过铂丝时，铂丝下罗盘的磁针会发生偏转，从而揭示了两个自然界的秘密；（1）自然界存在能引起偏转作用的力，这是动电对磁的作用，它不是沿直线作用的，而引力、磁力和静电力的作用都是在直线上发生的。（2）电现象可以转化为磁现象，这是动电和磁的作用。从这里出发，人们开始认识宇宙间的第二种相互作用——电磁相互作用。

更重大的发现接踵而来。英国大化学家戴维的助手法拉第（M. Faraday，1791—1867）自 1822 年以来一直思考和尝试着把磁转化成电的设想。奥斯特发现电可以产生磁，他则试图用磁产生电。1831 年，他终于在实验中发现：当原线圈中的电流接通或断开的瞬间，连接的次级线圈中会产生电流。他在反复实验中认识到：当闭合电路的磁通量发生变化时，线路里就会产生感生电流，感生电动势的大小与闭合线路中磁通量的变化率成正比。法拉第还引入了力线的概念以说明电磁场的作用方式。电磁感应定律的发现，为发电机和电动机的制造奠定了理论基础。

电磁学理论的集大成者是英国人麦克斯韦（J. C. Maxwell，1831—1879）。麦克斯韦就出生于法拉第发现电磁感应的当年，而且很小就有"数学神童"的称号，中学时代已显示出他的数学天才，先后两次在皇家学会发表由成人代为宣读的论文。25 岁时担任马利斯查尔学院的自然哲学讲座教授。他在剑桥大学学习时就十分推崇法拉第的科学思想，并于 1855 年发表了他的首篇论文《法拉第力线》，用数学语言来解释法拉第的新思想，法拉第很是欣赏并且鼓励他大胆突破。麦克斯韦于 1862 年首先用区别于传导电流的"位移电流"的概念取代了法拉第"电介质极化"的概念。这一新概念的核心就是变化的电场与感生磁场之间的转换。1864—1865年，他运用矢量分析的手段，并根据库仑定律、安培定律、电磁感应定律等经验定律，得出了真空中的电磁场方程组。这一方程组把磁场的变化率和电场的空间分布以及电场的变化串和磁场的空间分布联系起来。从麦克斯韦方程组推导出，在能够产生介质位移的媒质中可以产生周期性位移波。这些波的传播速度与光波相等。这使得他产生了这样的设想，即分别起着光和电磁波运载者作用的两种共存媒质，实际上是同一种媒质。因此，光的电磁理论的基本原理可表述为：光是自动传播的电磁强度平衡的周期性扰动。麦克斯韦于1873年在他的重要著作《论电和磁》一书中阐述了上述思想，引起了一场轰动和广泛的争论。

在麦克斯韦辞世9年后的1888年，德国物理学家赫兹（H. R. Hertz，1857—1894）用实验有效地证明了电磁理论的真实性。如果说麦克斯韦以其1873年出版的划时代著作《论电和磁》实现了物理学史上的第二次大综合，从而使经典物理学大厦最终确立，那么著名的赫兹实验则使麦克斯韦理论获得了决定性的胜利，电磁学理论不仅正式确立，而且也为电力革命奠定了科学实验的基础。

二　发电机、电动机的革新与应用

发电机的发明与改进

1831年8月29日，法拉第成功进行了"电磁感应"的实验，10月底又研制了第一部感应发电机的模型。从此，电的研究应用迅速发展起来，电作为一种新的强大的能源开始在人类的生产、生活中发挥着日益巨大的作用。在生活需要的直接推动下，具有实用价值的发电机和电动机相继问世，并在应用中不断得到改进和完善。从发电机的发展顺序来看，首先出现的是直流发电机，它大致可分为四个阶段：

第一阶段是以永久磁铁作为磁场的阶段，这是最初的直流发电机的共同特点。但天然磁铁比较小，而且磁性很弱，直流电机只能获得很小的功率。为了达到更高的功率，人们把许多永久磁铁排成星状，并相应增加旋转线圈，然而这种方法也很快达到了它所能提供的功率的极限，而且使发电机的可靠性、经济性大大下降。

第二阶段是以电磁铁作为磁场的阶段。1825年，英国的斯特金（W. Sturgeon，1783—1850）用16圈导线制成了第一块电磁铁；1845年，英国物理学家惠斯通（Charles Wheatstone，1802—1875）通过外加电源给线圈励磁，又改进了电枢绕组，从而制成了第一台电磁铁发电机，大大改善了直流发电机的性能。

第三阶段是改变励磁方式。励磁是直流发电机的一项关键性技术。1851年，金斯首先用电磁铁代替永久磁铁励磁，以后出现串激、并激和复激等励磁方式。但这些励磁方式首先需要有电流通过才能产生磁场，而发电机要发出电流又必须先有励磁。也就是说，只有当发电机在启动前存有剩磁时才能启动，这一矛盾促使发电机的发展进入第三阶段。第一台自激式电机的专利是1854年颁发的，发明人是丹麦的赫尔特。维尔纳兄弟、西门子（E. W. von，siemens，1816—1892）等人也坚持采用自激原理，发明串激式自激发电机和自并励发电机，开创了发电机发展的新阶段。

第四阶段是在实用的道路上朝着完善化方向前进，主要体现在电枢转子的改进上。1865 年意大利的巴齐诺蒂（A. Pacinotti，1841—1912）发明了齿状电枢；1870 年，原籍比利时而长期在巴黎工作的格兰姆（Z. T. Gramme，1826—1901）部分利用他的这一成果，采用环状铁丝迭合成的环状铁心制成了环状电枢。1872 年，德国的弗里德里希·冯·海天纳 – 阿尔特涅克（F. V. H. Altneck，1845—1904）发明了一种鼓形转子，他吸取了格兰姆和巴齐诺蒂转子的优点，又简化了制造方法，从而降低了电机生产的成本。从此，现代发电机的雏形出现了。

由于直流发电机存在一定的局限性，后来又发明了交流发电机。皮克西（Pixii）在 1832 年研制的电机和 1850 年西门子的第一台转枢式发电机都是单向交流发电机。但它们与直流发电机相比，其优越性并不明显。减少输电过程中的电能消耗的关键问题是如何任意改变电压。1881 年，变压器的正式发明，又推动了整个 19 世纪末交流发电机发展的高潮。在这方面，许多科学家做出了贡献。其中，意大利物理学家和电工学家加利莱奥费拉里斯（G. Ferraris，1841—1897）和美国的尼古拉特斯拉（N. Tesla）分别于 1885 年和 1886 年独立发明旋转磁场式电机，使交流发电机初具现代实用形式。

电动机的发明与改进

发电机与电动机是电机的两大类型，从它们的发展来看，相关技术的创造发明往往是互相影响的，甚至存在着交叉现象。1880 年以前，电动机和发电机是独立发展的，但也存在着相互影响，不管是发电机还是电动机，在设计和制造过程中积累的经验都可互相借鉴。

1821 年，法拉第制作了一台用化学电源驱动的电动机，把电能转化成了机械能。1829 年，美国物理学家亨利（J. Henly，1792—1878）制成的电磁铁可以举起一吨重的货物。在俄国，科学院院士雅可比（M. H. Jacob，1801—1874）于 1834 年用化学电池组为能源，利用电磁的吸力和斥力的特性，产生机械运动，制造了第一台实用的电动机。1838 年他把经过改进的直流电动机安装在小船上，驱动一艘小船行驶在涅瓦河上。在美国，戴文泡特（T. Davenport，1802—1851）于 1835 年用电磁铁和电池制成一台电动机，用这种电动机驱动圆形轨道上的小车，这可以说是后来电力火车的雏形。之后，人们在实践中继续前进。到 1860 年，巴齐诺蒂发明了环形电枢，将整流子和合理的励磁方式结合起来，从此，实用的电动机结构和形式基本具备。

1880 年前后，电锤和岩石钻相继问世，石磨机、制冰机、洗涤机等都用上了电动机，甚至还出现了牙医电钻、缝纫机马达、家用吸尘器。如此强大的社会需求对电机的促进很大，许多有名的电气工业公司相继出现。尤其是特斯拉等人发明的旋转磁场式电机，使得电动机和发电机这两大类电机以交流电的方式统一地发展起来。法拉第最先制成二相异步电动机模型，而特斯拉则在 1886 年制成了构造完善的二相异步电动机，使二相机获得较大的进步。1889 年以后，俄国工程师多里沃（M. Von Dolivo，1862—1919），先后发明了三相异步电动机、三相变压器和三相制输电，他的鼠笼式异步电动机构造简单、经济、可靠，19 世纪 90 年代在欧美工业中获得了广泛应用。1891 年，三相制输电的使用，标志着电力工业已正式进入实用阶段。

三 电力革命带来的技术进步

莫尔斯发明电报

美国人莫尔斯（S. F. B. Morse，1792—1872）原本是个画家，对科学技术是外行。1832 年 10 月，莫尔斯在欧洲进修绘画后乘船回国途中，产生了设计电报机的想法。同船乘客有一位杰克逊博士，在船上用几种电气设备进行试验，用来排除旅行中的寂寞。莫尔斯热心地为这个实验帮忙，并为电的神奇力量所吸引。他想：如果在电路的任何部位上都能看到电的存在，不就可以立即实现传递信息了吗？从此，他放弃了绘画，要努力实现这个理想。

1835 年制成了第一台电报机的最初样品。经过几年的努力，又发明了一套用点、划代表字母和数字的符号——莫尔斯电码，并设计了一套线路，发报端是一个电键，它把以长短电流脉冲形式出现的电码输入导线，在接收端电流脉冲冲击电报装置中的电磁铁，使笔尖断断续续地压在不断移动的纸带上，将电码记录下来。美国政府资助莫尔斯，在华盛顿到巴尔的摩之间安设了一条 64 千米长的试验电线，于 1844 年用这套电报系统开始通报。从此电报开始了它在工业、商业等各个领域的广泛应用。

由于资本主义世界经济发展的需要，电报必须能穿洋过海，以便加强世界范围的工商业联系。于是从 19 世纪中叶起，在欧洲和美国又掀起了一股铺设海底电缆的热潮。1850 年开始铺设的横跨英吉利海峡的海底电报电缆颇为顺利，但横跨大西洋的电缆铺设工作就要困难得多了。以英国开尔文勋爵（1824—1907）为代表的工程技术人员屡败屡战，克服了各项技术难点，终于在经过 10 年的努力之后获得了成功。1869 年铺成的从英国伦敦出发，经欧洲大陆，部分经陆地，部分经水下到达印度卡里卡特城的电缆，全长 1 万海里。1902 年的电缆线穿过太平洋，把澳大利亚和加拿大连接起来。

电报的发明和应用不仅适应了工业、商业发展的需要，而且为人们之间的相互交往提供了即简单又便宜的通讯方法，对人类生活的各个方面都产生了深刻影响。

贝尔发明电话

电报的发明，把人们想要传递的信息以每秒 30 万千米的速度传向远方。这是人类信息史上划时代的创举。但久而久之、人们又有点不满足了。因为发电报，不仅手续繁多，而且不能及时地进行双向信息交流，要得到对方的回电，还需要等较长的时间。人们对电报的不满，促使科学家们开始新的探索。19 世纪 30 年代后，人们开始探索用电磁现象来传送音乐和话音的方法，其中最有成就的要算是贝尔了。

贝尔（G. Bell，1847—1922），美国语音学家。1847 年生于英国苏格兰，他的祖父毕生都从事聋哑人的教育事业，知识渊博得像一部百科全书。他对孙子非常疼爱，管教也极其严格，经常教育他要学好功课，还给他讲许多有趣的科学知识，培养了他的科学志向。

有一次，贝尔在做电报实验时，偶然发现了一块铁片在磁铁前振动会发出微弱声音的现象。而且他还发现这种声音能通过导线传向远方。这给贝尔以很大的启发。他想：如果对着铁片讲话，不也可以引起铁片的振动吗？这就是贝尔关于电话的最初构想。1783 年

3月，贝尔在华盛顿向当时美国著名的物理学家约瑟夫·亨利讲述了自己的发现和用电传话的设想。他鼓了鼓勇气问："先生，您看我该怎么办，是发表我的设想，让别人去做，还是我自己也应努力去实现它呢？""你有一个伟大发明的设想，干吧！"亨利鼓舞贝尔说。"可是、先生，有许多制作方面的困难，而且，我不太懂电学。"贝尔胆怯地说。"那就掌握它！"亨利斩钉截铁的回答。正是在亨利老师的肯定和鼓励下，贝尔坚定了继续走下去的决心。

1875年，贝尔受电报中运用电磁铁完成电信号和机械运动相互转换的启发，开始设计制造电磁式电话。他先把音叉放在带铁芯的线圈前，音叉振动引起铁芯做相应运动，产生了感应电流；电流信号传列导线另一头做相反转换，变为声信号。随后，贝尔又把音叉转换成能随声音振动的金属片，把铁芯做成磁棒，进行反复实验，终于制成实用电话装置。

后来，爱迪生在此基础上又做了改进。他在电话送话器中加上了一对线圈，使电流能克服导线的电阻，把声音传送到更远的地方。1878年，英国第一家商业电话公司开办。接着巴黎在1879年、柏林和彼得堡在1881年也相继成立了电话局。1889年，美国又发明了自动电话交换台。电话的迅速发展与普及，极大地改变了通信技术的面貌。

无线通信技术

有线电报的产生，极大地方便了人们的信息交流。但是，这需要大量的金属导线。能不能不用电线进行通信呢？

赫兹于1888年发现了电磁波，提供了无线电通信的可能。对无线电通信技术做出卓越贡献的有俄国物理学家、电气工程师波波夫

（A. S. Popov，1859—1906）和意大利物理学家马可尼。

波波夫出生在乌拉尔的一个村庄。1877 年进入彼得堡大学学习，1893 年以优异成绩毕业后到俄国海军鱼雷学校任教。他认识到赫兹发现电磁波的重要意义，开始寻求远距离接收电磁波的方法。他制造出记录大气电扰动的装置，并于 1895 年 7 月安装在彼得堡林学院的气象站。几个月后，他发表论文指出：用那样的装置可以接收人工振荡源发出的信号，条件是振荡要足够强。1896 牛 3 月，波波夫为彼得堡物理学年会表演了传送电磁波的实验，成功地把"赫兹"一词用莫尔斯电码发出。1898 年，同俄国海军一道实现了距离超过 10 千米的舰只与海岸之间的通信，次年底通信距离又增加到 50 多千米。

与波波夫同时代的马可尼（G. Marconi，1874—1937）做出了更加卓著的贡献。马可尼出生于意大利的波伦亚。1894 年，年仅 20 岁的马可尼从赫兹去世的讣告中了解到电磁波的性质，产生了利用电磁波进行无线电通信的想法，并且利用相当简陋的装置进行了短距离的初步实验。之后，他改进了检波器，并使用垂直天线，使信号发送范围扩大到 1.5 英里。他还利用天线周围的反射器实验把把辐射的电能汇集成一束，不使其向四面八方漫射。1896 年，马可尼迁居伦敦，得到了有识之士的合作与支持，无线电通信的范围很快从几百米增加到几万米。马可尼在其表兄丁·戴维斯的资助下办起了无线电报有限公司，1897 年在英国南福兰角建立了一个无线电报站。1899 牛 9 月，马可尼把无线电设备装在两艘美国船只上，用来把"美国杯"快艇比赛的情况向纽约市报界报道，这次成功引起了世界性的轰动。

1900 年，马可尼又实现了几个台站以不同波长无干扰地通信。

1901 年，他在英国建设了一个高高矗立的发射塔，向空中发射的电磁波信号在大西洋彼岸被收到，从此打破了无线电报距离的限制、成为简单而快速的通信手段。马可尼对发展无线电报技术做出了巨大贡献，1909 年荣获诺贝尔物理学奖。20 世纪以来，无线电话已广泛地被运用到人类生活的几乎各个领域。

爱迪生发明电灯

爱迪生（Thomas Alva Edison，1847—1931）是举世闻名的电学家和发明家。他 1847 年诞生在美国中西部的俄亥俄州的米兰小市镇。爱迪生从小怀有一颗强烈的好奇心。他时常被大自然和生活中的种种现象引入冥思苦想之中，大凡新奇的东西，他都想看个究竟，对于不解的问题，他总要打破砂锅问到底。于是，在上小学时，他常常向老师提出一些稀奇古怪的问题，弄得老师莫名其妙却又无可奈何，有时甚至搞得老师极为难堪。由于爱迪生的心思不在学堂而另有所寄，因此每每考试倒数第一。有一天，老师请来了爱迪生的母亲向她说道，爱迪生是天生愚笨、不堪造就，干脆让他退学算了。母亲无奈，只好答应，爱迪生从此就离开了学校。孰不知，好奇是创造先导；怪异的思索，往往蕴含着发明的火花。

母爱是伟大的。爱迪生的母亲并不认为自己的孩子是个庸才，决心把教育爱迪生的重担独自承担下来，于是，母亲成为他的"家庭教师"。在母亲的教导下，11 岁的爱迪生就阅读了科普读物《博物教科书》和法拉第的电学著作，还阅读了其他许多书籍。爱迪生涉猎了各方面的知识，并对科学实验产生了极大的兴趣。后来爱迪生在自家的地窖里办起了"实验室"。对此，爱迪生的父母非但没有反对，反而被爱迪生的执著精神所感动，进而支持他的实验"工作"，使爱迪生在科学的道路上迈出了第一步。

1862 年 8 月，爱迪生勇敢地救出了一个在火车轨道上即将遇难的男孩。孩子的父亲对此感恩戴德，但由于无钱可以酬报，便教给他电报技术。从此，爱迪生便和这个神秘的电的新世界发生了关系，踏上了科学的征途。

爱迪生从事电力照明研究并率先取得卓越的成效。他认真总结前人的经验教训，在数不清的挫折和失败面前，用极大的毅力和耐心，试验了 1600 多种材料，各种金属、石墨、木材、稻草、亚麻、马鬃都成了试验品，最终找到了适合作为灯丝的材料。在 1880 年 5 月，爱迪生偶然发现竹子的纤维结构条理分明，纹丝匀称。他用竹子作灯丝树料，竟能连续点燃 1200 小时。从此，人们开始用上了真正的电灯。后人对爱迪生的灯泡进行了许多改进和发展，使电照明工具得到了进一步的完善。1882 年秋天，当第一批实用的电灯问世后不久，爱迪生在纽约华尔街创建了发电所，正式向用户供电。

输电技术的发展

随着发电厂的纷纷建立，电力的发展遇到了一个新的问题，这就是电能的输送问题。电能在传输过程中的损失成了电力发展的障碍。爱迪生的"巨汉"发电机的电压为 110 伏，用这一低压向用户供电，电能的传输损失很大，较远地区用户的电灯很暗。1882 年法国电器技师德普勒（1843—1918）成功地进行了较高电压的输电试验，并在慕尼黑国际展览会上进行了电压为 1500 伏和 2000 伏、距离为 57 千米的直流输电表演，传输了大约 1500 瓦的电能。

要把低电压的直流电直接变为高电压的直流电是很困难的，反之也如此，因此导致了交流电的研究，并使交流高压输电方式得以发展。发电机发出来的电本来就是交变的。1880年前后英国的费朗蒂极力主张采用交流高压输电方式，并改进了交流发电机。1885年意大利物理学家法拉里从不同相位的光可以产生干涉现象，联想到不同相位的电流磁场将会产生旋转磁场，旋转磁场原理的建立对交流电机的发展有着重要的意义。法拉里的学生曾制造了二相异步电机的模型。1886年，爱迪生的助手特斯拉独立地研制成了较完善的二相异步电动机。交流电机和电动机的研制为交流电的产生和应用开辟了道路，而实现交流高压输电的关键设备则是变压器。1831年法拉第已经提出了变压器的原理。在1882年至1885年间有许多人在研制变压器方面做出了贡献。其中包括法国人高兰德、英国人吉布斯、匈牙利工程师代里及布洛赫伊、齐派尔诺夫斯基，等等。还有英国人霍普金逊，他发明了具有封闭磁路的变压器。

在高压交流输电技术已经日益完善的情况下，却有人提出异议，甚至在电器方面有权威的爱迪生也表示反对，因此展开了交直流输电方式的争论。曾与爱迪生共事的特斯拉坚持主张交流供电，并于1888年建成了一个交流供电系统。19世纪末已陆续建立了交流发电站，以及由三相交流发电机、三相变压器、三相交流的水电站、火电站和变电所组成的交流高压输配电系统。水电站与热电站由于架设了高压电线很快连在一起，这样就出现了一个把所有电站连结在一起的电力网。高压交流输电网的建立，使电力得以方便而经济地输送到它所需要的地方。更由于电能与其它能源之间可以相互转化，电能还较为容易管理和控制，使电力很快得以在各个领域中加以运用，它不仅有利于大工业，也有利于商业及手工业。电力工业的发展在19世纪末已开始使几乎所有的车间乃至个体企业都发生了一场深刻的变革。

四　电力革命的特点和影响

电力革命的特点——科学开始引领技术

电力革命的一个显著特点就是科学开始成为生产和技术的先导。恩格斯曾经指出："社会一旦有技术上的需要，则这种需要就会比十所大学更能把科学推向前进。"如果说在第一次技术革命时代是社会生产发展的需要推动了技术进步，并最终促进了科学的发展，那么在第二次技术革命中，科学、技术、生产三者的关系发生了质变。

马克思在电力革命前夜就曾预见到："劳动资料取得机器这种物质存在方式，要求以自然力代替人力，以自觉应用自然科学来代替从经验中得出的成规。"从 19 世纪上半叶开始，过去仅仅为了追求纯粹自然知识而进行的科学研究开始走在实际应用和发明的前面，而成为技术和生产的先导。最明显地说明科学领先于技术与生产的事实，是电磁学理论的建立与发展促进了发电机、电动机和其他电磁设备的发明，并导致无线电报和电话的诞生，从而把人类带入了全新的电气时代。如果说在第一次技术革命中把自觉应用自然科学作为机器大工业的技术基础还仅仅是一种理想，那么在第二次技术革命中则开始变成了现实。从此以后，科技与生产之间的关系完成了从"生产→技术→科学"向"科学→技术→生产"的过渡。

电力革命的发展过程中，工业实验室如雨后春笋般建立了。工业研究实验室是工业研究机构的主要形式，是"科学家对科学进步做出贡献并把科学运用于生产的场所"。德国的西门子作为科学家率先从理论原理上进行分析，为之奠定技术改进的基础。对实验室中产生的新知识，他又作为一位工程师把这种精神产品物化为技术产品并投入生产。他同时还作为实业家，致力于将产品投入市场以获取利润。爱迪生、贝尔的工业研究实验室所雇佣的一大批科学家、工程师也共同完成了一系列重大发明。美国的私人工业研究实验室在1920年已有2200多个。工业研究室不仅促进了科学、技术与生产、销售的一体化，更重要的是它促进了科学家、工程师群体与企业家、商人群体的合一，使美国在激烈的世界市场竞争中能够取胜，超过了英国等老牌资本主义国家。

电力革命的影响——促进生产结构和生产关系的变化

电力革命使电动机、内燃机普遍进入工业部门，凡原先以蒸汽机为动力的地方，均逐步改为使用电动机和内燃机。它们的应用使工农业、交通运输业迅速摆脱蒸汽动力的限制，有效促进了生产过程的机械化和自动化，大大提高了劳动生产率，改善了劳动条件，促使社会生产力直线上升。19世纪最后30年里，世界工业总产值增加了两倍多，其中钢产量猛增55倍，石油产量增加25倍。工业技术进步大大促进了社会生产力的发展。

同时，电能的应用摆脱了地区条件对工业发展的限制，使人们对自然力的支配达到了新的高度，促成一大批新工业部门的产生。首先，以发电、输电和配电及用电为主要内容的电力生产工业的发展，出现了一大批电机、变压器、线路器材等发电设备的制造、安装、维修和运行等生产部门。照明、电镀、电焊、电解、电车、电梯等一大批工业交通部门诞生了，还有各种与其生产、生活有关的新的电器生产部门也相继出现。而在同时，相关的材料、工艺加工业也得到了发展。电力技术使产业结构发生了深刻变化，发展出的电力、电子、化学、汽车和航空等一大批技术密集型新兴产业，增强了生产对科学技术的依赖关系，使技术从机械化时代进入到电气化时代。

更进一步，在电力革命时代，以农业为主，包括畜牧业、狩猎业、渔业、游牧业、林业在内的第一产业加速向农业机械化、电气化和商品化发展，为机器大工业提供粮食、市场和劳动力。第二产业（包括煤炭、纺织、铁路、炼钢、化工和机械制造等）更为壮大，成为国民经济部门中占比重最大的产业。第三产业（包括运输、通信、商业、金融、行政和法律等服务性行业）也开始出现。贝尔、爱迪生、西门子等许多科学家和技术发明家都相继变成企业家和成功商人。

电力革命的发展使得无论是电力，还是通信、钢铁、化工等生产部门和业务部门都迅速走向集中，而这些部门的生产特点必然要求集中化，以便统一指挥、统一调度。特别是电力系统和通信系统更要求集中统一进行管理，这种集中统一性也使得这些工业部门本身带有某种垄断性质。美国通用电器公司，贝尔电报电话公司，德国西门子电器公司等一批大型公司应运而生。在资本主义条件下，生产的垄断性与资本的垄断合为一体，加速垄断资本主义的形成，从而使社会财富高度集中在少数垄断资本家手中，造成两极分化严重，加剧了资产阶级与无产阶级的矛盾，为爆发无产阶级革命、建立新型的社会主义生产关系作了准备。

第七章

科学思想引领下的新科学时代

一　世纪之交（19—20世纪）的大背景

垄断资本形成和新兴资本主义国家崛起

19世纪50—60年代，欧洲、北美和日本的资产阶级为了取得更多利润，不断谋求新的出路。一方面广泛利用最新科学技术成果，一方面热衷于发展大型企业，并通过这两个手段来扩大经济收益。扩大企业的规模和广泛应用最新技术，是互相影响和促进的。如钢铁工业采用大高炉技术以后，生产成本大幅度降低，产品质量也明显提高；又如化学工业采用综合利用新技术，使得更多的生产企业组织起来，有效地利用了各种副产品，也就适应了化工产品多品种的特点。这种做法，不仅提高了生产效率，还缩短了产品与原料的运输距离，减少了中转层次。这些因素加剧了垄断企业的发展。

在大企业经济实力愈来愈强的情况下，中小企业由于无力与大企业竞争而纷纷倒闭，形成企业以大吞小的势态，出现企业规模愈来放大，资本愈来愈集中的现象。19世纪70年代，首先在重工业部门出现垄断组织。到19世纪末，垄断组织先后控制了各个工业部门，从此，垄断成为资本主义经济生活的基础。垄断资本占统治地位的国家一方面严格控制殖民地发展科学技术；另一方面，把"剩余"资本大量输出到经济不发达国家和殖民地，实行经济侵略。随着资本输出的不断增加，国际垄断资本集团争夺世界市场的斗争加剧了。垄断资本家为了战胜竞争对手，愈加重视最新科学技术成果在生产上的应用，努力发展科学技术事业。各大垄断企业发展科学技术的具体手段是把高水平的科技人员和高效能研究机构掌握在自己手里，通过引进最新技术来加强自己的竞争能力。从总体情况看，在19世纪最后30年，资本主义国家利用科学技术和企业管理方法使工农业生产有了显著的发展。1870—1900年，世界钢产量增长54倍，即由52万吨增加到2830万吨；铁路网长度增加了近三倍，即由21万千米增加到79万千米。从这一时期开始，重工业在工业中开始占主导地位。

从1860—1900年，在科学技术推动下，资本主义经济得到快速发展，但各资本主义国家之间经济发展却很不平衡。按工业经济规模从大到小的顺序排列，1860年为英、法、美、德，到1870年，则变换为英、美、法、德；到1880年又变换为英、美、德、法，最后，1900年成为美、德、英、法。美国在此期间，由原来的第三位跃升到第一位；德国也由原来的第四位变为第二位。新兴的资本主义国家美国和德国的工业超过了英、法，其重要原因之一就是对科学技术的重视和科学技术新成果的应用。

德国的资产阶级革命虽然是一次不彻底的资产阶级革命，但在一定程度上为德国资本主义的发展扫清了道路。到19世纪60年代末，德国的工业革命已在先进地区基本完成。从70年代开始，德国开创了国立科学研究所的科研体制，先后建立了各种专业的国立研究所，并由国家在预算中正式拨款作为研究费用。同时，整顿教育体制，加强技术教育这一系列措施使德国迅速取得世界科学技术中心的地位。1870—1914年第二次科技革命期间，德国经济的发展速度大大超过英国和法国，到20世纪初已成为欧洲经济最发达的国家。其经济发展的原因，主要有：（1）1870—1871年普法战争中，普鲁士打败法国，并自上而下地完成了德国的统一，结束了长期存在的封建割据局面，既扫除了经济发展的政治障碍，又统一了全国的货币、度量衡、商业法规和交通运输业，以及促进国内统一市场的形成。（2）普法战争的胜利使德国从法国获得50亿法郎赔款和夺取了阿尔萨斯全省和洛林的一部分，增强了德国的经济实力，为其工业发展提供了资金、矿产资源和工业基地，特别是洛林铁矿与鲁尔煤田的结合，使鲁尔区成为强大的重工业区。（3）在第二次科技革命中德国处于领先地位，内燃机、柴油机、汽车、发电机和电动机的发明和改进大都来自德国，从煤焦油中提取苯、氨和人造染料的发明和大量生产硫酸和苏打方法的发现，使德国的酸、碱等基本化工产品的产量居世界首位，染料、医药等化学品也在世界占有重要地位。由于电力、化学等新工业部门的发展，轻工业的地位已被重工业取代，在最新技术成就的基础上建立了较完整的工业体系。19世纪70年代末80年代初，德国的工业革命完成，20世纪初实现了资本主义工业化，成为一个以重工业为主导的资本主义工业强国。

就在德国经济大发展的时候，美国也开始起步了。在此之前，美国科学文化没有很大发展。18世纪的七年战争（1756—1763）结束了欧洲人争夺美洲大陆的争斗。在英国实现手工业向机器工业转变时，大批失业工人来到美国寻求出路。1848 年，欧洲革命失败之后，大批德国人、法国人、奥地利人，以及后来的意大利人和俄罗斯人移居美国，这些人构成美国最初的技术工人队伍，他们成为南北战争中向南方封建奴隶制度开火的主要突击力量。

南北战争（1865 年以后）的结束扫除了阻碍工业发展的南方奴隶制度，工业技术开始受到人们重视，美国的工业才得到真正的发展。1869 年完成了修筑横贯大陆的铁路，使西部丰富资源与东部工业结合起来，促进了美国工业的发展。接着，在大西洋铺设海底电缆，把欧美两个大陆连接起来，这对欧美之间的情报传播和贸易往来，以及市场的统一起着十分重要的作用。1859 年美国发现了石油，随着后续新油田的相继发现，石油产量急剧增加。石油的运输促进了铁路事业的发展，也使石油资本进入铁路，形成更大规模的垄断企业。由于生产和利润的需要，要求资本积累与集中，资本主义竞争又使工业资本与金融资本结合起来。实际上美国的工业是在资本主义自由竞争起支配作用的年代里得到发展的，到垄断资本主义时期达到高潮。它在初始时期吸取了英国、德国的某些做法，首先发展了纺织工业、铁路运输和电讯事业，同时注意发展农业。这使美国工业产值在 1860—1890 年这 30 年当中增长了 5 倍。这一时期，美国采取了比德国还要大得多的托拉斯经营管理方式。1882 年洛克菲勒财团成立了标准石油托拉斯，包办了全国 95% 的石油生产与加工工业，成为最早的托拉斯企业。1892 年，在摩尔根财团的支持下又建立了世界最大的钢铁公司——美国钢铁公司。到 20 世纪初，汽车、食品、炼铝等工业也相继被各大财团所控制。随着垄断财团的发展，美国也就成为对外侵略扩张的帝国主义国家。

完美的世界图景遭遇新挑战

自从伽利略、牛顿等人创立近代力学以来，经过 200 多年的发展，到 19 世纪末，在当时大多数物理学家眼里，似乎已经有了一幅清晰的世界图景。他们看到：

——世界万物都是由 80 多种元素的原子组成的，原子是不可再分的最小微粒。

——一切自然过程都是连续的。任何一个给定的状态只能由紧接在它前面的那个状态来解释，如果在前后两个状态之间出现间隙，那就破坏了事物的因果性联系。因此，"自然无飞跃"，连能量的变化和转化也应当是连续的。

——不同原子之间的结合和分解就产生了化学反应。分子是原子组成的，它保持着物质最基本的物理和化学属性。

——热现象是大量分子作混乱的机械运动的表现，用统计力学的方法可以解释气态和凝聚态物理体系的性质。

——存在两种电荷；电荷产生电场，电荷的运动又产生磁场，电磁场的运动就是电磁波。热辐射、可见光、紫外线等都只不过是不同波长的电磁波。

——无论力、热、声、光、电、磁等现象多么复杂，一切过程都要服从能量守恒和转化定律。

从这幅图景看来，似乎所有的物理学基本问题都已经研究清楚了，尤其是经典物理学几乎在各个分支学科里都建立起了严密的数学形式，使得物理学家们可以怀着一种自豪的心情进入 20 世纪。1900 年元旦，著名的英国物理学家威廉·汤姆逊（William Thomson，1824—1907，即开尔文勋爵）在新年献辞中十分满意地宣布：在已经基本建成的科学大厦中，后辈物理学家只要做一些零碎的修补工作就行了。普朗克（Max Planck，1858—1947）1924 年在一次公开的演讲中回忆道，当他开始研究物理学时，他的老师菲·约里（Philipp von Jolly，1809—1894）曾告诉他，物理学是一门已经高度发展的、几乎是尽善尽美的科学，这门科学很快将具备自己终极的稳定形式。虽然在某个角落里还可能有一粒尘土或一个小气泡，但作为整体的体系却是足够牢固可靠的了。理论物理学正在明显地接近于几何学 100 年来已经具有的那种完善程度。但是正当人们准备庆贺经典物理学大厦落成的时候，一系列新的实验发现向这幅刚刚形成的世界图景接二连三地提出了有力的挑战。

X 射线、天然放射性和电子等 19 世纪末的三大发现，猛烈冲击着经典物理学中关于质量、能量、运动等基本概念，使人们对已经形成的科学图景产生了怀疑。一种物质放出射线是需要能量的，但是，铀和镭既没有任何明显的物理和化学变化，又没有从其他任何地方获取任何能量，那么它放出射线所需的能量是从哪里来的呢？难道能量守恒和转化定律被推翻了吗？电子的发现打破了原子是不可再分的最小微粒的传统观念，揭示出原子同样是有结构的实体。而且，电子在以接近光速的速度运动时，其质量急剧增加，这又打破了过去认为质量"守恒"与物质运动无关的思想。人们为了寻求这些新的实验现象的理论解释，不得不回过头来对已有的理论作出新的检验，甚至提出新的理论。物理学正面临着革命的前夜。

二 震惊世界的新发现

发现 X 射线

最先打破物理学界美好图景的正是 1895 年 X 射线的发现。它像一声春雷，引发了一系列重大发现，把人们的注意力引向更深入、更广阔的天地，从而揭开了现代物理学革命的序幕。1901 年，首届诺贝尔物理学奖就授予了它的发现者德国物理学家伦琴（Wilhelm Conrad Rotgen，1845—1923）。伦琴 1845 年 3 月 27 日生于德国莱茵省的雷内普（Lennep），他是纺织商人的独生子，童年时代大部分是在母亲的故乡荷兰渡过的。1868 年伦琴毕业于瑞士苏黎世联邦工程学院，成为一名机械工程师。1869 年，获哲学博士学位。受老师昆特教授的影响，转而从事物理学的研究。

伦琴发现 X 射线时，已经是五十岁的人了。当时他已担任维尔茨堡大学校长和该校物理研究所所长，是一位造诣很深，有丰硕研究成果的物理学教授。在这之前，他已经发表了几篇科学论文，其中包括热电、压电、电解质的电磁现象、介电常数、物性学以及晶体方面的研究。他治学严谨、观察细致，并有熟练的实验技巧，仪器装置多为自制，实验工作很少靠助手。他对待实验结果毫无偏见，作结论时谨慎周密。特别是他的正直、谦逊的态度，专心致志于科学工作的精神，深受同行和学生们的敬佩。19 世纪末，阴极射线研究是物理学的热门课题，许多物理实验室都致力于这方面的研究，伦琴也对这个问题感兴趣。

1895 年 11 月 8 日，正当伦琴继续在实验室里从事阴极射线的实验工作，一个偶然事件引起了他的注意。当时，房间一片漆黑，放电管用黑纸包严。他突然发现在不超过一米远的小桌上有一块亚铂氰化钡做成的荧光屏发出闪光。他很奇怪，就移远荧光屏继续试验。只见荧光屏的闪光，仍随放电过程的节拍断续出现。他取来各种不同的物品，包括书本、木板、铝片等等，放在放电管和荧光屏之间，发现不同的物品效果很不一样。有的挡不住，有的起到一定的阻挡作用。伦琴意识到这可能是某种特殊的从来没有观察到过的射线，它具有特别强的穿透力。于是立刻集中全部精力进行彻底的研究。他一连许多天把自己关在实验室里，连自己的助手和家人都没告诉。他把密封在木盒中的砝码放在这一射线的照射下拍照，得到了模糊的砝码照片；他把指南针拿来拍照，得到金属边框的深迹；他把金属片拿来拍照，拍出了金属片内部不均匀的情况。他深深地沉浸在这一新奇现象的探讨中，达到了废寝忘食的地步。平时一直帮他工作的伦琴夫人感到他举止反常，以为他有什么事情瞒着自己，甚至产生了怀疑。六个星期过去了，伦琴已经确认这是一种新的射线。才告诉自己的亲人。1895 年 12 月 22 日，他邀请夫人来到实验室，用他夫人的手拍下了第一张人手 X 射线照片。1895 年年底，他以通信方式将这一发现公之于众，题为《一种新射线（初步通信）》。因为他当时无法确定这一新射线的本质，伦琴在他的通信中把这一新射线称为 X 射线。发现 X 射线的消息很快传遍全球，并引起了人们极大的兴趣。X 射线迅速被医学界广泛利用，成为透视人体、检查伤病的有力工具，后来又发展到用于金属探伤，对工业技术也有一定的促进作用。X 射线的发现对自然科学的发展更有极为重要的意义，它像一根导火线，引起了一连串的反应。许多科学家投身于 X

射线和阴极射线的研究，从而导致了放射性、电子以及 α、β 射线的发现，为原子科学的发展奠定了基础。

伦琴对科学有着崇高的献身精神。他无条件地把 X 射线的发现奉献给全人类，自己没有申请专利。伦琴还很谦虚，即使当首届诺贝尔物理学奖授给他时，他也没有在颁奖大会上发表演说。他不愿在公共场合露面，更不愿意接受人们的赞扬和吹捧。为了避开人们的访问和庆贺，他多次远离柏林，躲到乡下去生活。

居里夫人和镭

X 射线的发现，引起了更多的科学家投入到这项新发现的研究。不久，法国物理学家贝克勒尔发现了铀的天然放射性，从根本上动摇了经典物理学的"原子学说"。而将放射性的研究推向一个高度的是女科学家居里夫人，她发现了镭。居里夫人，原名玛丽·斯可罗多夫斯卡（Marie Sklodowska，1867—1934），生于波兰华沙，她是家中最小的孩子。她的父亲是一位收入十分有限的中学教师。她中学毕业时获得金质奖章，已经掌握了英、德、俄、法、波兰等五国语言。1891 年、她进入巴黎大学理学院学习。1893 年，她获得了巴黎大学物理学硕士学位，次年，又获得数学硕士学位。后来在巴黎与皮埃尔·居里（Pierre Curie，1859—1906，法国著名物理学家）相识相爱而结合。

居里夫人注意到法国物理学家贝克勒尔的研究工作，自从伦琴发现 X 射线之后，贝克勒尔在检查一种稀有矿物质铀盐时，又发现了一种铀射线，朋友们都叫它贝克勒尔射线。贝克勒尔发现的射线，引起了居里夫人极大兴趣，射线放射出来的力量是从哪里来的？居里夫人看到当时欧洲所有的实验室还没有人对铀射线进行过深刻研究，于是博士研究阶段即进入这个领域。居里夫人进行博士论文答辩时，她的论文题目叫做《放射性物质的研究》。从 1897 年选定这个研究题目，到 1903 年完成论文并获博士学位，一共花了 5 年多的时间。

铀射线的研究工作开始后，居里夫人细心地测试各种不同的化合物。在测量中，出现了一个十分意外的情况：在一种沥青铀矿中，居里夫人测得的放射性强度，比预计的强度要大得多。经过反复考虑，她认为这种反常现象只有一种合理的解释，那就是：沥青铀矿石中，一定含有一种未知的放射性更强的元素。这时候，皮埃尔已经感觉到夫人的研究太重要了，他毅然停下自己关于结晶体的研究，和妻子一起研究这种新元素。1898 年 7 月，他们终于发现了一种新的放射性元素。为了纪念居里夫人的祖国波兰，他们把这新发现的元素取名为"钋"。这年年底，他们又发现了一种放射性极强的未知元素，把它定名为"镭"。

可是，当时谁也不能确认他们的发现，因为按化学界的传统，一个科学家在宣布他发现新元素的时候，必须拿到实物，并精确地测定出它的原子量，而居里夫人的报告中却没有钋和镭的原子量，手头也没有镭的样品。居里夫妇决定拿出实物来证明。当时藏有钋和镭的沥青铀矿，是一种很昂贵的矿物，而且其中镭的含量极微，许多吨矿石仅能艰难的分离出一克的极小分数的镭盐。后来他们想到从矿物残渣中提取，这样会经济很多，经过无数次的周折，奥地利政府决定馈赠一吨废矿渣给居里夫妇，并答应若他们将来还需要大量的矿渣，可以在最优惠的条件下供应。经过夜以继日的努力工作，1902 年底，居里夫人已经提炼出 0.12 克极纯净的氯化镭。在光谱分析中，它清楚地显示出镭的特有的谱线，与已知的任何元素的谱线都不相同，居里夫人还第一次测出它的原子量是 225，放射性比铀强 200 万倍。

1903 年，居里夫人和丈夫及贝克勒尔共同分享了诺贝尔物理学奖。可是，他们夫妇太累了，没有力气亲自去领奖。1911 年，她因发现两种新元素获得诺贝尔化学奖。她成为第一位两次获得诺贝尔奖殊荣的人物。但是，巨大的荣誉并没有改变她一贯的平易的作风。第一次世界大战期间，她亲自驾驶一辆战地救护车，做人道主义救护工作。由于长期受放射性的照射，居里夫人不幸染上了白血病，1934 年 7 月 4 日在法国去世。居里夫人给后人留下的不仅是科学上的伟大成就，她的高尚道德品质更值得人们永远学习。

电子的发现

X 射线的发现，导致了放射性物质的发现，使得阴极射线的本性问题在物理学界争论已久。德国物理学家大多认为是一种以太波，英国人则认为是一种带电粒子流，这就促进了电子的发现。

汤姆逊（Thomson，JosephJohn。1856—1940）出生于英国，14 岁时进入曼彻斯特大学学习。1876 年，20 岁的汤姆逊被保送到剑桥大学深造，成为知名教授路兹的得意门生，27 岁时被选为皇家物理学会会员，伦琴射线的发现吸引了汤姆逊。1897 年，他在"克鲁克斯管"的两旁加了电场，发现阴极射线在电场和磁场作用下均可以发生偏转、其偏转方式与带负电粒子相同，这就证明了阴极射线确实是一种带负电的粒子流。汤姆逊还测出了这种粒子流的质量与电荷的比，其值只有氢离子的千分之一。1898 年，汤姆逊又进一步证明了该粒子流所带电荷与氧离子属于同一量级，这就表明，其质量只有氢离子的千分之一。汤姆逊将之命名为"微粒"，后来又称

"电子"，意思是说它是电荷的最小单位。汤姆逊指出，电子比原子更小，是一切化学原子的共同组分。

1903 年，汤姆逊提出原子结构模型好似实心小球的西瓜，电子是瓜子，带负电；带正电的物质是西瓜瓤，均匀地分布在原子内，带正电的物质的体积几乎是整个原子的体积。电子在球体中游动，在静电力的作用下，电子被吸收到中心，它们又互相排斥，从而达到稳定状态。

汤姆逊一生兢兢业业，奋斗不止。吉德勋爵夫妇的掌上明珠露丝小姐，早在剑桥上学时就爱上了汤姆逊，等了多年不见回音，就提笔给他写了情书："现在，你是年轻的皇家学会会员，最崇高的汤姆逊教授，亲爱的，我们该结婚了吧？"汤姆逊壮志未酬是不愿意结婚的，回信安慰心爱的人说："再等一等，等我获得亚当斯物理学奖时咱们再结婚，那样，你不会觉得更光荣，更幸福吗？"1890 年元旦，汤姆逊获得了亚当斯物理奖。获奖的第二天，34 岁的汤姆逊怀着胜利的喜悦与幸福的心情和露丝小姐结为百年之好，一时成为剑桥大学的美谈。

电子的发现，揭示出了电的本质，打破了几千年来人们认为原子不可再分的陈旧观念，证实了原子还有其自身的结构，揭开了人类向原子世界进军的序幕，也为以后的科学研究开辟了新的道路。世纪之交的另一革命理论电子力学就是在原子物理学的基础上建立起来的。

爱因斯坦和相对论

牛顿力学和麦克斯韦电磁理论，是经典物理学最重要的内容和基础。但是，这两个学说却在以太问题上遇到了根本性的困难。第一，按照麦克斯韦的理论，电磁作用（包括光）是靠以太为介质来传递的，以太无处不在，例如，太阳光之所以能传到地球，就是因为在太阳到地球的空间充满着以太；第二，按照牛顿力学，任何机械运动都是相对于一个参考系进行的，如果以太弥漫于整个宇宙空间，它就是一个理想的参考系，各种物体的运动都可以看作是相对以太进行的，第三，从上面两个理论得出结论，处于以太海洋中的地球要绕太阳运行，如果以太是静止的而不能被地球带动，那么，地球就会在以太中以每秒30万千米的速度运动，地球上的人会感到有每秒30万千米的"以太风"迎面吹来。但是人们在日常生活中并没有感受到以太风。"以太"是笛卡儿从古希腊哲学中引入科学的一个概念，用来代表一种充满宇宙，能够传递力的特殊的没有重量的物质。但是"以太"到底是什么，这一直是一个科学之谜。19世纪的物理学家们为了探索以太问题进行了大量的实验和观测。然而，所有这些实验和观测都不能证实以太和以太风的存在。

　　19世纪到20世纪之交的物理实验和理论准备表明，建立新的时空理论和物质运动理论的条件已经具备。在这样的条件下，爱因斯坦（1879—1955）创立了具有划时代意义的相对论学说。

　　爱因斯坦（Albert Einstein，1879—1955）1879年生于德国，父母是犹太人。1933年，因受纳粹政权迫害，迁居美国。他从小对音乐有着特别的爱好，6岁开始就迷上了小提琴。爱因斯坦性情孤僻，不喜欢同人交往，也并不显得聪明，似乎没有超人之处，从小学到大学没有哪位老师特别宠爱他。他大学一毕业就失业了，做过家庭教师，后来才在伯尔尼瑞士专利局找到了技术员的固定职业。然而，爱因斯坦在年轻时就自学了几何、微积分和康德的哲学著作，善于独立思考，有强烈的批判精神。他在中学的时候就曾设想，倘若一

迎面而来——从人类文明发展看第三次工业革命

210

个人以光的速度跟着光波跑是否会处于一个不随时间而改变的波场中。在大学学习物理的 4 年中，他大部分时间花在实验中并自学著名物理学家基尔霍夫、赫尔姆霍茨、赫兹、马赫和麦克斯韦等人的著作。爱因斯坦熟知经典物理学遇到的困难和洛伦兹、彭加勒等人为摆脱困境所做的努力。

1905 年，爱因斯坦经过不懈的努力在德国《物理学年鉴》上发表了创立狭义相对的 30 页论文《论动体的电动力学》。同年，又在该杂志上发表《物体的惯性同它所包含的能量有关吗》，对相对论做了重要补充。

狭义相对论的两条基本原理即相对性原理和光速不变原理。相对性原理指出，物理学定律在所有惯性系中的描述形式是相同的，即所有的惯性系是等价的，不存在特殊的惯性系。光速不变原理指出，在所有惯性系内，真空中的光速具有相同的定值。

从古至今，人们都认为空间就是容器里面的虚空，时间跟流水一样不停地流逝，时间和空间没有任何关系。而从狭义相对论的角度来看，时间、空间、物质并不是相互独立存在的，而是紧紧地联系在一起，离开了物质或时间谈空间是没有意义的；同样地，离开了空间或物质谈时间也是没有意义的。狭义相对论认为，运动使时间变长，使空间变小。比如说，如果你坐上高速运动的宇宙飞船，飞行 10 年后回到地球，也许你会发现地球上已经过了 20 年；或者你去测量高速运动的物体，你会发现它比静止的同样物体小。这很像中国古代神话传说里的描写，竟然在这里得到了印证。

狭义相对论诞生之后，很少受到物理学界的重视，据说全世界只有 12 个人理解他的理论。在绝大多数物理学家还根本不能接受这个新理论时，爱因斯坦就已积极地把这一理论继续向前推进了。

1907 年，他把研究的兴趣从狭义相对论转向它的推广。因为狭义相对论的使用范围仅局限于匀速直线运动体系，还不能解释加速运动体系和万有引力问题。

1912 年，狭义相对论已经在科学界赢得声誉，爱因斯坦回到母校苏黎世工业专科学校任教后，在他的老同学、该校数学教授格罗斯曼的协助下，找到了"黎曼几何"强有力的数学工具。1915 年 3 月，爱因斯坦在普鲁士学院宣布了他们找到的引力场方程。1916 年正式发表了《广义相对论原理》这篇著名论文，论证了空间的结构和性质取决于物质的分布，现实存在的空间不是平坦的欧几里得空间，而是弯曲的黎曼空间，空间的曲率体现着引力场的强度。1919 年，爱因斯坦在介绍相对论时说："相对论有点像两层的建筑，这两层就是狭义相对论和广义相对论。狭义相对论适用于除了引力以外的一切物理现象；广义相对论则提供了引力定律以及它与自然界别种力的关系。"

爱因斯坦根据新的科学实验事实，对牛顿经典力学做了深刻的反思，吸收世纪之交的科学新思想，发挥创造天才，经过十年深思创立了狭义相对论，又经过十年钻研创立了广义相对论。他说："相对论的兴起是由于实际需要，是出于旧理论中的严重和深刻的矛盾已经无法避免了。新理论的力量在于仅用几个非常令人信服的假定，就一致而简单地解决了所有这些困难。"爱因斯坦成名后，得到了全世界的热烈赞扬和尊重。对此，他深感不安，他说："我的政治理想是民主主义。让每一个人都作为个人而受到尊重，而不让任何人成为被崇拜的偶像。我自己受到了人们过分的赞扬和尊敬，这不是由于我自己的过错，也不是由于我自己的功劳，而实在是一种命运的嘲弄。"

爱因斯坦创立的相对论毫无疑问具有创时代的深远意义，它引起了古老物理学的彻底革命，并进一步奠定了日后物理学发展的基石，更是人类思想史上最伟大的成就之一。爱因斯坦一生孤独，有一次他和喜剧大师卓别林一道参加一个庆祝会，受到当地人民的热烈欢迎。卓别林开玩笑地说："他们欢迎我是因为他们能理解我，而他们欢迎你是由于他们不理解你。"

量子力学的建立

在 19 世纪中叶，就有一些物理学家开始关注热辐射问题，由于各种物体辐射能量按波长的分布不仅与物体的湿度有关，而且也与物体表面材料的性质有关，为了简化问题的处理，德国物理学家基尔霍夫（G. R. Kirchhoff，1824—1887）提出用绝对黑体（简称黑体）作为研究热辐射的理想化对象。1893 年，德国物理学家维恩（W. Wien，1864—1928）根据实验数据，得出了以他名字命名的维恩位移定律。这个定律表明，随着黑体温度的升高，对应着它所发射的光线的最大亮度的波长将变短，即向光谱的紫色区移动。虽然维恩位移公式所表述的规律在短波部分与实验曲线符合得比较好，但在长波部分却低于实验值。

1900 年，英国物理学家瑞利（J. Rayleigh，1842—1919）从经典理论推导出一个与维恩公式不同的黑体辐射公式，这个公式的主体部分在长波段与实验吻合较好，但在短波（即紫外线）段却是发散的。瑞利当时为了克服这一缺陷，人为地设置了一个负指数项以消除这个效应。当年 10 月，富有创见的德国物理学家普朗克（Max. Planck，1858—1947）获悉了瑞利的结果，他采用数学上的内插法，从维恩公式和瑞利公式得出了一个新的能量分布公式。这个公式与实验结果符合得非常好。但令人不解的是，这个公式却不能从经典理论中推导出来。普朗克为了寻求隐藏在这个公式后面的物理意义，进行了艰苦的理论研究工作，提出了量子概念。

然而，普朗克的量子概念在当时并没有引起科学家们的太多注意，连他自己也没有认识到这个概念深远的革命意义，只是把它当成是一个不得已而为之的"形式上的假说"，甚至试图把量子概念重新纳入经典物理学的轨道。1905年，英国物理学家金斯（J. H. Jeans，1887—1946）仍然沿着瑞利的思路继续研究，用经典物理学理论严格推导出了一个辐射能量密度分布公式，得出一个后来被称为瑞利－金斯公式的表达式。这个公式在光谱的长波（红光区）部分与实验很符合，而在短波部分却偏离实验结果，以致在紫外光区域导致发散的结果，即据此求出的能量密度为无限大，这显然是荒唐的，但这个结果开始引起一些物理学家对经典物理学理论解决黑体辐射问题能力的怀疑，这一实验结果被称为经典物理学的"紫外灾难"。

普朗克的量子理论，还是得到了目光敏锐的科学家们的支持，首先就是爱因斯坦。他意识到量子论将带来科学的根本变革。他在1905年3月在德国权威的物理学杂志《物理学年鉴》上发表了一篇题为《关于光的产生和转化的一个启发性观点》的论文，全文共分9个部分，其中一个部分涉及到光电效应问题。他在这篇论文中成功地运用普朗克的量子概念解决了包括光电效应在内的一系列光的产生与转化问题；而且首次提出了光既有波动性，又有粒子性的观点，也即光具有"波粒二象性"。他指出：对于统计的平均现象，它表现为波动性；对于瞬时的涨落现象，它表现为粒子性。从而结束了从惠更斯和牛顿以来关于光的本性的长期争论，把波动说与粒子说统一起来了。

爱因斯坦提出光量子理论以后，量子理论引起了越来越多物理学家的重视，并得到了广泛的传播。不仅有许多欧洲一流的物理学家和化学家转而接受量子概念，而且还吸引了大批年轻的科学工作者投身于解开量子之谜和把量子理论应用到更多领域的研究，玻尔（N. Bohr，1885—1962）就用量子理论解决了卢瑟福（Ernest Ruther-ford，1871—1937））模型的困难。从普朗克的量子假说到玻尔的原子结构理论，量子概念已经从一个仅仅说明与辐射问题有关的形式上的假说，发展成为说明微观现象本质的必不可少的概念。因此，玻尔原子结构理论的建立，在量子论发展史上具有里程碑的重要意义。

　　在量子理论中，做出划时代贡献的是德布罗依（L. De Broglie，1892—1987）。他出身贵族，承袭了公爵爵位，他的哥哥也是一位物理学家。德布罗依原来学习历史，大学毕业后潜心研究物理学。在1923年想到，爱因斯坦在1905年的发现应当加以推广。他把光的波粒二象性扩展到一切粒子，特别是电子，从而提出了"物质波"的假说。

　　德布罗依的工作不仅把过去认为是根本对立的波动性和粒子性协调地贯穿在一切微观物理现象之中，揭示了物质的一个根本属性，而且从理论上来说，他的工作的重要意义还在于揭示了狭义相对论和量子论在本质上的深刻联系。他自己也一直认为："没有相对论思想，特别是没有相对论加速度原理和相应的动力学，光量子的特点是无法理解的，只有在相对论物理学中光子才能找到一席之地。"德布罗依的工作为量子论的进一步发展开辟了一条崭新的道路，但对物质波的解释，尤其是如何说明微观世界普遍存在的波粒二象性的特征，德布罗依却遇到了许多困难。他的将波和粒子这两个互不相容的概念，机械地结合在单一的形象中的尝试没有获得成功。这就迫切需要从根本上建立一个完全抛弃经典观点的新理论。

德布罗依的成果，被奥地利物理学家薛定谔（E. Schröinger，1887—1961）、海森堡（W. K. Heisenberg，1901—1976）等人所发展，创立了量子力学。薛定谔和海森堡是沿着两条完全不同的路线进行的：矩阵力学和波动力学。

矩阵力学和波动力学不仅在数学形式上不同，而且二者所描述物理图景的出发点也不一致，矩阵力学从微观世界的粒子图景出发，波动力学则认为微观世界都是波；同时如何协调二者之间的关系也是一个重要的问题。1926 年，薛定锷（E. Schröinger，1887—1961）是从数学上证明了矩阵力学与波动力学是等价的，其实质应当一致。随着玻恩提出对波函数的统计解释，海森堡（W. K. Heisenberg，1901—1976）等人也接受了波动力学。后来，狄拉克（P. A. M. Dirac，1902—1984）又进一步提出了普遍变换理论，认为可以通过数学变换来达到矩阵力学和波动力学间的相互转换，二者实际上只不过是一个统一的量子理论的不同表述形式而已。这才终于使二者殊途同归。德布罗依、海森堡、薛定谔、狄拉克都是现代物理学的奠基人和开拓者，由于他们的出色工作，都分别获得了诺贝尔物理学奖。

为了给量子力学的统计解释找到更为基本的物理诠释，海森堡和玻尔等人又做了更进一步的工作。1927 年 3 月，海森堡发表了《关于量子论的运动学和力学的直觉内容》一文，从薛定锷方程出发，推导出了著名的测不准关系，或称不确定性关系，即微观粒子位置的测量误差和它动量的测量误差的乘积大于或等于普朗克常数的一半。它表明微观客体的位置和动量不能同时精确地测量。同时，能量和时间也存在类似的关系。

迎面而来——从人类文明发展看第三次工业革命

216

测不准关系是微观世界特有的基本关系，它说明了用经典力学来描述微观粒子的局限性，指出了经典力学的适用范围，划出了经典力学与量子力学的界限。只有当测量对象大到一定程度时，我们才可以同时精确测量物体的位置和动量，否则由于测量仪器对被测量对象的不可避免的干扰，必然会改变微观客体的原有状态，测量对象不再与测量过程无关，而是与观测本身密切相关。正因为如此，我们无法通过精确测量严格确定微观事件本身，只能描述事件的几率。

玻尔则试图从哲学上揭示微观客体波粒二象性的本质，提出了著名的"互补原理"。他认为，波动和粒子是描述两种宏观现象的经典概念，二者在宏观上不能相容，是相互矛盾的，但任何一个单独的概念又都不足以完整地描述同一个微观现象，必须将这两种概念的描述结合在一起才能勾画出所描述微观现象的统一图景，即二者互相排斥，但又互相补充。测不难关系和互补原理都表明，在微观事件中，严格的因果决定论是不成立的。这就为量子力学非决定论的统计解释提供了依据。

玻尔的互补原理不仅是玻尔对量子力学基础的一种解释，而且也是玻尔的哲学思想。他认为互补原理是一个普遍的认识论原理，不仅适用于对微观世界的认识，也适用于我们对生命本质，对人类文化、艺术、社会关系，乃至对思维自身的研究。"包含在原子物理学发展中的认识论教益也使我们想到远远超出物理科学的经验描述和理解方面，也有同样的情况，而且，这种教益也使我们可以找到一些共同的特点以促进知识的统一。"玻尔提出互补原理不仅表达了科学家在研究科学前沿问题时对哲学的重视和哲学对科学的引导、诠释作用，而且互补原理本身也确实对人们探讨科学问题有一定的启发作用，体现了辩证法的思想。

太阳也会老——对恒星世界的新认识

19 世纪后半叶，照相技术、光度测量技术、光谱分析技术开始应用于天文学，使得天文学家能够研究天体的物理状态、化学成分和内部发展过程了，从此，天体物理学应运而生，对太阳乃至恒星世界都有了新的认识。

对人类来说，太阳是最重要的一个天体。日复一日，年复一年的东升西落，让我们觉得它永远充满着活力，永远不会老。其实不然，现代天文学告诉我们，太阳也不过是宇宙中千千万万颗恒星中的一员，所有的恒星都有其自身从生到死的过程，只是有的寿命长些，有的寿命短些。大体上，一颗恒星的一生要经历以下几个阶段：

（1）引力收缩——恒星形成阶段。由于弥散于星际间的物质分布不均匀，密度较大处便成为引力中心，星际物质逐渐向该处聚集形成星际云。星际云因引力作用而收缩，起初收缩得比较快，星际云在收缩过程中转化为恒星胚，后来收缩速度转慢，恒星胚逐渐转变为恒星。

（2）主序星阶段。在恒星形成之后，恒星内部的氢核聚变成了它的主要能源，其后恒星的辐射压力、气体压力与恒星的自吸引力趋于平衡，恒星基本上既不收缩也不膨胀，这是恒星一生中时间最长的相对稳定时期。不同质量的恒星稳定时期各不相同，质量越大的恒星时间越短，质量越小的恒星时间越长。

（3）红巨星阶段。氢核聚变反应主要在恒星的中心部分进行，随着时间的推移，靠近中心部分的氢逐渐耗尽而形成为氦核，氦核的周围则仍然是进行着氢核聚变的壳层。当氦核的质量达到恒星质量的 10%—15% 时，其核心部分又因引力而收缩，温度随之升高，至中心温度达到 1 亿度时，3 个氦核聚合为 1 个碳核的核聚变就要发生。这时星体的内部膨胀，吸收热量，而星体的表面积扩大，温度降低，这就成了红巨星。

（4）高密恒星——恒星演化的最后阶段。当红巨星内部能够发生核反应的物质都耗尽时，它的末日也就来临。其质量小于 1.44 个太阳的，就成为白矮星，现在已经观测到的白矮星有 1000 颗以上。质量在 1.44—2 个太阳之间的，成为"中子星"。中子星的存在首先出自理论预言，人们认为现已发现的几百颗脉冲星就都是中子星。有人运用广义相对论研究中子星结构，认为它们的直径一般只有几十千米，而密度则大得惊人，它的外壳的密度约为 $1011—1014 g/cm^3$，里层密度约为 $1014—1015\ g/cm^3$，内部密度则更达 $1016\ g/cm^3$。质量超过两个太阳的将成为"黑洞"。黑洞也是广义相对论所预言的一种天体。1939 年美国理论物理学家奥本海默（J. Robert Oppenheimer, 1904—1967）从广义相对论推断，当一个大质量天体的外向辐射压力抵抗不住内向的引力时，它就要发生塌缩，塌缩到某一临界大小时便因巨大的引力作用而形成一个被称为"视界"的边界，视界之外的物质和辐射可以进入视界之内，但视界之内的物质和辐射不可能逸出视界之外。因为对于任何探测手段来说它完全是"黑"的，所以把这种天体称为黑洞。

太阳作为恒星世界的一员自然也符合上述规律。现代天文学研究表明，太阳已有约 50 亿年的年龄，正处于壮年期，它的寿命大约为 100 亿年左右，也就是说它还将停留在主星序阶段照耀地球 50 亿年。然后，它的半径将增加 100 倍或更多，成为一颗红巨星，吞没包括地球在内的所有内行星。最后，太阳将变成一颗白矮星，那是它的归宿。应该说，现代天文学的研究结果对人类的最终前途是悲观的。因为，人类即使"无病无灾"地一代一代繁衍下去，再过50亿年，也会与太阳、地球一起毁灭。不过，50亿年毕竟是一个极为漫长的过程，在这50亿年里什么事情都可能发生，不可遽下断语。

地学的新发展——从大陆漂移说到板块结构说

18世纪中叶，康德提出关于天体演化的星云假说，经拉普拉发展以后，在学术界产生很大影响。地球也是太阳系一员，当然也应该有其演化历史。受星云假说影响，19世纪，有地质学家提出"冷缩说"解释地球历史，并用以说明地球面貌和山脉的成因，从而推动了大地构造学的发展。

冷缩说认为地球在冷缩过程中会引起地壳的运动，但它强调的是地层的褶皱、断裂和地壳的垂直升降运动，不曾谈到地壳在水平方向上的大范围运动。赖尔的《地质学原理》中提出了地壳发展的均变论和"以今论古"的研究方法，对地质学发展影响也很大，但他同样不曾谈到地壳的水平运动。大陆是固定的，海洋是不变的，这是19世纪地学中的一个基本观点。关于地壳水平运动的学说，20世纪先是有大陆漂移说，而后发展为板块结构说。

大陆漂移说从思想渊源上可以说是由来已久，但直到19世纪末一直未能成为科学学说。弗兰西斯·培根在17世纪初就已指出，大西洋两岸海岸线形状的吻合不是偶然的。18和19世纪都有生物学家指出，大西洋两岸的生物有亲缘关系，表明两岸过去可能是相连的。那时由于人们觉得大陆漂移是难以想象的，所以提出"陆桥说"——认为大西洋两岸之间过去有狭长的陆地之桥相连，后来被海洋吞没了。但是，随着地质考察的发展，陆桥说漏洞越来越多，人们找不到陆桥的踪迹，用陆桥说也难以说明大西洋两岸生物、地层构造、岩石结构等许多方面的相似性。

20世纪初，相继有地质学家提出大陆漂移说，其中影响最大的是魏格纳（A. L. Wegener，1880—1930）。他认为，在地质史上的古生代，地球上只有一块大陆——联合古陆，其周围是大洋。自中生代以来，它开始分裂，裂块漂移开来，形成今天所见的几块大陆和无数岛屿，原先的大洋也被分割为几个大洋和一些内海。按魏格纳的说法，大陆漂移至今仍在继续。为取得大陆漂移的直接证据，他先后4次赴格陵兰重复测量经度。后在格陵兰遇险，为科学献出了生命。

虽然有许多事实用大陆漂移说才能给出合理的解释，但在20世纪上半叶并没有直接证据证明大陆在漂移，也无法解释使大陆漂移的巨大力量究竟是什么。随着魏格纳去世，大陆漂移说在20世纪30和40年代逐渐沉寂下去。大陆漂移说在50年代由于地磁测量工作的成果而复兴。人们发现，在不同地质时期，地磁极的方位是不同的。在进一步对地磁极移动轨迹进行分析之后发现，只有把现在的北美洲相对于欧洲向东旋转30°，也就是假定大西洋并不存在，欧洲与北美洲联在一起，分别从欧洲和北美洲的岩石标本得出的地磁极移动轨迹才能一致起来。

第二次世界大战后，以掠取海洋矿产资源为目的的海洋地质学发展起来，为大陆漂移说提供了更有力的证据。深海钻探、海洋重力测量、地磁测量、地热测量、声纳技术、同位素地质年代测量等现代科学技术，为海洋地质学发展提供了有力的手段，取得了丰富的科学成果。其中有许多出乎人们预料的重大科学发现，尤其重要的是以下几项：

第一是发现洋底地层很年轻。原先人们认为先有海洋，后有大陆，洋底地层应比大陆地层更古老，但是实际上洋底没有早于中生代的沉积物，而且岩石类型比大陆上少得多，表明洋底地层很年轻。

第二是发现洋中脊。原先认为洋底是沉积而成，应当非常平坦。实际上洋底也有山脉，有一种洋底山脉的形态是线状延伸，长度数千千米以上，宽度只有数百千米，犹如洋底的脊梁，故名洋中脊。全世界大洋底部的洋中脊互相连接，构成了一个完整的体系。洋中脊两侧的地层是对称的，越近洋中脊处地层越年轻。地磁测量发现洋中脊两边的地磁情况也是对称的，地热测量又发现洋中脊是洋底热流量最大的地方。

根据海洋地质学的这些重大发现，有地质学家于 20 世纪 60 年代初提出了海底扩张说，认为洋中脊是由于地幔物质从地壳裂缝处上升而形成的；由于洋中脊处不断形成新的地壳，使得两边的地壳受挤压而不断向外移动，海底是在不断扩张之中。

海底扩张说是大陆漂移说的继续与发展，到 20 世纪 60 年代末之后又发展为板块构造学说。板块构造学说认为，地球岩石圈是由若干板块构成的，洋中脊与转换断层、俯冲带和地缝合线是板块的边界，是构造运动最剧烈的地方，全球地壳构造运动的基本原因就是板块的运动和板块之间的相互作用。板块构造学说是海洋地质学与大陆地质学研究的综合成果，它告诉我们大陆不是固定的，大陆有分有合；海洋不是自古至今永远不变的，海洋有生有灭。板块构造学说给我们描绘的地球是一个不断发展变化的地球，开创了人对地球认识的新阶段，有人将之称为地质学上的革命，犹如哥白尼日心说的提出对天文学的影响。

染色体的发现和分子遗传学的建立

细胞学说为遗传学的发展奠定了理论和实验基础，进化论也波及生命科学领域，孟德尔（Gregor Johann Mendel，1822—1884）提出了"遗传因子"的概念，指出由于遗传因子的作用，生物在进化过程中并不是连续地变异。

1909 年，美国生物学家、哥伦比亚大学生物学教授摩尔根（Thomas Hunt Morgan，1866—1945）开始以果蝇为材料做遗传学研究，真正解开了遗传因子的奥秘。摩尔根就出生在孟德尔发表豌豆遗传论文的 1866 年，青少年时代的摩尔根喜欢游历，多姿多彩的大自然吸引他走上了探索生物奥秘的道路。1886 年，摩尔根考取霍普金斯大学研究院的研究生，主要从事生物形态学的研究，最终获得博士学位。后来，因为发现了染色体的遗传机制，创立了染色体遗传理论，成为现代实验生物学奠基人。1933 年由于发现染色体在遗传中的作用，赢得了诺贝尔生理学或医学奖。

摩尔根在攻读博士研究生期间和获得博士学位后的 10 多年里，主要从事实验胚胎学的研究。1900 年，孟德尔逝世 16 年后，他的遗传学说才又被人们重新发现。摩尔根也逐渐将研究方向转到了遗传学领域。摩尔根起初很相信这些定律，因为它们是建立在坚实的实验基础上的。但后来，许多问题使摩尔根越来越怀疑孟德尔的理论，与此同时，德弗里斯（Hugo Marie de Vrier，1848—1935）的突变论却越来越使他感到满意，他开始用果蝇进行诱发突变的实验。他的实验室被同事戏称为"蝇室"，里面除了几张旧桌子外，就是培养了千千万万只果蝇的几千个牛奶罐。

1910 年 5 月，在摩尔根的实验室中诞生了一只白眼雄果蝇。摩尔根把它带回家中，把它放在床边的一只瓶子中，白天把它带回实验室，不久他把这只果蝇与另一只红眼雌果蝇进行交配，在下一代果蝇中产生了全是红眼的果蝇，一共是1240只。后来摩尔根让一只白眼雌果蝇与一只正常的雄果蝇交配。却在其后代中得到一半是红眼、一半是白眼的雄果蝇，而雌果蝇中却没有白眼，全部雌性都长有正常的红眼睛。摩尔根对此现象解释说："眼睛的颜色基因（R）与性别决定的基因是结在一起的，即在X染色体上。"或者像我们现在所说那样是连锁的，那样得到一条既带有白眼基因的X染色体，又有一条Y染色体的话，即发育为白眼雄果蝇。这就是"伴性遗传"。

摩尔根及其同事、学生用果蝇做实验材料。到1925年已经在这个小生物身上发现它有4对染色体，并鉴定了约100个不同的基因。并且由交配试验而确定连锁的程度，可以用来测量染色体上基因间的距离。1911年他提出了"染色体遗传理论"。果蝇给摩尔根的研究带来如此巨大的成功，以致后来有人说这种果蝇是上帝专门为摩尔根创造的。摩尔根发现，代表生物遗传秘密的基因的确存在于生殖细胞的染色体上。而且，他还发现，基因在每条染色体内是直线排列的。染色体可以自由组合，而排在一条染色体上的基因是不能自由组合的。摩尔根把这种特点称为基因的"连锁"。摩尔根在长期的试验中发现，由于同源染色体的断离与结合，而产生了基因的互相交换。不过交换的情况很少，只占1%。连锁和交换定律，是摩尔根发现的遗传第三定律。他于20世纪20年代创立了著名的基因学说，揭示了基因是组成染色体的遗传单位，它能控制遗传性状的发育，也是突变、重组、交换的基本单位。但基因到底是由什么物质组成的，这在当时还是个谜。

摩尔根的基因学说建立以后，许多生物化学家致力于确定基因的物质基础。"分子生物学"这一术语最早出现于20世纪30年代，但真正蓬勃发展起来是从20世纪50年代开始的，1953年DNA双螺旋结构的建立是分子生物学诞生的标志。20世纪40年代末，DNA结构与功能的研究越来越引起学术界的重视，有两组科学家的研究工作特别引人注目。一组以鲍林（L. C. Pawling，1901—1994）为首，在美国加州理工学院；另一组以维尔金斯（M. Wilkins，1916—2004）和富兰克林（R. Franklin，1920—1958，女）为首，在英国伦敦皇家学院。他们对DNA晶体做的X射线衍射分析卓有成效。然而最后提出DNA双螺旋结构的是在英国剑桥大学合作研究的沃森（J. Watson，1928—）和克里克（F. H. C. Crick，1916—2004）。他们综合了各方面的实验数据，再加上自己作出的深刻分析，取得了划时代意义的成果。

按照双螺旋结构模型，DNA分子是由两条走向相反的多核苷酸链组成，链的主体是糖基和磷酸基，碱基位于两条链之间；两条链上的碱基之间靠氢键相互吸引，使两条链结合成一体；两条链又像转圈楼梯扶手的上下边一样，围绕着一个中心轴盘旋，形成双螺旋结构。四种碱基之间有固定的配对关系，否则无法形成氢键。所以一个DNA分子两条链的碱基顺序有互补关系。在提出DNA双螺旋结构模型后不久，沃森和克里克又提出遗传信息包含在DNA分子的碱基顺序之中，一个基因就是DNA分子的一段。他们还设想了DNA分子复制的方式：两条链互相分开，各以自身为模板，按照碱基互补关系形成一条新链，这样，一个DNA分子就变成了两个DNA分子，其结构与母体完全一样。基因复制这样一个复杂的生物学问题，就这样以DNA的分子结构为基础得到了解释，生物学问题转化成了物理与化学问题。

DNA 双螺旋结构模型的提出就像一剂发酵剂，使得以遗传信息的复制与表达问题为中心的分子生物学研究空前活跃起来。在 20 世纪 60 年代，人们就基本阐明了遗传信息复制、转录与指导蛋白质合成的全过程，破译了全部遗传密码。

关于遗传密码，一个非常重要的发现是：从最简单的生物——病毒，到最高等的生物——人，所使用的遗传密码是一样的。这表明所有生物有共同的起源，为进化论提供了新的有力的证明。传统生物学是以生物体、活细胞为研究对象，分子生物学是以生命大分子为研究对象，在分子水平上揭示生命之谜。分子生物学家的研究方式与研究手段，与传统生物学家有根本性的不同。"生命科学"这一术语取代了传统的"生物学"，成为对生命现象研究的最高概括。从技术方面来说，这是基因工程的客观基础，也为分子生物学的应用提供了广阔天地。

三　两次世界大战对应用技术的助推

原子弹爆炸与原子能的利用

重核裂变与链式反应的理论和实验为开发和利用核能准备了条件，同时，科学家们也看到了利用这种科学研究成果制造威力无比的战争武器的可能性。移居美国的匈牙利青年物理学家西拉德等科学家提醒美国政府和军方重视原子能研究的重大意义。

1941 年 12 月 6 日，在珍珠港事件的前一天，美国科学研究发展总局局长宣布了全力以赴制造原子弹的决定。1942 年，盟国的原子能计划进入了一个崭新的阶段，美国原子能研究的最高控制权也转移到了军政委员会。同年 8 月 13 日，研制原子弹的全部计划为保密而取名"曼哈顿工程"。

制造原子弹武器在理论上虽已没有疑问，从理论知识到工程实践，从科学家的实验室到制出实物还需要进行大量的应用研究、工程研究和生产工艺等方面的研究，要解决许多极为复杂的技术问题，而且，需要大规模有组织的协作和投入大量的人力、物力和财力，这些在和平时期是很难想象的，而战争时代就不同了。战争的形势促成美国研制原子武器，希特勒在欧洲的法西斯暴行迫使当时世界上许多最优秀的科学家云集到美国，这些都构成了美国研制原子弹的优越条件。

1942 年 11 月，芝加哥大学的操场上开始建立第一座核反应堆——"芝加哥一号"。该反应堆以天然铀为核原料，以石墨为减速剂，用能够随时插入和抽出其中的镉棒为控制器。镉棒能像海绵吸水那样吸收中子，可以对链式反应进行控制。12 月 2 日，在费米（EnricaFermi，1901—1954）的主持下，世界上第一座核反应堆投入运行。下午 3 点 20 分，当最后一根镉棒拖出来后，铀核裂变进入自持阶段，人工控制核链式反应取得了首次成功。虽然反应堆的全部输出能量很小，但在核能开发和利用的历史上，具有划时代的意义。

1945 年 7 月 16 日，在美国本土西部荒漠地带第一颗原子弹试爆成功，爆炸力相当于 2 万吨 TNT 炸药。同年 8 月 6 日，美国在日本的广岛投下了一颗名为"小男孩"（代号瘦子）的铀弹；8 月 9 日，一颗名为"大男孩"（代号胖子）的钚弹在日本长崎上空爆炸，两座城市被夷为平地。原子弹的威力在客观上加速了日本的投降，但

第七章 科学思想引领下的新科学时代

227

令全世界更为震惊的还是它的破坏力。各国竞相展开原子弹的研究：1949 年，苏联爆炸了他们的第一颗原子弹，1952 年、1960 年，英国、法国的原子弹也相继试验成功。中国依靠自己的力量，也掌握了制造原子弹的技术，1964 年 10 月成功地爆炸了第一颗原子弹。

原子核能在军事上的应用，促进了原子能技术的发展并很快应用到民生事业上来。美国于 1952 年 12 月，进行了利用原子能发电的最初尝试。1954 年，苏联在奥布宁斯克建成了世界上第一座用浓缩铀作燃料的石墨水冷堆核发电站，发电功率为 5000 千瓦。英国 1956 年则建成一座天然铀石墨气冷堆核电站，发电功率提高到 6 万千瓦。核能的开发和利用为解决世界能源短缺大有裨益。

广播技术的发展

1906 年，美国物理学家、发明家费森登（R. A. Fessenden, 1866—1932）研制出一台高频无线电发射机，利用对无线电波的振幅进行调制的办法，使调幅波可携带音频信号。这一年圣诞节前夕的一个晚上，费森登用调幅波成功地实现了通过无线电波传送语言和音乐的创举。在几分钟的广播中，播送了读圣经、演奏小提琴的声音，最后祝贺听众圣诞节快乐。而第一次收听到无线电广播的幸运听众是当时的新英格兰少数船员。1910 年，费森登在别人的资助下完成了一套无线电台装置。

1913 年，美国电工学家阿姆斯特朗（Armstrong, 1890—1954）设计出再生式放大电路，1919 年，他又设计出了超外差线路。这期间，人们对振荡回路进行了许多改进。1916 年，美国威斯汀豪斯公司的工程师康拉德（F. Conrad, 1874—1941）建立了一个业余无线电台，每周定期播音两次。1920 年 11 月 2 日，世界上第一座领有执照的电台，威斯汀豪斯公司的商业电台（KDKA 电台）在匹兹堡正式开播了。这个电台开了商业广播的先河，还以最快的速度报道了当时总统选举的结果，引起社会公众的重视。人们有收音机就可以收听到各地的新闻报道，而电台也可以通过广告大赚其钱，因此，美国的广播事业得到了飞速的发展。

1921 年，收音机已经大量普及，广播器材与收音机制造业成为美国当时发展最快的工业部门。1924 年，美国已拥有 600 多家商业性无线电台，1926 年建立起全美国的无线电广播网。20 年代末至 30 年代初，听广播成为北美最流行的娱乐节目。澳大利亚、丹麦在 1921 年，苏联、法国、英国在 1922 年，德国在 1923 年，意大利在 1923 年，墨西哥、日本在 1925 年，都相继建立了无线电台。到 30 年代，全球性的无线电广播系统已基本形成。1927 年，英国成立英国广播公司。1928 年，苏联把无线电广播作为宣传教育工具并用 50 种语言向国外广播。1943 年，美国建立"美国之音"电台，并开始向全世界的广播。中国的第一座广播电台建于 1923 年，是外国人办的。中国人民广播事业于 1940 年 12 月创建于陕北，延安新华广播电台是中央人民广播电台的前身。

无线电通讯和广播最初使用的均是长波。第一次世界大战中，美国就开始研究军用短波通讯技术。军事通讯的需要推动了广播信息业的发展。1918 年，波长 70 至 150 米的发射和接收设备研制成功，新一代电子器件也相应出现。之后，陆续发明了可产生波长为几米的超短波的磁控管、适于超高频的五极管、适于超短波放大和振荡的速调管，产生了频率调制技术。美国从 1929 年开始采用超短波通讯，30 年代以后，无线电通讯已进入 10 米以下的超短波波段。

电视技术的产生

光电管的发明、阴极射线和无线电通讯研究的进展为传播声音和图象的广播技术——电视技术的产生准备了条件。电视技术是由静止图象的无线传真发展起来的，而图象的无线传真又是基于 19 世纪中叶发明的有线传递技术。

1842 年，英国人拜恩（A. Byng，1818—1903）发明了一种通过有线电信传递静止图象的机械扫描装置。1856 年，意大利的卡斯特里利用这种装置传递了文字图形。19 世纪末，美国人史密斯——电话发明人贝尔的助手，发明了硒光电池。1884 年，德国科学家尼普科夫（1860—1940）发明了一种光电机械扫描圆盘，这种圆盘上有排列成螺旋线的洞孔，当圆盘在某一图象前转动时，图象的明暗光线被依次扫描通过圆盘上的洞孔，射到硒光电池上，转变为强弱不同的电信号，利用相应的装置再将这些强弱不同的电信号转变为明暗不等的光信号，按照原有的位置和次序把它们依次显现出来，就形成了一幅与原先的图象相似的画面。这种旋转盘扫描式的传播方式，为电视的发明奠定了基础。1907 年，俄国人罗金格（1869—1933）发明了一种可同时从上到下、从左到右扫描画面的机械装置，并采用了阴极射线管，还使用屏幕显示图象。

英国人贝尔德（J. L. Baird，1888—1946）改进了尼普科夫等人的机械扫描系统，用 30 多条水平扫描线填满整个画面，使用电磁铁偏转电子束的阴极射线管，试验通过无线电播映电视图象。1926年，他将信号从自己的实验室通过电话线传到英国广播公司（BBC）的电台，电台用无线电波将这些信号播放出来，贝尔德在实验室中又收到了自己播发出去的图象。这是第一次成功的电视传播示范。

后来，贝尔德又进一步提出了加快画面变换速度的设想，在原来变换一次画面的时间里变换画面三次，而且三次用三原色摄像，接收装置也作类似的彩色处理，以传播、接收彩色电视图像。1928 年，英国研制出机械扫描的闭路彩色电视系统。

20 世纪 20 年代，美国也加紧了电视技术的研究。美籍俄国电子学家兹渥里金（Zworykin，Vladimir Kosma 1889—1982）从 20 年代起就开始了对电子电视系统的研究。1923 年，他取得了电子显像管的专利，1928 年，研究出高灵敏度的实用显像管，1933 年，他又研制成功可供电视摄像用的光电摄像管，实现了电视摄像与显像完全电子化的过程。

1936 年 8 月，英国广播公司在亚历山大宫建立电视台，同年 11 月 2 日正式播出电视节目，被视为世界电视事业的开端。电视节目从此进入了人们的家庭。50 年代，黑白电视在各国逐渐推开；1954 年，彩色电视广播在美国诞生。电视逐渐成为使用最广泛的新闻手段，深刻影响着人们的生活方式和思想方式。

迅速发展的雷达技术

1924 年，英国物理学家阿普顿（E. V. Appleton，1892—1965）证实了电离层的存在后，人们便试图利用电磁波测量电离层的高度，即向电离层发出不连续的"电磁波"，通过记录发出波到电离层反射回来的时间，来推算电离层的高度。一次，英国人在进行这样的实验时，空中偶然有飞机飞过，电磁波受到了干扰，于是，实验人员从中受到启发，发现了雷达的原理。

1931 年到 1933 年，因军事防空的需要，英国科学家开始研制雷达，即探测来自飞机的无线电反射波的装置。1935 年，英国国立物理所无线电研究室主任沃森瓦特（Robert Watson-Watt，1892—1973）研制成第一部使用 1.5cm 波的飞机探测雷达装置——CH 系统。在临近第二次世界大战爆发的 1938 年，英国已在其东海岸建立起了防空警戒雷达网。英美的雷达技术在第二次世界大战中一直保持优势，在反潜艇、防空以及对敌空袭中大显身手。而德国的雷达技术则相对落后，以至在战争中几乎没有发挥什么作用。雷达成为盟军在对德作战中取胜的重要因素之一。战后，先进的雷达技术在航天、航空、航海等方面发挥了重要作用。

喷气式飞机的诞生

飞机的发明是 20 世纪初的事。人类飞行史上的第一架飞机是美国的莱特兄弟 ［W. Wright（1867—1912）和 O. Wright（1871—1948）］研制并试飞成功的。在第一次世界大战之前，飞机已经开始作为先进技术纳入军事装备的行列。1909 年，美国成为第一个拥有军用飞机的国家。奥佛（O. Wright）设计制造了第一架可进行军事侦察的飞机。

第一次世界大战后，飞机的动力装置不断得到改进，特别是增压发动机、涡轮增压发动机和变螺距螺旋桨等新技术的采用，使飞机的性能有了很大的提高。第二次世界大战中，飞机的时速已达 250 千米，高度可达 7000 米，续航能力超过 1000 千米。要想进一步提高飞机的速度，活塞式发动机已无能为力。特别是音速，成了活塞式飞机无法突破的屏障。飞机向大型化、载重化发展，需要巨大的动力装置，这也是活塞式发动机无法办到的。在这种需求下，涡轮喷气发动机诞生了。不久，喷气式飞机问世。

喷气式飞机研制成功，意义十分重大，它标志着航空工业进入了一个新时代。喷气式发动机的设想早在 1906 年就已提出。1928 年，英国皇家空军学院的弗兰克·惠特尔（Frank Whittle，1907—1996）发表了阐述空气推进的论文，随后提出了把燃气涡轮用于喷气推进的方案，并很快设计出了喷气推进发动机。但在当时并未引起有关部门的重视。直到第二次世界大战爆发前夕，喷气式飞机才进入了激烈竞争阶段。在这一轮竞争中，意欲发动侵略战争的纳粹德国抢得头筹。1939 年 8 月，德国研制成以涡轮喷气发动机作动力的 He-178 喷气式飞机。

飞机在战争中发挥了作用，战争又促进了飞机的革新、改进和发展。两次大战之后，军用飞机在转向民用航空方面，都发挥了很大的作用。第一次世界大战之后，美国最早使用飞机横跨大陆邮递信件，并将军用飞机改为民用。19 世纪 20 年代末至 30 年代初，许多国家相继建立了民用航空公司。民航的建立和发展，为交通运输业注入新活力，也极大地改变了交通运输业的面貌和人们的出行方式。第二次世界大战以后，军用喷气式飞机得到迅速发展，同时，也开始研制民用喷气式客机。在研制民航客机方面，率先取得成功的是英国。1949 年，英国德·哈威兰公司研制出第一架喷气式大型客机。"彗星一号"，可乘坐 80 人，载客容量成倍提高，飞机时速超过 800 千米，高度可达 1 万米。从此，制造大型喷气式客机的序幕拉开了。

火箭的发明与运用

现代火箭技术是从 19 世纪末开始发展起来的，其重要标志是液体火箭的产生。用液体燃料的火箭和喷气式飞机几乎是同时出现的。液体燃料火箭的设想是俄国的奇奥科夫斯基（1857—1935）首先提出的。1903 年，他在《利用喷气工具研究宇宙空间》一文中提出火箭飞行和火箭发动机的原理，阐述将火箭用于星际交通的可能性，并提出液体燃料火箭的思想和原理图。文中还说明了火箭由地面起飞和在星际空间飞行的条件，并指出，必须设置地球卫星式中间站，才有可能飞向其他行星。因此，奇奥科夫斯基被誉为"宇航之父"。

最初制成火箭的是美国人戈达德（R. H. Goddard，1882—1945）。1901 年，他曾撰写了一篇关于太空航行的论文，并从 1908 年开始研究火箭原理，试验各种火箭燃料，从理论上阐述了液氧和液氢是最好的化学燃料。1918 年，他成功发射了自己研制的固体燃料火箭。1930 年至 1935 年间，他又试验发射了多枚火箭，高度达到 2500 米，时速超过 1000 千米。到 1945 年为止，戈达德共取得了包括固体、液体火箭推进器和多级火箭技术在内的 214 项专利，对美国火箭技术的发展作出了卓越贡献。

早期遥感技术

早期遥感技术是通过空中摄影和仪器扫描获取地面信息的方法。要进行空中摄影和仪器扫描，必须有一个空中装置作载体，用以安置照相设备或扫描仪器。这种空中装置被称为遥感平台。具体的说，风筝、气球、飞艇、飞机都可以用作遥感平台。早在 1858 年，图纳里恩利用升空几百米的气球，成功地拍下了巴黎"鸟瞰"照片；1909 年，意大利的成尔伯·赖特在飞机上拍摄了第一张航空照片。这些空中摄影可视为遥感技术的开端。

遥感技术的发展，给交战国双方都造成了很大威胁。这一点又促使各国开展对伪装技术的研究，想方设法给对方的遥感仪器造成信息错判。而伪装技术的研究，反过来又促进了遥感技术的提高和发展，促进了新的反伪装遥感仪器的研制。遥感红外相机的出现就是一例。

　　第二次世界大战后，遥感技术在军事、经济、资源探测等方面继续得到广泛应用。火箭、人造卫星等现代遥感平台和相应现代遥感仪器的出现，使遥感技术在人类生活中发挥的作用越来越大。

第八章

人类迈入高新技术时代

一 新技术革命产生的历史背景

新技术革命的社会背景

新技术革命的产生和迅速发展有着多方面的社会发展背景。现代生产迅速发展的需要以及人类现代文明发展的多方面需要是现代新技术产生和发展的根本动力；现代自然科学发展的巨大成就为现代新技术的产生和发展奠定了理论基础；科学技术的社会化，是新技术革命成功的社会保证；战争和对抗是刺激新技术产生和发展的一个重要因素。

20 世纪电子技术的迅速发展，为电子计算机的出现提供了技术前提。许多科学家、工程师感到可以利用电器元件来制造计算机了，1938 年，德国工程师楚泽制成了一台纯机械结构的计算机，但其运算速度很慢，可靠性也不好。这个时候，一些目光敏锐的科学家、工程师看出使用电子管可能大大提高计算速度，因而纷纷试图制造电子计算机。第二次世界大战中，美国宾夕法尼亚大学莫尔学院电工系同美国陆军设在附近的阿伯丁弹道研究实验室共同负责为海陆军每天提供六张火力表，由于要分析大量的数据和运用复杂的公式，尽管聘用了200多名计算员，但使用电动机械计算机，一张火力表往往也要算两三个月，结果还不能令人满意。为了解决这一困难，莫希利于1942年8月提出了第一台电子计算机的初始方案，1943年6月开始试制，1946年研制成功世界上第一台电子数字计算机EMAC。这台机器1947年被运往阿伯丁，起初是专门用于弹道计算，后来经过多次改进而成为能进行各种科学计算的通用计算机。50年代后期，随着微电子技术的发展，集成电路的出现，引起了计算机技术的巨大变革。大规模及超大规模集成电路使微型计算机应运而生，并在各行各业得到广泛应用。而现代通信技术正是以计算机为控制工具，组成卫星通信和光纤通信结合起来的信息交换系统，信息技术在此基础上得到迅速发展。

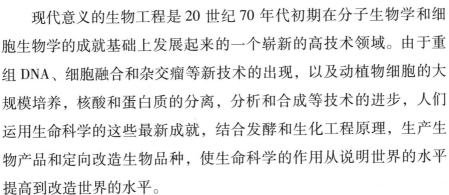

现代意义的生物工程是20世纪70年代初期在分子生物学和细胞生物学的成就基础上发展起来的一个崭新的高技术领域。由于重组DNA、细胞融合和杂交瘤等新技术的出现，以及动植物细胞的大规模培养，核酸和蛋白质的分离，分析和合成等技术的进步，人们运用生命科学的这些最新成就，结合发酵和生化工程原理，生产生物产品和定向改造生物品种，使生命科学的作用从说明世界的水平提高到改造世界的水平。

进入20世纪之后，新材料技术的产生和发展与两次世界大战的军事需要及战后经济发展有很大的关系。如在有机高分子材料中，1937年，德国开始生产合成橡胶，同时，美国因橡胶供应紧张，也大力发展合成橡胶的研究；战后，许多工业发达国家都积极进行合成橡胶的研究和生产，促使合成橡胶的世界产量上升很快，品种迅速增加。有机高分子材料的出现和发展，使材料的品种又有了很大的增加。与此同时，复合材料和包括玻璃、陶瓷在内的无机非金属材料在 20 世纪中叶也日益被重视而获得较快的发展。半导体材料和多种功能材料的发现和研制对电子技术和许多新兴工业技术有着举足轻重的作用。

能源是维持人类生存和发展的重要物质条件。随着现代社会的发展、世界人口的增长，对能源的需求量越来越大，能源紧张已成为人类面临的最严重问题之一，迫使人们去不断探索和开发新能源。原子核能发现后，首先应用于军事上。1942 年 12 月，由费密领导，在美国芝加哥建成第一座核反应堆，并开始正常运转，从而第一次实现了人工控制的核链式反应，开始了人类利用原子核能的新时代。1945 年 7 月 16 日，第一颗原子弹试爆成功。第二次世界大战以后，美国曾企图垄断原子弹技术的秘密，但是由于核裂变理论早已公布于世，并且人尽皆知，所以未能达到垄断的目的。继美国之后，苏联、英国、法国也都先后爆炸了原子弹。20 世纪 50 年代，有些国家已开始将原子核能的应用从军用过渡到民用，为人类提供新能源，即核能发电。最早一些国家建造的核电站，是在反应堆堆型基础上发展起来的。20 世纪 60 年代，核电站进入了实用阶段。20 世纪 70 年代至现在，核电站的优越性越来越明显，核能在世界能源中的地位与作用不断提高。人类在发展核能技术的同时，也在不断研究开发利用太阳能、地热能、氢能、海洋能、生物能等新能源技术。

空间技术的产生与第二次世界大战期间雷达、导弹和原子弹等新武器的研制工作有很大关系。在第二次世界大战中，主要交战国都在研制导弹，其中最先获得成功的是德国。20 世纪 30 年代初，德国组织了火箭学会。第二次世界大战爆发后，纳粹德国急于想把火箭用于战争，首先制定了大规模研究火箭的秘密计划，投入大量的人力、物力和财力。1942年10月3日，在德国的佩内明德成功地发射了惯性制导的V-2火箭，它实际是弹道导弹的雏形。第二次世界大战期间纳粹德国的导弹科技，战后成了美国、苏联发展导弹的基础，后来美国发射的洲际弹道导弹和中程弹道导弹，就是以V-2为基础的。战后，科学家最初是试图把火箭头部安放上仪器进行高空探测。不久，美国实现了这一设想，其火箭升空高达73—130千米，而且用降落伞使火箭安全降落，并完好收回了所有的部件。此后由于军事目的，美国、苏联两国加紧改进V-2火箭的射程与制导水平。到了20世纪50年代下半叶，火箭发展已经达到了作为运载工具的水平，从而开创了人类航天的新时代，空间技术也由此而产生了。

从20世纪60年代以来，海洋开发已经成为许多国家的发展目标之一。70年代，又提出"海洋牧业"的概念，它意味着对鱼类资源的利用，从捕捞为主逐步转向养殖、增殖、捕捞相结合的生产方式，这是海洋渔业史上的一个革命性变化。此外，"二战"结束后，各国由争夺和控制海上通道转向了争夺海洋资源的开发。由此也促进了海洋运输的迅速发展，同时因为广泛应用新技术，在大规模地进行国际性联合海洋综合调查和勘探过程中，获得了空前丰富的新资料。海洋工程由此迅速发展起来。

新技术革命的学科发展背景

新技术革命中的信息技术、生物工程、新材料技术、新能源技术、空间技术和海洋工程的产生都有其自己的学科发展背景。

信息技术的基础理论与方法是信息学，主要包括通信理论、计算机科学以及其他与信息获取和利用有关的基本原理和方法。通信理论形成于1928年，一些学者分别提出了信息概念和信息率与频率的关系，随后又用统计观点说明了噪声和信号特性，并且提出了信号理论，这些理论是近代通信理论的基础。计算机科学中的理论部分在第一台数字计算机出现以前就已存在。20世纪30年代中期，英国数学家A. M. 图灵等提出了理想计算机的概念。40年代数字计算机产生后，计算机设计技术与程序设计技术和有关计算机的理论研究开始得到发展，这方面构成了现在所说的计算机科学。随着数字技术，尤其是计算机技术的发展，其对通信起着越来越大的影响。70年代，由于微电子技术、计算机技术和通信技术的发展，远程数据通信取得成功，可以用通信网络把分散的计算机资源联成一体，构成计算机网，共享信息资源，在此基础上产生了现代信息技术。

生物工程诞生于1976年，它是以生命科学为基础（主要是分子生物学）发展起来的。20世纪60年代初，美国物理学家伽莫夫、生物化学家尼伦贝格和德国科学家马太破译了"遗传密码"。20世纪70年代，科学家们发展了一种新技术，即DNA重组技术。生物工程由此应运而生。

材料的使用和发展，与生产力和科学技术的发展水平密切相关。20世纪固体物理的进步，使人们可以从原子和电子结构阐明材料的一些物理性质。随着科学技术的发展，人们积极汲取近代物理、近代化学，特别是固体物理、固体化学、量子化学等理论成果，并通过尖端仪器设备，研究和阐述材料的本性，从而对材料的认识不断深化、为更好地使用现有材料和探索新型材料奠定了良好的基础。

到 20 世纪 50 年代末 60 年代初，集物理、化学、冶金学等多学科之大成的一门新兴综合性交叉科学——新材料技术诞生了。

随着现代化生产的高度发展，能量的消耗也在不断加速增长。但电力能源的燃料供应毕竟是有限的，因而迫使人们不得不寻找新的能源。核能（原子能）的发现和利用是继电力技术之后的一次能源技术革命。1905 年，爱因斯坦在狭义相对论中提出了质能关系式，这就从理论上揭示了核能成为新能源的可能性。随着卢瑟福人工破裂原子核，又发现了铀核裂变链式反应。从此以后，原子核物理在经历了几十年艰苦的基础研究后，进入了利用原子核能造福人类的新时代。此外，人们还将注意力转向太阳能、地热能、海洋能、氢能和生物能的研究、开发和利用，这些新能源的应用技术也不断被研究出来。

20 世纪 40 年代以前，是空间技术的孕育时期。20 世纪 50 年代，是空间技术的形成时期。1957 年 10 月 4 日，苏联成功地发射了第一颗人造地球卫星，它标志着人类"空间时代"的来临。此后，科学家们就利用空间飞行器（人造地球卫星、行星和行星际探测器、空间实验室、空间站和航天飞机等——在地球大气层外的空间，基本上服从天体力学规律而运行的人造物体），对地球空间、行星际空间、恒星际空间，太阳和太阳系行星，以及太阳系外各种类型的天体进行了大量的探测，从而把人类认识宇宙的视野伸展到新的深度和广度，改变了过去由地面观测所带来的局限性，获得了许多惊人的发现，积累了大量的有极大价值的科学资料，为人类认识自然界增添了许多崭新的知识。空间技术正是在广泛吸取当代有关科学技术成就的基础上迅速发展起来的。

海洋工程的产生要追溯到海洋地质学。海洋地质学是研究海岸和海底地质、地貌的一门科学，它是海洋科学的一个重要组成部分。作为一门科学，它产生于 19 世纪中期，后来由于战争，由于石油和其他海底资源的开发，它的进展十分迅速。1872—1876 年，英国皇家舰队的"挑战者"号在环球航行期间，展开了有组织、有计划的探海调查。这次巡航三大洋的航程近 7 万海里，写出了 50 卷的调查报告，其中包括海洋物理、化学、生物、地貌、沉积物等方面的宝贵资料，奠定了近代海洋学的基础。以后，德国、瑞典都进行过海洋调查。20 世纪 30 年代大陆架油田的发现，第二次大战中的潜艇活动、声呐的发明，50 年代海上石油勘探的大发展，都大大促进了海洋地质学的发展。40 年代末到 50 年代初，一些海洋地质学的著作纷纷问世。这都表明海洋地质学已经逐渐形成为一门独立的学科。海洋矿产资源极其丰富，同时，海洋中的潮汐、潮流、波浪、温差等，都是用之不竭的再生能源。和今天陆地资源日渐枯竭的现状相比，海洋资源实在是太丰富了。随着人类对海洋认识的深化，便出现了以海洋为研究对象的海洋科学。而以海洋科学为指导，运用多种现代技术和仪器设备做手段，对海洋资源进行开发和利用便形成了海洋工程。

二　高新技术的主要内容

信息技术

信息技术主要指信息的获取、传递、处理等技术。它在新技术革命中处于核心和先导地位。信息技术以微电子技术为基础，包括微电子技术、计算机技术、通信技术和网络技术等。微电子技术是微小型电子元器件和电路的研制、生产及用以实现电子系统功能的技术体系。目前，较为成熟的微电子技术包括：计算机辅助设计的软件和硬件系统；电路或系统的模拟、电路设计、电路物理问题分析；计算机自动读图、自动绘图、自动刻图、计算机联动的图形发生、自动翻版和布线；单机工艺设备程控自动化、全自动工艺线；计算机自动测试、逻辑分析、故障诊断；精密性、稳定度及效率能满足大规模集成电路要求的电子束图发生器、高分辨率制版及成像；微细加工技术、高压氧化技术、多晶硅技术，等等。总之，微电子技术已经渗透到诸如现代通信、计算机技术、医疗卫生、环境工程、能源、交通、自动化生产等各个方面。微电子技术的出现是当代电子技术的突破，并由此引起了电子技术领域的革命。

计算机技术是现代信息处理技术的核心，可用于科学计算、数据处理、工业控制、情报检索、企业管理、商业管理、交通管理等领域。当前，计算机技术的主要内容是 RISC、并行处理、多媒体技术以及软件和网络技术。RISC 系统将指令系统精简，使系统简单，目的在于减少指令的执行时间，提高计算机的处理速度。并行处理技术可在同一时间内在多个处理器中执行多个相关或独立的程序，它是提高计算机处理速度的重要方向。多媒体技术是进一步拓宽计算机应用领域的新兴技术，它把文字、数据、图形、图像和声音等信息媒体作为一个集成体由计算机来处理，把计算机带入一个声、文、图集成的应用领域。多媒体系统把计算机、家用电器、通信设备组成一个整体，由计算机控制和管理。网络技术把分散的计算机联成一体，达到信息资源的共享。

通信技术包括数字通信、光纤通信、卫星通信、移动通信等内容。数字通信可以高速完成复杂而大规模的信息传输任务；光纤通信可以传递电话、电传、传真、彩色电视和计算机数据；卫星通信广泛用于国内、国际通信，包括军用通信、海事通信和电视、广播的中继等方面；移动通信适应了现代社会快节奏，人员流动性强的需要。

网络技术是在计算机技术、通信技术基础上发展起来的，它是电脑、通信和媒体的大联合，互联网是世界各国网络群所联成的一种网络，该网络不为任何一个国家或任何一个公司所独有，而是全人类共享的信息资源，在人类社会中起着十分重要的作用，促进了"地球村"的形成。

生物工程

生物工程是应用现代生物科学及某些工程原理，将生物本身的某些功能应用于其他技术领域，生产供人类利用的产品的技术体系。生物工程主要包括基因工程、细胞工程、酶工程、发酵工程等内容。

基因工程是一种在分子水平上直接改造遗传物质的新方法。其原理是将所需的某种生物的基因，即目的基因，转移到需要改造的另一种生物的细胞里，使目的基因在那里复制和表达，从而达到改造生物或创造生物新种类的目的。基因工程的大致过程如下：第一步，取得目的基因；第二步，将目的基因和载体在生物体外联接，在联接酶的作用下，获得重组 DNA 分子；第三步，将联接有目的基因的重组载体转入宿主细胞，即重组 DNA 分子的转化；第四步，将受体细胞进行繁殖，这样得到的受体细胞便有了新的性状。

细胞工程是指通过细胞或原生质体融合技术，或染色体重组，或个别染色体添加、置换或拼接等技术，以获得能用于生产的新物种或新品种，以及通过细胞与组织培养进行生产的一切技术体系。所以细胞工程是一种在细胞水平上改造生物品种、培育新品种的生物工程技术。它突破了只有同种生物才能实行杂交的限制，为改良生物品种或创造新品种开创了广阔的前景。细胞工程包括细胞融合（细胞杂交）、细胞拆分、植物细胞和组织培养及基因导入等。

酶工程主要是利用生物酶或细胞、细胞器所具有的某些特异催化化学反应的功能，通过现代工艺手段和生物反应器生产生物产品的技术。包括酶类的开发生产、固定化酶和固定化细胞技术、酶分子的化学修饰技术、固定化酶反应器的研究和设计、酶的分离提纯技术等。酶是一种蛋白质，是保证生物体内各种化学反应顺利进行的生物催化剂。通常用化学催化剂要1年到100万年才能完成的反应，用酶只需2秒钟就完成了。目前已知的生物体内的酶有2300余种，每一种酶都各司其职，从而保证了生物体内的各种代谢活动有条不紊地进行。

发酵工程也称微生物工程，主要是利用微生物的某些特定功能，通过现代工程技术手段生产有用物质，或直接把微生物应用于工业化生产的一种技术。在发酵工程中唱主角的是微生物。发酵工程主要包括选育优良菌种，发酵生产某种代谢产物，生产某种微生物菌体，修饰或改造某种化学物质，矿物资源的微生物浸提及微生物对有毒物质的分解等。发酵技术的应用可分为两个方面：一是直接利用菌体细胞；二是利用微生物代谢产物。

新材料技术

材料是人类生存和发展的物质基础，也是人类社会现代文明的重要支柱，材料的变化直接影响着社会的变革。新型材料主要包括新型金属材料、高分子合成材料、复合材料、新型无机非金属材料、光电子材料和纳米材料等。

重要的新型金属材料有铝、镁、钛合金以及稀有金属等。新型铝合金品种繁多、重量轻、导电性好，可代替铜用作导电材料。新型镁合金既轻又强，是制造直升飞机某些零件的理想材料。新型高强度钛合金不仅用来制造超音速飞机和宇宙飞船，而且广泛用于化学工业、电解工业和电力工业，被誉为"未来的钢铁"。稀有金属化学性质十分活泼，少量即能改善合金的性能，可用来制造光电材料、磁性材料、化工材料及原子能反应堆的零件。

高分子合成材料可分为合成橡胶、塑料和化学纤维。由于高分子在化学组成和结构上的不同，因而具有多种性能，用途十分广泛，已在相当程度上取代了钢材、木材、棉花等天然材料。合成橡胶大致有三类：通用橡胶、特种橡胶和热塑橡胶。塑料是产量最高，应用最广的高分子材料，主要有聚乙烯、聚丙烯、聚氯乙烯、聚苯乙烯及工程塑料等。化学纤维主要有五大类：即绦纶、锦纶、腈纶、丙纶和维纶。

复合材料是有机高分子、无机非金属和金属等材料复合而成的一种多相材料，它不仅能保持其原组分的部分特点，而且还具有原组分所不具备的性能。复合材料可分为两大类：一类是结构复合材料，它是作为承力结构使用的材料，由能承受载荷的增强体与能连接增强体成为整体材料同时又起传递力作用的基体构成；另一类是功能复合材料，它的效能优于一般功能材料。主要有压电型功能复合材料、吸波、屏蔽性功能复合材料、导电功能复合材料等。

常见的新型无机非金属材料有工业陶瓷、光导纤维和半导体材料。工业陶瓷主要有两大类：一类为先进结构陶瓷，如莫来石、新能源技术氧化铝、氧化锆和复相陶瓷等；另一类为先进功能陶瓷，包括装置陶瓷、电容器陶瓷、压电陶瓷、铁电陶瓷、半导体陶瓷等。光导纤维是可有效地远距离传导光信号的玻璃或塑料纤维，它重量轻、通信容量大、传输损耗低、抗干扰力强、温度稳定性好。半导体材料主要用来制作晶体管、集成电路、固态激光器和探测器等器件。

光电子信息材料包括光源和信息获取材料、信息传递材料、信息存储材料以及信息处理和运算材料等，其中主要是各类光电子半导体材料、各种光纤和薄膜材料、各种液晶显示材料和电色材料、新型相变和光色存储材料、光子选通材料、光致折变材料、新型非线性光学晶体等。

纳米材料。"纳米"是一个长度单位，1 纳米等于 10^{-9} 米。科学家们发现，当物质（材料）的结构单元（如晶粒或孔隙）小到纳米量级时，物质（材料）的性质就会发生重大的变化，不仅可以大大改善原有材料的性能，甚至会具有新的性能或效应。利用这些所谓纳米结构材料的新特性制成器件或制品会引起诸如工业、农业、医疗和社会的重大变革。以商品规模生产的纳米材料有：金刚石、磁性材料、金属、陶瓷、复合材料和半导体材料等。

新能源技术

20 世纪 70 年代以来，许多国家出现能源短缺问题，世界各国普遍加强对新能源的研究与开发，从多方面探寻发展新能源的途径，取得了令人振奋的成就。其中，以核能、太阳能、氢能、地热能的利用最为引人注目。

核能（原子能）是原子核结构发生变化时放出的能量。核能可以替代煤炭、石油等能源，目前主要用于发电。当前，世界各国核电站所采用的核反应堆基本都是核裂变反应装置。

太阳能是一种巨大且对环境无污染的能源。太阳能的转换和利用方式有：光——热转换、光——电转换和光——化学转换。太阳能热利用技术是太阳辐射能量通过各种集热部件转变成热能后被直接利用，它可分低温（100—300℃）：工业用热、制冷、空调、烹调等；高温（300℃以上）：热发电、材料高温处理等。太阳能光电转换技术主要是通过太阳能电池将太阳辐射转变成电能。光化学转换技术是研究光和物质相互作用引起的化学反应的一个化学分支。

氢能是不久的将来作为替代石化类二次能源中汽油、柴油的一种最有希望的能源。由于氢重量轻、热值高、无污染、资源丰富，从20世纪70年代初开始就用于发电以及各种机动车、飞行器的燃料和家用燃料等。氢作为能源使用时，无污染物产生，燃烧产物是水，而生产氢的原料也是水。氢的热值高，每克液氢可产热120千焦，是汽油的2.8倍。但是，氢需要利用其他能源来制取。当前，制氢所采用的方法主要是热分解法和电分解法，氢的制取成本是目前制约其应用的主要障碍。

地热能是来自地球内部的一种天然能源，地球本身是个大热库，蕴藏着巨大的热能。地热能的利用目前主要有两个方面：地热能发电和地热能采暖。地热能发电是地热能利用的主要的、具有开发前景的形式，其发电原理与一般火力发电相似，所不同的是，其动力源是直接来自于地热。地热能采暖主要是将地热能——蒸汽或热水，直接应用于工业生产或生活。此外，对生物能、风能、海洋能也在不断进行研究、开发和利用。

迎面而来——从人类文明发展看第三次工业革命

空间技术

空间技术是探索、开发和利用太空以及地球以外天体的综合性工程，也是高度综合的现代科学技术。它主要包括人造卫星、宇宙飞船、空间站、航天飞机、载人航天等内容。

人造卫星是指人工制造的被加速到超过 8 千米/秒后绕地球在空间轨道上运行的无人飞行器。人造卫星种类很多，总的可分为科学试验卫星和应用卫星两大类。应用卫星按其用途又可分为通信卫星、广播卫星、气象卫星、地球资源卫星、导航卫星、测地卫星、侦察照相卫星等。应用卫星是直接为国民经济、军事和文化教育等服务的卫星，是当今世界上发射最多、应用最广泛的航天器。

宇宙飞船即载人飞船，它是能保障宇航员在外层空间生活和工作以执行航天任务并返回地面的航天器。它可以独立进行航天活动，也可作为往返于地面和航天站之间的"渡船"，还能与航天站或其他航天器对接后联合飞行。宇宙飞船运行时间有限，仅能使用一次。宇宙飞船分两类，一是环绕地球轨道飞行的飞船，二是能脱离地球轨道的飞船。飞船由宇航员返回座舱、轨道舱、服务舱、对接舱和应急救生装置等部分组成。

空间站又称航天站、太空站或轨道站，是可供多名宇航员巡访，长期工作和居住，在固定轨道上运行的载人航天器。它可作为科学观察和实验的基地，并可用来给别的航天器加燃料或从上面发射卫星和导弹。太空站的重要用途有：天文观测、勘测地球资源、应用新工艺技术在太空制造新型合金和超纯材料、进行生物医学试验等。

要发展空间站，就必须把大量的设备和结构运到轨道上去，还要把人员往返运送于空间站和地面。运人的往返运输系统可采用航天飞机。航天飞机是可以重复使用的、往返于太空与地面的载人飞行器。它综合了火箭、飞船和飞机三者的技术，是一种新型的航空航天飞行器。航天飞机运载量大，可装载各种卫星、飞船、实验室和较多宇航员、科研人员。它可在轨道上发射卫星，又可回收和修复卫星。

载人航天是航天技术发展的一个新阶段，是人类驾驶和乘坐载人航天器（载人飞船、空间站、航天飞机）在太空从事各种探测、试验、研究和生产的往返飞行活动。载人航天系统由载人航天器、运载器、航天器发射场和回收设施、航天测控网等组成。

海洋工程

海洋工程包括进行海洋调查和科学研究，海洋资源开发和海洋空间利用，涉及到许多学科和技术领域，它主要表现在：海底石油和天然气开发技术、海洋生物资源的开发和利用、海水淡化技术、海洋能源发电技术等方面。

为了开发海底石油和天然气，必须克服水体的障碍，具备与陆地不同的技术，即具备不同于陆地石油开发技术的海底石油和天然气技术，包括平台技术、钻井和完井技术、输送技术。专用于钻井作业的移动式钻井平台有：底座式平台、自升式平台、钻井船和半潜式平台。海上平台造价很高，一般都采用一座平台钻多口井的方法，这就要有斜钻井的技术。开发海底石油和天然气，对于油气的存储和输送，目前有两种方法：一是在海上建立储油站和装油船，由船舶运输；二是管道输送，这是向岸上输送油、气的主要手段。

建立在现代海洋生物学基础上的现代海洋养殖业已成为一大产业，其蕴涵的潜力完全使人相信海洋即将成为人工生产蛋白质的重要基地。现代海洋水产业的主要发展方向，首先是开发海洋"牧场"，积极发展"栽培渔业"，使各种人类需求的海洋动植物资源生产人工化，达到稳产高产的目标。其次，利用先进的技术发现、开辟新的海洋渔业资源、改造和发展传统的捕捞业。目前，超声波鱼探仪、雷达导航技术、水下通信技术、水下摄影和录像均已得到广泛应用。

　　海水淡化是解决地球缺水供需矛盾的根本途径。海水淡化是新技术革命的内容之一。目前，较为成熟的海水淡化技术有：蒸馏法、电渗析法和冷冻法。蒸馏法是以化工过程中的蒸馏——蒸馏单元为基础发展而来的一种分离方法，其工艺较完善，应用最广而且起的作用最大。电渗析法是一种膜分离技术，电渗析淡化器的关键部件是离子交换膜，它的发展对电渗析技术具有决定意义。冷冻法是在冰点温度下，从海水中分离出淡水来，由于融化后的淡水仍有咸味，因而不能令人满意。

　　海洋能源发电技术是指利用海洋中波浪、海流、潮汐、海水温度和海水盐度差等蕴藏的丰富能量发电的技术。潮汐发电是利用海水涨落潮差的能量，通过水库控制海水的落差推动水轮机，进而带动发电机发电。目前，海洋能发电大多处于试验或小规模实用阶段。海洋能源的总能量相当于地球上全部动植物生长所需能量的 1000 多倍，现在这种巨大能量正逐步得到开发和利用。

三　高新技术对人类社会的影响

人类进入信息时代

从 17 世纪到 19 世纪初，信息技术从最初的从属地位开始，一直伴随着工业革命的进程而发展。至 20 世纪，现代信息技术已成为推动现代技术、现代经济和现代社会向前发展的强大动力，奠定了人类迈向信息社会的技术基础。20 世纪 70 年代以来，微电子技术在突飞猛进地发展。它渗入到人们的工作、生活以及一切生产活动之中。它已经成了现代化生产与现代化生活的主要支柱。微电子技术的发展为程序自动化和机器操作自动化提供了极其广阔的应用范围，发达国家正在用自控机器取代劳动力。作为自动化的结果，传统的工人阶级将随之减少，从事创造性劳动的科学家、艺术家、高级技术专家、教育家、医生将大量增加。例如，在美国，工业领域所雇佣的劳动力占总劳动力的份额从 1950 年的 61% 降低到 1980 年的 37%。微电子技术使很多家用设备自动化，使电视和电话的作用成为现有公共设施的终端。它使人们的生活和生产活动产生了根本的变化。

在早期，电子计算机主要应用于科研和军事部门，对国民经济建设的影响不大。而目前，世界各国，特别是美、日等西方国家已将计算机广泛应用于社会经济建设，从而提高了生产的技术水平，提高了效益。比如，计算机参与工业自动化后，可使机械生产行业的总成本降低 22.5%；使汽车业、金属加工业和纺织业明显地节约劳动力（约30%—60%，甚至85%）；使能源的利用率得到显著的提高，工业机器人的使用解放了部分劳动力、改善了劳动条件。计算机已经"无孔不入"地渗透到工、农、商、军事以及社会各部门，渗透到人们的学习和生活中。它的发展和应用已不仅是一种技术现象，而是一种政治、经济、军事和社会现象。世界各国都力图主动驾驭这种社会计算机化和信息化的进程，以便更顺利地向高度社会信息化方向迈进。

在新技术革命中，计算机逐渐成为所有通信技术系统的核心，使整个世界的通信事业发生了深刻而巨大的变化。通信不仅能沟通信息，而且能起到管理信息、社会咨询和信息分配的作用，成为先进工业社会的命脉，加速了整个社会信息业务的发展。通信技术的广泛应用，已经在现代社会中形成一系列时时刻刻不能缺少的通信系统。

生物工程造福人类

医药工业是生物工程开发研究地最早，也是发展最快的一个领域。用生物工程生产的胰岛素、干扰素、生长激素等，产量高、质量好，价格低廉，比起用传统方法从猪、牛等牲畜的脏器中提取，具有不可比拟的优越性，这对那些糖尿病、癌症和侏儒患者来说，无疑是一大福音。

当前世界面临一些困难和问题：人口增长很快；粮食短缺；能源不足；环境污染严重；一些重大疾病威胁着人类的生命和健康。要解决这些问题，必须积极发展科学技术。现代生物工程技术虽然出现历史很短，但近20年来发展很快，对解决人类面临的问题作出了贡献，但更多的是提供了前景。就当前的情况而言，它还处于起步阶段，然而其研究和开发却已初见成效。生物工程的应用面很广，可用于食品、化工、纺织、制药等多种工业，在农林牧渔业、医疗保健、能源、矿冶、环保、国防等方面也有巨大的经济效益和社会效益。

随着人口的增加及生活水平的提高，粮食和动物蛋白质的供应不足成了突出问题。在不能大面积开垦拼地的情况下，增产粮食的出路只能靠提高单位面积产量来解决，而要提高单位面积产量，狠抓良种是主要的一环。基因工程和细胞工程在培育光合效率高、能固氮、高营养成分、抗病虫害和抗逆、抗除莠剂的作物新品种方面发挥着很大的作用。目前，国内外都在探索和研究将菜贮存蛋白质的基因转到向日葵中，已取得初步成果。所以，在解决人类面临的粮食和食品问题方面，生物工程能起到它独特的作用。

生物工程还可从多方面帮助解决人类面临的能源和环境问题。首先在能源方面，生物工程不仅可以生产能源如沼气、氢气、酒精等，而且可以增加石油和铀采收量。其次，其他方面，在矿冶工业中利用微生物及基因工程培育的特殊细菌，能把矿物中的金属溶解出来，并进一步富集金属。此外，用基因工程研制能富钠的菌种，用以淡化海水，这对缓解目前淡水紧张的局面，意义极为重大。在解决人类面临的环境问题方面，生物工程用于环境保护，既利于"三废"防治，也利于生态保护。

生物工程的应用前景是诱人的，各国都把生物工程列为优先发展领域，采取有力措施，促进生物工程迅速发展。

新材料——未来社会的基石

新材料对现代化科学技术进步和国民经济发展以及增强国防实

力具有重大的推动作用，它具有优良性能和特定功能，是发展信息、航天、能源、生物、海洋开发等高技术的重要基础，也是整个科学技术进步的突破口。

从现代科学技术发展史中可以看到，每一项重大的新技术发现，往往都有赖于新材料的发展。新材料对于社会经济技术的发展具有关键性的作用，没有新材料的发现，就不会有高新技术产品的出现和工业的进步。对国民经济和现代科学技术具有重要作用的半导体材料就是一个明显的例证。半导体材料的出现对电子工业的发展具有极大的推动作用。以电子计算机为例，自 1946 年世界上第一台真空管电子计算机问世以来，由于锗、硅等半导体材料和晶体管等半导体器件的相继研制成功和广泛应用，计算机技术获得了极其迅速的发展，在短短 40 多年里，经历了一代代产品更新。1967 年，大规模集成电路问世导致微型计算机的出现，现在一台微型计算机比世界第一台大型电子计算机运算速度快了几百倍，功能更是不可比拟，而体积仅为原来的三十万分之一，重量仅为六万分之一。硅半导体材料的工业化生产，使计算机技术进入袖珍化时代；高温、高强度结构材料的出现，促进了宇航事业的发展；低损耗光纤技术的进步，开拓了光通信长距离传输技术，正在改变着电信、军事装备和医学等领域的格局；高温超导体材料的发现，将改变电子技术的面貌；塑料和复合陶瓷材料的问世，使社会生活和工业、军工产品大为改观；隐形材料的研制，使战场出现了扑朔迷离难以捉摸的情景。当前，几个原子层厚的半导体材料以及其他新型光电子材料的研究进展，将加速整个信息技术革命的进程，在这类材料基础上发展起来的光电子技术，将代表 21 世纪新兴工业的特色。纳米技术使古老的磁学变得年轻活跃，磁性材料已进入了纳米磁性材料的新纪元。尤其是纳米巨磁阻材料可使存储密度大幅度提高到20Gbit，使磁存储技术获得新生。纳米晶体材料作为催化剂载体使用是一个超过300亿美元/年的工业的基础。介孔 SiO_2 材料 MCM-41 现已广泛应用于超细污染物的去除。俄罗斯纳米金刚石的年产量已有 2000 万克粒。今后纳米材料将成为具有极大发展前途的产业。

人类社会的新能源

能源是人类社会活动的物质基础。在某种意义上讲，人类社会得以发展离不开优质能源的出现和先进能源技术的使用。

核能是人们选中的一种较为理想的新能源。目前，核能已成为许多国家的能源支柱，开发核能成了一个国家科学技术现代化的重要标志。实践证明，利用核能发电，技术上可行，安全上可靠，经济上合算。核电站与火电厂相比，经济上的特点是建设投资高，但燃料费用低，两者的运行费用不相上下。因此，折算到每度电的成本上，大的核电站已普遍低于火电厂成本的20%—50%。核电站不仅能提供大量电能，还可以生产许多放射性同位素，供工农业生产和科研使用。据有关资料介绍，从 20 世纪 70 年代后期到 21 世纪 20 年代，世界能源消费比例中，石油消费比例的下降将超过总消费量的30%，而下降部分将由核能来填补。核能是当今新能源利用中最理想的能源之一，是解决当今世界能源问题的主要途径。

随着能源科学技术的发展，人们不断克服太阳能存在的缺点，太阳能作为新能源将会日益得到推广和应用。当前太阳能的利用，主要是"光—热"转换和"光—电"转换两条途径。利用太阳能直接供热可以做成各种温室、干燥器、热水器、蒸馏器、太阳灶、高温太阳炉、太阳动力机等。至于太阳能发电，则有热力发电和太阳能电池直接发电两种。在工业发达国家,太阳能热水和建筑物供暖系统已投放市场。太阳能电池已在人造卫星、航空、铁路和港口上应用;太阳能育种、空调、理疗、焊接和太阳能热力发电等方面的研究,也取得了一定的成果。

空间技术与航空时代

20世纪70年代以来,利用空间环境及其高远位置进行了广泛的应用试验,突破了空间技术应用领域众多的技术关键,拓展了广泛的应用范围,卫星技术与多种科学技术的交叉和渗透,产生了卫星应用技术,形成了通信、导航、气象、资源、科学、军事应用、深空探测等卫星系统。卫星应用技术在国民经济、国防建设、文化教育和科学研究等方面发挥着越来越重要的作用,其综合效益十分显著。空间技术主要是通过卫星应用转化为直接生产力和国家实力。卫星应用系统是空间工程系统的组成部分,同时也深入众多的应用部门,发展成为应用部门的新技术系统。

载人航天是空间技术发展的一个新阶段,它的技术复杂、规模大、研制周期长、投资多。这种褒贬不一的尖端技术,今天已获得了飞速发展,显示出它的重要性和生命力。空间站是载人航天技术中的佼佼者。发展空间站,可以充分利用空间资源,如高远位置、微重力、高真空、超低温、高洁净和强辐射等,加速空间物质产品的开发,促进空间工业化、商业化和军事化的进程,并带动许多现代科学技术的飞速发展,还可促使材料科学、生命科学、物理学、化学和天文学等产生新的突破,还促进了电子、材料、机械、化工、能源、冶金、遥感、计算机、自动化、交通技术的发展。空间站的建立,将使人类活动领域由陆地、海洋、近空扩大到宇宙空间,从而将引起人类社会的科学、技术、经济和生活等多方面的重大而深刻的变化。

海洋工程推动社会经济发展

20世纪60年代以来，海洋工程的形成与发展，推动了世界经济的发展。目前，海上年货运量已远远超过30年代末，增长了十几倍；海洋捕捞业，年产量达到7000多万吨，比20世纪初增长了近20倍。近几十年来，通过人工放流苗种增殖海洋生物和在人工控制下养殖海洋生物的工程技术也发展起来。这是海洋渔业史上一个革命性变化。它类似人类祖先由采集野果向栽种谷物，由捕捉野兽向驯养家畜的变革。

海上石油开发及其工程技术的兴起，使世界进入了一个"现代海洋开发"的新阶段，海洋石油开发给世界经济增强了活力；缓和了石油危机；为有关国家创造了大量的经济收入；促进了沿岸地区经济和社会的大发展；促进和带动了其他行业的发展。1960年，在海上从事油气勘探的国家只有20多个，而今天全世界从事海洋石油勘探开发的国家或地区已超过100个。被称为海洋新兴产业的海洋再生能能源的开发利用，也取得了显著进展。世界目前出现了一批中、小型潮汐能、波浪能、海洋热能发电站及设备。科学家预测，海洋再生能源将成为21世纪的重要新能源之一。

海水化学资源的开发利用成果越来越多，并广泛用于化工、轻工、冶金、医药、航空等工业。氯化钠（食盐）、溴、镁等的提取已达到大规模工业生产水平。海水淡化已有20多种方法。1975年在香港建成的海水淡化厂，日产量为18万吨；1983年在沙特阿拉伯吉达港建成的海水淡化厂，日产30多万吨。与海水淡化相结合，发展综合利用，是近些年海水利用的新动向。美国计划在海上建立基地，用淡化水灌溉农田，用电力制氮肥和磷肥，把发电与淡化、工业与农业结合起来，组成大规模的联合企业。世界海洋的年度经济收益也已极大增加。

过去对海洋空间的利用只限于交通运输及港湾建设，随着陆地上可用的土地面积越来越少，人们开始着手开发利用海洋空间，将各种建筑物向海上发展，其中包括海面和水下运输、海面和海底基地、海上城市、海上机场和海上公园等娱乐场所。海洋对于沿海国家的社会和经济发展的作用越来越大，许多国家都把海洋开发作为一项基本国策。

第九章

迎面而来——危机与使命

一　痛苦的思考

工业革命以来，人类社会迅猛发展，世界发生了翻天覆地的变化，世界经济总量实现了爆发式增长。与此同时，发展后遗症也逐渐显现，我们在享受由现代文明带给我们的高质量生活水平的同时却发现，现代社会面临着资源稀缺、环境污染、气候恶化、自然灾害频发、生产过剩、浪费严重和疾病威胁等问题，这些问题对全球各个国家的发展构成严峻的挑战。

金融危机

2008 年，发生了次贷危机，全球经济经受了重创，陷入二战之后近 70 年里最深重的一场全球性金融危机与经济衰退。此次危机起源于当今世界经济实力最强、金融体系最发达的美国，从住房抵押贷款证券化肇始，迅速波及世界。

次贷是指为缺乏稳定收入、稳定工作和相应资产的借款人提供的贷款。次贷危机，是指缺乏支付能力而信用程度又低的人在买了住房之后，无力偿还抵押贷款所引发的一种金融问题。

居民住房是不动产，很难发生位置移动，因而即使发生供求问题以及由此引发金融问题，也应只限于一定地区的范围之内。然而在美国，这个问题却成了波及全国以至全球的问题。这主要是由于一种金融衍生品即"住宅抵押贷款支持证券"的泛滥造成的。一旦金融衍生品介入，把住房抵押贷款证券化，就会展开无穷的金融交易。次级抵押贷款有定期的现金流还款，这是围绕次贷的所有收益的来源。因此，只要房价继续走高，所购房产就一定会增值；有增值，就一定有还款来源；有还款来源，就可以通过证券化分散风险。这种证券既可以在国内金融市场不断交易，又可以在国际金融市场不断流通，于是就把住房问题由局部问题变成全局问题、由地区问题变成全国以至全球问题。

当资金的最终提供方与最终使用方之间相隔过远，那么，每多一层委托代理关系，房地产抵押贷款证券化的衍生品就多一层道德风险。金融贷款机构有极大的冲动发放贷款，哪怕是对信用记录不良的人士发放，因为转手就可以出售；而当货币政策收紧，房地产价格下降时，低信用阶层的违约率上升，由于不可能100%证券化，于是贷款机构首当其冲，然后所有利益链上的参与者均受到牵连。房价泡沫破裂后，无实际价值支撑的次贷以及相关的金融衍生品大规模违约，引发银行破产的连锁反应，银行间流动性冻结。

华尔街的投资银行家们坐着宽敞的波音飞机到世界的每个角落，推销他们的衍生产品。次贷危机对美国实体经济造成影响并促使美国调整宏观经济政策，而在全球化不断深化的今天，美国经济政策的调整必然会越过国境，传导到全世界，对世界经济产生更为深刻的影响，演变成"美国次贷，全球买单"的局面。

世界经济已经从工业经济体系转化为信息经济和网络经济体系，但是现有的政治结构依然建立在原有的工业经济体系之上，传统的经济政策对于解决危机所需要的结构调整作用极其有限。这场危机再一次证明，经济增长的核心是技术进步、生产率提高和制度创新，依靠经济政策刺激起来的资产泡沫是无法支撑经济增长的。

产能过剩

关于生产过剩的衡量指标，有产能过剩和产品过剩两种提法。前者指的是产业的潜在生产能力超过了市场实际需求所形成的供大于求的状况。而产品过剩则是指已经生产出来的商品供给大大超过居民实际购买需求的状况。一般而言，产能过剩极容易导致产品过剩，两者之间存在着一定的正相关关系。过剩的直接表现是资源的浪费和经济的衰退。

就我国而言，目前，被点名的产能矛盾突出的行业，除了钢铁、水泥、电解铝、平板玻璃、船舶等传统行业外，一些新兴行业（如光伏电池、风电设备、多晶硅等）也位列其中。2012 年，中国产能利用率为 57.8%，低于 72%—74% 的"合意"区间 15 个百分点左右。这意味着，现阶段中国的产能过剩非常严重。比如，世界钢铁年产能约 15 亿吨，中国有 7 亿吨，占比近一半，而实际产能超过 10 亿吨，并且利用率只有 70%；目前国内在建的新型煤化工项目约有 30 个，总投资达 800 多亿元，煤化工盲目建设和过度发展不仅加剧了煤炭供需矛盾，也直接影响到全国合理控制能源消费总量；尿素产能为 3400 万吨，超过国内需求 30% 以上；轮胎产能的 47% 以上需要出口市场消化；全国已建和在建维生素 C 产能近 5 万吨，规划拟建能力 2.5 万吨，维生素 C 的产能将远远超过全球需求。

导致生产过剩的原因有多种多样，其中重复建设是"罪魁祸首"之一。比如，我国的钢铁行业已经出现了严重过剩的局面，但有关部门仍在给新钢铁项目上马发放通行证。我国有 23 个省、区、市建有整车生产线，但产量在 5 万辆以上的仅有 18 家，绝大多数产量在 1 万辆以下；在光伏产品热销时期，全国有数千亿的资金涌进该领域"淘金"，产能在短时期内急剧扩张。即使是当下炙手可热的房地产，也同样存在着资金过度投资、住宅空置率上升、商业写字楼供给过剩的问题。在不少城市，住宅供给过度所导致的"鬼城"现象屡见不鲜，一些地方的商业写字楼空置率超过 40% 以上。

市场经济国家爆发的经济危机，主要是生产过剩的危机。而这种危机主要是由于企业的供给能力大大超过了劳动者的实际购买能力所致。对中国而言，这种危机实际上已经苗头初现。一方面，生产过剩已经不限于少数部门，而是蔓延到大多数部门。另一方面，劳动者需求提升有限，有效需求不足问题突出。供过于求现象的表象，就是市场上广泛流传的所谓"钢铁煤炭卖出白菜价"、"卖电脑不如卖盒饭"、"造车不如拆车"等等令人啼笑皆非的故事。有基于此，国务院制定以 PM2.5 治理为主的《大气污染防治行动计划》，其首要内容就是控制产能过剩，特别是钢铁、水泥、平板玻璃、氧化铝等"两高一资"（即"高耗能、高污染和资源性"）企业的产能过剩。然而，管控思路主导下的中国经济，产能过剩的医治多以行政手段为主，市场手段为辅，而行政式关停整治，遏制金融资源向产能过剩的行业配置等，如同对经济横截面的断点切割，不仅使经济面临净折损的切肤之痛，又无法在去产能中真正发挥市场的优胜劣汰功能，进而使重复建设与产能过剩周而复始。

在全球经济逼近二次探底边缘的今天，各国政策制定者都在思考并寻找着新的经济发展模式。有专家认为，未来，互联网与新能源以及新生产模式的结合是大势所趋，这种结合将再次改变时间和空间对于人类社会经济生产活动和生活方式的种种局限，从生产力和生产关系两方面重塑社会经济形态，成为全球经济走出低谷的新动力。

能源危机

自从人类发现了煤炭、石油、天然气等化石能源，掀起了第一、第二次工业革命，人类对这些宝贵的资源逐步进行了开采和近乎疯狂的掠夺。与此同时，大量化石能源的燃烧和低水平开发利用，导致了灾难性的后果：环境污染和气候变暖，危及人类生存。在如此残酷的背景下，人类如何度过能源危机，实现可持续发展？作为世界上人口最多的国家，中国又在能源使用上也不例外。危机中找到一条新路？尽管化石能源还能用多久的说法不一，但化石能源迟早要枯竭却是不争的事实。

世界经济的发展离不开石油、天然气、煤炭等石化资源的广泛投入应用。然而，人类的过度开采和使用造成了能源资源短缺，而石油资源的蕴藏量是有限的，容易开采和利用的储量已经不多。目前，世界能源消费依然以石油为主导，能源危机已经导致中东及海湾地区矛盾甚至军事冲突的发生。在工业领域，石油被称为"工业血液"，国际油价上升对多个行业产生重大影响，已经引发电力、煤炭、化纤、棉花、金属、建材等相关制造业原料价格上升，原料价格的上涨会进一步向下游传导，引发成品价格的上升。受到油价高涨冲击比较大的行业，有石化产业和航空产业以及汽车产业，国际原油及航空燃油价格急速攀升，导致世界航空运输行业成本持续大幅上升，而燃油成本占到航空公司总成本的四成以上。同时，对于纺织工业，石油涨价将对提高其原料成本，对于本已经处于转型期的纺织工业，更是雪上加霜。另外，化肥、农药、涂料染料、纯碱、塑料、化纤等行业，都或多或少受到高油价的影响。对于发达国家来说，高油价已经影响到了生活，人们会选择一些新的生活方式，但在中国，普通市民、有车一族还是第一次经历高油价，如果将来汽柴油价格大幅上涨，人们肯定会对自己的购车行为、驾车方式作出重大改变，这对中国来说，也是一次新考验。

　　全球随时都面临第四次石油危机风险。国际石油价格曾有过三次大涨：即第一次发生在1973年的第一次石油危机，第二次发生在上世纪80年代初，第三次是1990年的海湾危机。这三次震惊世界的石油危机令世人至今回想起来仍不寒而栗。在那个可怕的年代，经济停滞、物价飞涨、股市下跌。

　　什么能源才是今后的消费主流。可以肯定：今后20年，所有的化石能源发展都会增长缓慢。不过，化石能源仍然占到能源供应量的80%，变化的只是各种能源种类所占的市场份额。其中，石油份额会逐步下降。对中国而言，天然气是一种比较新的能源，仅占中国能源消耗的5%。过去中国并非天然气和石油的进口国，而且还曾是石油输出国。但由于近些年大力推广天然气，目前天然气对外依存度在逐渐增长。预计只有到了2030年，随着中国国内天然气产量的增加，中国的天然气对外依存度才会有所缓和。

　　居安思危，人类已经认识到并思考能源资源枯竭带来的危机，争取尽早探索、开发利用新能源。新能源是相对传统能源来说的，像目前已经广泛利用的煤炭、石油、天然气等被称为传统能源，而包括太阳能、生物质能、水能、风能、地热能、波浪能、洋流能和潮汐能，以及海洋表面与深层之间的热循环等则被称为新能源。此外，也有说法表示，氢能、沼气、酒精、甲醇、核能等也都属于新能源。

如今，传统化石能源的储量逐渐降低，成本不断上扬，同时对地球环境以及生态系统的稳定造成了负面影响。而另一方面，可再生能源成本不断下降，新型绿色能源的价格持续下降。在太阳能利用方面，欧洲独占鳌头。在风能利用方面，欧盟和美国也应用广泛。

目前我国在新能源领域的太阳能、风能等几大板块并不是非常景气。虽然太阳能等中国产能增长很快，但是由于市场主要在国外，而中国的太阳能产品又遭到欧美等国的反倾销，因此，太阳能处于产能过剩的状态。一方面是国内市场需求未被挖掘以及产能过剩，另一方面是中国新能源在技术水平上并没有优势，尤其关键技术主要还都是依赖国外。即我们国家的新能源现在是"三头在外"：核心技术、原材料和市场都在外面，只有加工产能在国内。

近年来，由于全世界范围内对能源以及环境保护问题的重视，对新能源的开发和利用被视为是解决能源危机和环境保护的关键方法之一。根据1980年联合国召开的"联合国新能源和可再生能源会议"对新能源的定义：以新技术和新材料为基础，使传统的可再生能源得到现代化的开发和利用。世界循环经济的革命性发展，预示着世界能源已由不可再生的稀缺资源转向可再生的丰裕资源，预示着新文明的出现和人类文明的再次转型，预示着人类可以从根本上实现人与自然、人与人的双重和谐。

新材料的研发是继新能源之后的又一个重要的节能领域。新材料作为高新技术的基础和先导，应用范围极其广泛，它同信息技术、生物技术一起成为二十一世纪最重要和最具发展潜力的领域。目前，一般按应用领域和当今的研究热点把新材料分为以下的主要领域：电子信息材料、新能源材料、纳米材料、先进复合材料、先进陶瓷材料、生态环境材料、新型功能材料（含高温超导材料、磁性材料、金刚石薄膜、功能高分子材料等）、生物医用材料、高性能结构材料、智能材料、新型建筑及化工新材料等。

新能源、新材料的开发应用作为低碳经济发展的朝阳产业，发展迅速，是普遍关注的产业重点，也是未来产业结构调整的重点。

环境危机

环境，赋予人类以生命，并提供衣食住行的来源。今天，人类活动造成对环境的破坏已危及人类自身的生存与繁衍，他们正面临一场深刻的极其严峻的环境危机。而反省自己的行动，冷静地认识自身的能力，是人类真正成熟的标志。如何超越这场危机，应该是全世界政治家、企业家、科学家及每一个普通人所关注的，应该说，也是每一位地球人的义务。

20世纪70年代，随着东西方冷战的结束，和平与发展，慢慢成了人类追求文明与进步的共同主题，核战争已不再是威胁世界的第一危机，取而代之的是环境危机。如今，环境与发展问题，已成了当代世界共同面临的两难选择，成了对21世纪人类最严峻的挑战。

我们习惯于把数百年来的人类工业革命称作工业文明，习惯于陶醉在所谓征服大自然的"胜利"之中，甚至习惯于随心所欲地向环境肆无忌惮地索取和排放废弃物。然而今天，地球已经不堪忍受这种文明所带来的掠夺和蹂躏，一连串的惩罚和报复接踵而至，文明的负效应甚至威胁到了人类的生存。

环境问题不仅仅是个生活质量的问题，更是一个直接危害人类生存与发展基础的地球生态问题。所谓"生态危机"，主要是指人类在经济活动中对地球生态系统中的物质和能量的不合理开发、利用和改造，在全球规模或局部区域导致生态过程即生态系统的结构和功能的损害、生命维持系统的瓦解，从而给人类自身的生存和发展带来灾难性危害的现象。因此，我们呼唤一种取代传统工业文明的新的生态工业文明。它将在人与自然和谐的基础上，实现人与人更大的和谐。

"环境危机"这一概念有三个层次的含义：一是局部性的，即环境影响限于一个地区或一个国家内，如水污染、大气粉尘等；二是区域性的，主要涉及污染物的跨国界转移，如酸雨等；三是全球性的，如温室气体、臭氧层消耗物质等。如今，人类正在面临着一场因空前的环境退化所引起的深刻危机：臭氧层的破坏使地球表面的太阳紫外线辐射增多，皮肤癌和白内障的患者会呈几何数增长。温室效应引起全球气候变暖导致海平面升高，酸雨横行导致陆地生态和水生生态平衡的严重破坏，淡水的严重枯竭和污染使人类面临日益严重的水荒，全世界每年有数十万计的人由于饮用被污染的水而致病死亡，12亿人缺少安全饮用水，18亿人口的生活环境中缺少生活污水排放装置。

全球变暖造成的极端性气候和干旱、洪灾、飓风等气候灾难也已经以更大的频率出现在我们的现实生活中。气候变化仍然存在不确定性，面对灾难性气候现状，以减少化石能源利用和碳排放为目的的低碳发展，是我们实实在在必须要走的道路。

不容忽视的是，中国土地资源也遭受到了不受制约的发展以及忽视环境所带来的冲击。数个世纪的滥垦、滥伐、滥牧、滥耕，使中国北部与东北部大部分土地严重退化。再加上过去五十年来农耕用地不断减少，导致了农作物产量减少，生态多样性出现下降，气候开始异常变迁。

中国正面临着世界上最严重的水资源短缺。国土资源部调查显示，2000—2002年，有超过60%的地下水资源属于一到三类的标准，而到2009年，水质四类和五类的已占到了73.8%；2011年，全国城市55%的地下水是较差至极差的水质。中国地下水水质严重下降，应是近十年来相关偷排企业、环保及资源管理等行政部门以及地方政府对环境共同作用的结果。全世界有三种不同的环境治理导向：一是以污染因素控制为导向，就是对氨氮等四项主要污染物的控制；二是以环境质量控制为导向；三是以环境风险防范为导向。专家认为，我国现在还处在以控制污染因素为导向的阶段，对PM2.5的控制就说明，我国已经开始进入以环境质量控制为导向的新阶段。"当前我国环境保护方面要做好三件事：第一，以PM2.5为主的大气污染防治治理；第二，以清洁水为重点的水的污染防治治理；第三，以农村环保和土壤污染为主的专项行动。

《中国低碳经济发展报告2013》的最新数据表明，作为世界上最大的、发展速度最快的发展中国家，2011年中国的碳排放已经占到世界碳排放总量的24%，中国不仅成为世界的工厂，汽车生产和消费大国，也成为世界上最大的温室气体排放国和污染物排放国，这使得中国"被"背上了"污染大国"的恶名，有损中国的国际形象和尊严。中国是一个发展中大国，13亿人口，刚刚超过50%的城市化率，高达50%的第二产业比重，出口带动的增长模式，世界的工厂，以煤炭为主的能源结构等等，使得中国的环境问题比其他国家严重程度深，范围更大，牵扯面更广，原因更复杂，治理起来更困难。该报告同时指出，中国在工业化进程中并没有放任环境问题不断恶化，而是一直高度重视资源节约和生态保护。最新研究结果显示，中国的大气污染还有可能持续恶化下去，但环境危机将加速倒逼中国转变经济发展方式，促进产业结构升级，推动低碳经济发展。

《中国环境发展报告（2013）》指出：空气污染、水资源缺乏与污染、重金属污染导致的食品安全堪忧、交通拥堵、垃圾处理困境等成为中国城市环境的不可承受之重，对城市化思路和模式进行重新反省成为当前的首要任务。该报告还指出，"十二五"期间，中国正在跨越一个重要的历史分水岭：飞速的城市化步伐把中国送出了农业人口为主的社会形态，步入城市化率较高的社会。严峻的环境挑战已经不再遥远和抽象，环境污染已经成为基本生活和生存的威胁。

我们没有足够的资源总量来支撑高消耗的生产方式，也没有足够的环境容量来承载高污染的生产方式。因此，我们必须强化全民的资源环境危机意识，发展循环经济以提高资源使用效率，发展清洁生产以降低生产过程中的污染成本，发展绿色消费以减少消费过程对生态的破坏，发展新能源以实现生产方式的彻底超越。唯有如此，中国才能告别历史上曾出现过的种种灾难，建立起一个全新的社会，培育出一个全新的人与自然、人与人双重和谐的生态文明。

二　思想的回归

人与自然关系的发展变化

在原始社会，由于人类社会生产力水平低下，人类对自然是存在敬畏的，人与自然处于原始和谐状态。到了农业文明时期，由于铁器的应用，出现了过渡开垦与砍伐，也出现了为了争夺水源而频繁发生的战争，使人与自然出现了阶段性或区域的不和谐，但人与自然整体上还保持着和谐发展。随着人口的增加和生产力的逐步提高，人们在利用自然的时候试图改变自然和改造自然，虽然这种改造和改变往往伴随着盲目性、随意性和破坏性，但相对于低下的生产力来说，对生态环境的破坏并不严重，人与自然整体上还是和谐相处的。

随着社会的发展，科技突飞猛进，生产力有了质的飞跃，人类利用自然、改造自然的能力不断加强，尤其是西方工业革命以来，人对自然的理念发生了根本性的改变，人类不再敬畏自然而是要改造自然，自然成为人类改造的对象，人类不仅在物质生产活动中，而且在精神生活中也逐渐地实现了对自然界的统治，人成了自然的主宰，人类可以在取之不尽、用之不竭的自然中，获得经济无限地增长和尽情地享受，而不必向自然付出什么，于是资源的消耗超过自然界的承载力，污染物排放量超过环境的容量，导致人与资源的失衡，造成人与自然的矛盾尖锐化。好在所谓"大自然的反扑"无论如何还是让人类开始反省，重新认识人与自然的关系。

环境问题的哲学反思——生态文化

生态环境问题不单单是技术问题和经济问题，它在某个角度上还属于一个哲学问题，有其深刻的哲学根源，其实质就是人与自然的关系，找到它的哲学根源也就找到了解决危机的出路。"天人合一"和"主客二分"分别是中西哲学占主导地位的思维方式，正是这两种思维方式的差异产生了对自然的决定性影响。

近 400 年来，西方科技迅猛发展，国家实力大增，乃至不断发动、甚至联合发动对外侵略战争，并在战争中取得绝对性的胜利；而中国从汉代开始逐渐形成重"道"轻"器"的思想已经千有余年，此时与西方狭路相逢实在是措手不及。军事上的失败，必然导致文化上的自卑和盲从，从此，中国的传统文化成了"糟粕"，西方的一切都是"先进""文明"。

西方流行的人与自然"主客二分"的思维方式，将人类社会与自然分割对立起来思考问题。"主客二分"的思维模式对于确立人的主体性和科技的发展，确实发挥了进步的历史作用。在这种哲学思想的驱使下，自然科学得到空前的发展，人类征服自然的力量得到史无前例的扩张。然而，西方传统的主客体二元划分模式，把人与自然加以分割考察，把自然作为一种外在物，片面强调人的价值，认为人是自然界的中心，自然界和其他一切生命体都是人类奴役的对象，忘记了"天地和谐、万物平衡"的根本观点，以人类为中心对自然开始疯狂掠夺，这也是导致了当代生态危机的哲学根源。于今看来，将人与自然截然分开的思维方式已经不适应人与自然界发展的实际了，人们开始从东方智慧尤其是中华文化中找寻解决人类未来发展问题的金钥匙。

中国很早就形成了"天人合一"的思想体系：人是天生成的，人与天的关系是部分与整体的关系，是共生同处的和谐关系。《易经·系辞下传》第十章这样说："易之为书也，广大悉备，有天道焉，有人道焉，有地道焉。兼三才而两之，故六；六者非它也，三才之道也。"首次将作为主体的人与作为客体的天和地区分开来，天和地作为客体是主体探索的对象，在天地人的关系中强调必须按规律办事，顺应自然，谋求天地和谐，人和天地自然构成一个整体。

"天人合一"是老子和庄子的宇宙观和思维方式，老子提出："国中有四大，而王居一焉。人法地，地法天，天法道，道法自然"。在这"四大"中"地"是指自然环境，"自然"是人类活动中最为根本的要素，"天，地，人"最后统一于自然，人来自于自然界，是自然的一部分，强调人道要服从天道，人道要体现天道，天道与人道即人与自然和谐统一。庄子通过对天地万物自然现象的洞察，强调人必须遵循自然规律，顺应自然，与自然和谐，达到"天地与我并生，而万物与我为一"的境界。《易经》是群经之首、万源之源，其后的诸子百家延袭了它的精神实质，汉时儒家定于一尊，进一步肯定了"天人合一"，宋时张载第一次公开提出了"天人合一"的命题："民吾同胞，物吾与也"（《张载集·正蒙·乾称》），指出人与万物都是天地所生，要平等相待和谐相处。可以说"天人合一"思想是中华文化的一大特色。这种思维模式具有客观性、整体性、统一性与和谐性的特点，明确指出人与自然的关系是一对永恒的关系，是人与自然平等相待、和谐相处的过程，并认为"天地一体""万物之一原"，把认识的主客体包容在一起，把每个事物作为普遍联系的有机整体，立足从整体上把握事物及其规律，部分不能游离出整体，更注重各部分在结构与功能上的动态联系，力图对整体在经验事实的基础上做抽象的综合性把握，这也是未来人类追求可持续发展应有的思维和态度。

三　增长的动力

在发展进程中我们会不时地发出这样的疑问，我们到底要什么？

是 GDP 的高增长？HDI（人类发展指数）的提高？生活质量指数的提高？还是更高的劳动生产率？工业革命以来的事实证明，科学技术正在或者已经成为经济社会发展的决定性力量，科技自主创新能力正成为国家竞争力的核心。新一轮技术革命带来科学技术的重大发展以及广泛应用，将推动世界范围内经济社会前所未有的深刻变化。

国际金融危机以来，世界政治经济格局深刻变化，科技革命日新月异，新兴产业加快发展，培育新的经济增长点、抢占竞争制高点已经成为世界发展大趋势。面对国内外形势的新变化、新特点和激烈的国际竞争局势，必须深刻认识和准确把握进一步增强科技创新能力的紧迫感和危机感。

有人说，每一次金融危机都会孕育一次新的技术革命和产业变革。国际金融危机以来，全球经济增速放缓，世界各主要国家都面临着经济结构和产业结构的深度调整。许多国家纷纷把加强科技创新，加强前沿基础研究，加强人才培养，加快培育和发展新能源、新材料、信息网络、生物医药、节能环保、低碳技术、绿色经济等新兴产业，作为新一轮技术革命和产业发展的重点，抢占未来经济和科技发展的战略制高点。美国出台"创新战略"，明确提出美国未来的经济增长与国际竞争力取决于创新实力。欧盟"2020 战略"明确将"研发投入强度达到 3%"作为五大战略目标之一，把建设"创新型联盟"作为七大配套旗舰计划之首。日本提出了"未来开拓战略"，俄罗斯提出了发展可再生能源的"国家政策重点方向"，韩国提出了"绿色发展国家战略"。由此可见，发达国家综合国力和核心竞争力领先的格局没有改变，我们仍将长期面临发达国家经济、科技的竞争压力，将面临更高层次、更高水平、更为激烈的国际竞争。只有进一步增强危机感和紧迫感，把握国际经济和科技发展趋势，不断提高科技创新能力，在激烈的国际竞争中抢占先机，赢得主动。

今后 20 年一场以绿色、智能和可持续为特征的新科技革命和产业革命已经悄然步入我们的视线。对中国而言，这是实现中华民族伟大复兴新的历史机遇，也是对我们 2050 年实现现代化宏伟蓝图的巨大挑战，为此必须做好充分的科技准备。

如果说上世纪一场轰轰烈烈的工业革命开创了一个与前完全不同的人类世界，这应该是没有争议的。它造成了历史进程的突变，创造了一个全新的社会——工业社会，在人类历史发展中有着里程碑式的意义。工业革命的历史影响，几乎渗透到了世界的每一个角落，世上的每一个物体。在工业革命以前的世界里，社会一直具有一种基本连贯性的特征，正如一本书所说："倘若把一个罗马帝国时代的罗马人搬到大约十八个世纪以后的世界上，他将能够学会理解这个世界，不会有太大的困难。"因为，在这期间，历史并没有发生根本性的质的变化，只是在缓慢地向前发展。但是，这种连贯性随着工业革命的产生似乎就中断了。工业革命以后的世界，有着全新的形象，这种形象，与过去的社会——农业社会，是截然不同的。工业革命使人类从农牧民转变为无生命驱动机器的操纵者，从此，人类进入了一个新的时代。

工业革命促使人类由农业文明迈向工业文明。工业革命之前，人类所需要的绝大多数能量是由动物界和植物界提供的，由此人类得以生存，繁衍和生活下去。工业革命促进了社会生产力的迅速发展，使商品经济最终取代了自然经济，手工工场过渡到大机器生产的工厂。在这个新的世界里，崭新的尚未开发的能源，如煤、蒸气，得以用各种各样的机械来开发；在这个新的世界里，人类能够发现并利用新的能源，而且其规模是农牧时代难以想象的。这是生产力的巨大飞跃，也是工业革命的伟大功绩。从此，机器生产和工厂生产逐步代替了工场手工业，资本主义雇佣劳动制度普遍建立起来，社会阶级关系也发生了深刻的变化。

资本在利益的驱使下周而复始地投资获利，又扩大投资，又获得更大的利润……使资本主义方式扩展至世界各地。进行了工业革命的许多欧美国家，生产出了大量的商品，为了促进商品交流，获取更多更大的利益，他们大规模从事交通运输建设；同时，为了扩大海外殖民掠夺和市场，他们致力于远洋运输网的开拓，逐渐形成了全球性的交通网络，加强了世界各地区之间的联系，应该说工业革命也为今天的经济全球化奠定了基础。工业革命还促进了现代意义上的城市的兴起，工业革命之前的社会是农业社会，城市一般位于一国的农业发达，农业产值高的地区。工业革命改变了这一历史现象，以农业与乡村为主体的经济体制变成了以工业与城市为主体的经济体制，大规模地改变着人的生活和国家的经济地理状况。新城市的兴起，旧城市的改造，人口由农村流向城市的大趋势，国家向城市化社会迈进的走向，工业产值远远超过农业产值的现象越来越明显。

但是，工业革命并不是十全十美的，人们在享受它带来的好处的同时，也做出了很大的牺牲。首先，工业革命是一个开发新能源，运用新能源的过程，但是，在利用过程中也伴随着过度开采、不合理利用和污染环境等问题。而且，在工业革命过程中，亚非许多国家成了工业革命的原料产地和商品输出场所，工业国家对它们进行掠夺和倾销，造成了长期的贫困和落后，致使世界范围内区域发展人为的极不平衡状况。这些不利的影响也是巨大和深远的。

应该说，之前的工业革命是年青的人类在尚无经验和准备下的一次遭遇和经历，过高地估计了自身的分量和能力，忽视了发展的可持续性；而且是在世界各区域相对封闭的前提下产生的，不少民族和国家甚至大国是被动地接受，来不及做深刻的思考和长远的打算……然而，当问题出现，而且是集中出现并要全人类共同面对时，那么，已经受了两次工业革命洗礼，也拉近了彼此距离的人类开始反思，并且是集思广益了。以人为本、重视环境、可持续发展成为时下普遍认可的价值观念，也是人类对之前工业革命否定之否定后的深切感悟。科技的发展不会停止脚步，所以人类还会迎来新的工业革命，但是，人的观念可以改变科技的发展方向，新一轮工业革命在这样的背景下产生，必然不能违背这样的主旨，正因如此，个性化制造、绿色能源开发等将成为它的主要内容。

新一轮的增长的动力，无疑源自人类对生活、资源、环境、文明的更高一层的思索和追求。

四　科技的力量

工业革命深刻广泛的改变了人类社会的时空活动范围，满足了人类物质需求的基本要求，其最直接的表现是制造业的快速发展，大规模集约式的标准化的生产不仅满足了人们的社会需求，同时也改变了人们的价值观。

人类的生产和生活方式的变化

在工业革命以前，所有的商品主要是在家庭中，或者在家庭式的小型作坊中制造出来的。纺织业工作种类繁杂，需要许多工人在数百间纺织工坊里面手工完成。后来机器取代了手工，大量工作都集中到一间纺织厂里面，工厂就这样诞生了。

一座座工厂在从前绿色的原野上耸立起来，高大的烟囱冒出浓黑的烟雾，机器的轰隆声惊醒了沉寂的山坳，人类的生产和生活方式在工业革命中发生着巨大的变化。工业革命彻底改变了人类的生产和生活方式，给人类带来无限的憧憬。

工业革命以前，当时，除过人力、畜力，人们唯一的机械动力就是风和水。而蒸汽机的发明使人类第一次有了人力、畜力、风力和水力等自然力之外的动力，它受自然条件限制小，提供的动力比较强大。据当时的估计，蒸汽机的每一马力能做十五个人的工。机器在相当短暂的时间里就取代了手工劳动者。

蒸汽机的诞生有如打开了一道闸门，启迪了人们的思想，于是各种科技成果接踵而来。发电机、内燃机相继诞生。电力开始用于带动机器成为补充和取代蒸汽动力的新能源。随后电灯、电车、电钻、电焊机等电气产品如雨后春笋般地涌现出来。煤、电、石油也开始大规模开发和运用。

工业化使得出现现代化的交通工具，出行更加便利，使得人们更加见多识广。当时乡间和城市的居民都还是以马匹和马车为主要的运输工具。由于纺织工业、采矿工业和冶金工业的发展引起对新式运输工具的需要，公路和水路受到了铁路的挑战。随后，火车、轮船等先进的交通工具开始出现。

在工业革命以前，人类的大部分都是生活在农村。工业革命开始以后，人们仿佛是从"蛹"中脱离出来了。他们离开了原始的生活基地，像是形成一条机械化巨龙，进入到从未梦想过的工业天地。成千上万的人流入城市，开始了城市化的进程。一旦人们来到城市，他们就必须迅速习惯于新的生活方式：第一代城市工人必须习惯于按照工厂的汽笛作息，并且在贫民窟中生活；商人及其家属必须学会如何管理劳动力，并且在社会中取得令人尊重的地位。

工业革命的技术创新进程中大显身手的大多是直接活跃在生产现场的能工巧匠，他们大都是几乎没接受过大学教育的工匠或技师。工业革命使人们对技艺和工业产生了普遍的热情和事业心，现在同过去所有的时代相比，产生了差别。此后科学技术的发展突飞猛进各种新技术、新发明层出不穷并被迅速应用于工业生产大大促进了经济的发展。

工业革命带来生产力大发展，推动了工业文明取代农业文明的进程，这个进程正是实现现代化的核心。在商品经济下利己的生活习惯里，于是人们的思想发生了许多改变，更多人追求个人的幸福，而非来世的幸福或集体的利益。工业革命使人们的价值观发生巨大转变，投身技术发明、投资办厂、追求财富成为社会取向，科学、参与、创造、成就成为新的追求，而等级观念、安土重迁等农业文明的观念不断弱化。

工业革命使人们的生活方式、生活用品、生活趣味、生活习惯都发生了翻天覆地的变化。工业化以后，劳动者不再按照自然界的昼夜交替或人体的生物钟作息，而是完全服从于资本的需要和机器的要求。日出日落失去意义，钟表应运而生，人们的时间观念强了起来。田园般的悠闲生活结束了，取而代之的是快节奏的紧张生活。

这种生活方式总的趋势是人们迫切要求生活的方便与舒适，在衣食住行和娱乐方面，文明程度都有很大提高。

在穿衣方面，工业革命带来了廉价棉纺织品，使人们的衣料发生变化。同时，服装样式也发生变化：男装趋于简单、方便，女装趋于华美、多样。在一些医院、学校、军队、铁路、海关等单位还开始统一着装。在饮食方面，工业革命后，欧洲一些先进国家饮食结构发生明显变化，从温饱型转向营养型，人们更加注重食物配置。同时，人们对餐具包括刀叉和桌上的其他器皿的使用也讲究起来。在住的方面，虽然人口涌入城市造成住房紧张，但居住状况还是有所改善。从室内的装修看，过去只有宫廷才有的豪华摆设在一些中产阶级家庭出现。普通住宅中除卧室、餐厅、厨房外，都设有客厅，为迎来送往带来很大方便。在行的方面，交通运输业的发展使人们出行更为快捷、方便。

人们的生活条件改善了，特别是对中产阶级而言，也使人们的娱乐方式相应地发生变化。作为一种商品，娱乐与住房和食物相比，不是最根本的。它是用剩余收入购买的一种商品。从商业上的可行性来说，这种产业需要的是有足够的收入和闲暇渴望娱乐并有支付能力的参加者。在一个农业社会，公共娱乐的作用非常小，人们从日出忙到日落，但并没有多少收入。当人们移居城市并且能够支付巡回的演出时，娱乐业开始发展。

人类对自然资源的认识发生了变化

工业革命首先发生在英国中北部，是因为那里拥有丰富的浅层煤矿和铁矿资源，而缺乏木材资源。工业革命下产生的蒸汽机，以及利用焦煤而不是木材炼钢的冶金技术革新，这些使得英国的煤矿和铁矿有了广阔的用武之地。

在古代社会，由于生产极端落后，人在很大程度上只能消极地顺从自然和敬畏自然，还难以同自然和谐相处。工业革命创造了此前无法比拟的社会生产力，人类认识和改造自然的能力空前提高。在思想观念上，人们开始认识到整个宇宙可以被充分认识，它是由自然而不是由超自然的力量支配的。一种空前的自大让人们认为人类是整个自然界的主宰，自然界的资源是取之不尽、用之不竭的，自然界具有无尽的承载能力。认为大自然的一切好像都是为人类所准备的，人类可以人定胜天，可以任意从大自然掘取资源，去征服自然界。人们不再因为怕自然界报复而"敬畏自然"，把"认识自然"从而"改造自然"被认为是一件理所应当的事情，而忽视人与自然的和谐相处。

在工业革命之前，人类为了必要的生产生活而利用自然资源的行为应该是合理的，虽然也破坏了一定的资源和环境，但那是有限的。而工业化过程对自然资源攫取却是掠夺性的，对环境的破坏程度是不可估量的。各个先进工业国还凭借着工业革命所壮大起来的经济实力，加强对外侵略和殖民掠夺，为机器大工业寻求更为广阔的国外市场和原料产地。从 15 世纪发现新航路起，许多欧洲国家在亚、非、美三洲各自建立殖民地。至 18 世纪，这些殖民地开始为它们提供原料和商品出口市场。

在工业化进程中，人类为自我发展开发利用自然资源已达到登峰造极的程度。人类的巨大消费使地球传统资源的保有量急剧锐减，甚至到了难以为继的程度。事实上，地球上任何一种自然资源都是有限的。人类利用现有资源发展自身没有错，但是地球只有一个，资源应是共同的而不应是某些群体私有的。

地球生态环境是人类活动的基础空间。早在19世纪中叶，恩格斯在《自然辩证法》一文中就针对美索不达米亚居民大量毁林造田导致土地沙化荒芜的做法发出过警告："我们不要过分陶醉于我们对自然界的胜利。对于每一次这样的胜利，自然界都报复了我们。"据说，在太空遨游的航天员用肉眼是看不见地球上的任何人工建筑的。能够看见的，只有海洋和陆地那一片一片深邃而又美丽的色彩：绿色的是森林，蓝色的是海洋，黄色的是沙漠……飓风、海啸、沙化、地震，自然在不时地发出警告。

新一轮制造业革命——制造业数位化将会产生的影响

第三次工业革命有五个"支柱"，分别是：新能源、新建筑、能源存储、能源互联网、交通物流。第一大支柱是从化石燃料结构向可再生能源转型。如用可再生能源来提供电力。第二大支柱是用世界各地建筑收集分散的可再生能源。如在建筑物房顶收集太阳能，在屋前装上风能发电设备，利用地热供暖，将厨余垃圾转化成生物能源。这一支柱可以在世界任何地方促进当地经济，创造大量就业。阳光不会一直明媚，风力不会一直充裕。所以，第三大支柱是，我们必须在建筑和其他基础设施中使用氢和其他可储存基础来储存这些可再生新能源。第四大支柱是互联网技术革命与可再生能源相结合所建立起来的神经网络。当成千上万栋建筑开始生产绿色能源，并把它们存储起来时，人们可以把这些电能输送到电网中去，通过能源互联网实现与他人的资源共享，其工作原理与现在的互联网一样。第五大支柱是以插电式或燃料电池动力为交通工具的交通物流网络。到时可在任何一个生产电力的建筑中为车充电，也可通过电网平台买卖电力。

在工业革命的五大支柱下的工业革命的核心，就是新一轮制造业革命——制造业数位化。

快速成型技术（典型的如 3D 打印机）、工业机器人技术、新材料技术、新一代信息技术等关键技术的成熟和产业化是促使制造业从自动化走向数字化的必要条件。所谓"制造业数位化"，是网络信息革命和材料技术革命的结合。网络的发展，使信息传递的费用近乎于零。我们正处于一个科技成果全面渗透经济社会的时代。一系列新技术的发明和运用，让数字化革命正在我们身边发生——软件更加智能，机器人更加巧手，网络服务更加便捷。

自上个世纪后半期开始，高技术合成材料的日新月异，使碳纤维、石墨烯、以及各种新鲜合金材料层出不穷。到本世纪初，网络和新材料技术结合，使 3D 打印技术诞生。3D 打印突破了原来熟悉的历史悠久的传统制造限制，为以后的创新提供了舞台。通俗地说，3D 打印就像我们现在可以在线编辑文档一样，通过电子设计文件或设计蓝图，3D 打印技术将会把数字信息转化为实体物品。打个比方，3D 打印就像盖房子，一层层往上垒"砖"砌"墙"，只不过用的不是方砖水泥，而是工程塑料、粉末、尼龙、光敏树脂，甚至是金属、陶瓷等不同材料。

而 3D 打印最具魔力的地方是，它将给材料科学、生物科学带来翻天覆地的变化，最终的结果是科学技术和创新呈现爆发式的变革。3D 打印技术目前应用领域非常广泛，包括文物复制、医疗器械、建筑、教育、航空航天、文化创意等。比如，3D 打印技术将使工厂彻底告别车床、钻头、冲压机、制模机等传统工具，这种更加灵活、所需要投入更少的生产方式，便是第三次工业革命到来的标志，传统的制造业将逐渐失去竞争力，数字化、人工智能化制造与新型材料将广为应用。

互联网这种便捷的信息传播方式已经联通全球，太阳能、风能等可再生新能源的应用正越来越普及，神奇的3D打印已成为"数字化制造"的缩影。3D打印机通过将材料层层电解沉积的方法来生产产品，而不是像以前那样对材料锻打、弯曲、压切。这项工艺被恰如其分地称作"增材制造"或"添加型制造"。对于3D打印机而言，无论是生产一件产品还是生产机器能容纳的最大量的产品，开动机器的成本都是一样的。这就如同办公室里的二维打印机，无论打印一张信笺还是更多的文件，一直打印到墨盒需要更换、纸张需补充为止，其打印的单位成本总是一样的。

3D打印的应用范围之广让人难以置信。助听器和战斗机上科技含量较高的零件已经可以按个性化定制的形状打印出来。供应链的地理格局也将转变。在沙漠中央工作的工程师发现自己缺少某件工具，他不必再让人从离他最近的城市送来，只要简单地下载工具设计图然后把工具"打印"出来即可。工程项目因需要一套工具而被迫中止，顾客抱怨他们再也找不到之前买过的备用零件，这样的日子或许有一天将一去不复返。

3D打印技术为我们的生活和工作带来了极大的便利和效率。如我们在牙医诊所中已经时常领教：当医生决定修复牙时，就通过计算机生成牙齿的模具造型，并按照指令用精密仪器将粉末材料熔合，当场就制造出一个小部件，严丝合缝地安装或填制在牙齿上。在关节替换手术以及工业部件的制造中，这样的技术也普遍运用。不管是关节、牙齿，还是飞机部件，通过计算机即可建立模型，随心所欲地"打印"出自己想要的部件。这一革命，除了技术层面的诸多因素外，会从根本上改变劳动者在工业体系中的地位和工业组织的基本结构，甚至可能重塑塑造工业社会或后工业社会的文化。

第三次工业革命是把信息技术和自动控制技术与我们现在的工业生产技术结合，最典型的案例是开始宣传3D打印产品，在美国等发达国家已经开始有这样的先例。目前国内只有少数科研院所在从事3D打印机技术的开发，但是在打印设备、材料种类、产品性能、投入产出效率等方面仍然落后于美欧等发达国家同类技术，而且产业化步伐滞后更为严重。在市场上为数不多的3D打印服务提供商中，仅有个别企业拥有自主打印设备、材料和控制软件研发能力，但只能够制造较为初级的产品，绝大多数厂商仍然采用进口3D打印设备。

劳动力成本最小化

新一轮工业革命正在深化，发达国家纷纷实施再工业化战略，数字化智能化技术深刻改变着制造业的生产模式和产业形态，是新工业革命的核心技术。发达国家有可能成为未来全球高附加值终端产品、主要新型装备产品和新材料的主要生产国和控制国，在高端服务业领域内的领先优势将得到进一步的加强。以美国为例，智能制造业还仅仅是美国新工业革命浪潮的一部分特征，除此之外，美国新一代无线网络技术迅速成长，云计算带动经济进入节省费用的大规模数据时代，新能源技术的发展则可以帮助美国实现能源独立，制造业的成本也将由此进一步降低。

就传统制造而言，物体形状越复杂，制造成本越高。对3D打印机而言，制造形状复杂的物品成本不增加，制造一个华丽的形状复杂的物品并不比打印一个简单的方块消耗更多的时间、技能或成本。一台3D打印机可以打印许多形状，它可以像工匠一样每次都做出不同形状的物品，在产品多样化前提下却不增加成本。

随着直接从事制造行业的人数的减少，劳动力成本在整个生产成本中的比例也将随之下降。这将鼓励制造商将一部分制造行业迁回发达国家，因为新技术使得制造商能更快地适应当地市场需求的变化，而且成本更为低廉。过去，工厂常搬到低工资的国家以降低劳动力成本。越来越多的国外生产项目迁回发达国家，这不是因为发展中国家工资成本在上升，而是因为这些公司想贴近客户，以更快地应对市场需求的变化。并且，因为一些产品很精密，所以让设计人员和生产人员在同一个地方更有利于沟通。

中国作为一个发展中国家，凭借低成本的要素供给、庞大的市场需求和不断积累的技术能力，逐渐确立了全球制造业大国的地位。但是在第三次工业革命的浪潮下，中国产业不仅可能面临既有比较优势丧失之忧，而且因产业竞争力弱而难以占据产业链高附加值环节的"旧疾"也有进一步恶化之虞。终端产品的竞争优势来源不再是同质产品的低价格竞争，而是通过更灵活、更经济的新制造装备生产更具个性化的、更高附加值的产品，发展中国家通过低要素成本大规模生产同质产品的既有比较优势将可能丧失。第三次工业革命带来的数字化制造旨在降低产品成本，中国廉价劳动力的优势或将随之消失。

个性化、定制化

未来工厂的一切都将由智能软件操纵。同时未来的工厂将更关注个性化定制。消费者将毫无困难地适应一个产品更好、交货更迅捷的新时代。在不远的未来，我们完全可以用电脑把自己想要的东西设计出来，然后进行三维打印。

制造行业的数字化将会跟已经完成数字化的其他产业一样，产生断裂效应。制造业小批量生产变得更加划算，生产组织更加灵活，劳动投入更少。生产方式像个轮子一样兜了个圈又回到了原点，从大规模生产方式又转到了更加个性化的生产方式。大规模生产具有高效优势，能够增加企业利润、降低消费价格，然而规模经济也对产品的多样化和定制化产生了负面影响。相反，工匠能轻松生产多样化和定制的产品，但是产出量比较小。3D 打印技术提供了一条融大规模生产和手工生产于一体的新途径。3D 打印既环保又不浪费，让制造业不再有污染。

随着新材料和全新生产工艺的采用、易操作机器人的使用、以及在线制造协作服务的普及，制造业的小批量生产变得更加划算，生产组织更加灵活，劳动投入更少。聪明软体、新奇材料、智能机器、3D 印制、网络软体服务等等，使工厂逐渐走出大批量制造的时代，生产少量但多样化的产品。

制造业"数字化"能够更有效的满足用户对产品和服务的个性需求，用户作为产业创新者的作用无疑将会更加突出，尤其是在"桌面工厂"和"社会制造"的趋势下，用户能够在一定程度上独立于制造商将创新、创意转化为实物产品。那些喜欢制造活动的人将运用各种技术，进行 DIY（自己动手）创新的活动。如果将来你浏览网络相册，或者上谷歌搜索"3D 打印 DIY"，你会看到打印出的怪物、火车套装模型、半透明的棋子。随着 3D 打印机的出现，人们即使没有经验也可以设计自己的产品。你会感受到人们在很短的时间里，利用有限的资源，展示出自己是多么心灵手巧。

3D 打印机从工厂诞生，然后走进了家庭、企业、学校、厨房、医院、甚至时尚 T 台。定制的终端产品是 3D 打印增长最快的应用领域之一，定制的部件不是原型而是真正的产品。因为定制部件并不会从规模经济中受益，所以小规模、有技术的3D打印服务提供商开始寻找新的商机。3D打印终端产品广泛应用于医疗行业和牙科产业，因为这些行业的产品必须和身体更紧密、精确地结合。如最适合患者的牙套和牙冠以前要靠定做，现在越来越多地使用3D打印。3D打印将来还可以生产一些普通方式无法生产的产品，比如打印人体器官。通常这些产品太过复杂而无法使用机器加工，如科学家们正在利用3D打印机制造皮肤、干细胞、肌肉和血管片段等简单的活体组织，也许有一天我们能制造出像肾脏、肝脏甚至心脏这样的人体器官。

3D打印机一旦与发达的数字技术相结合，奇迹就发生了。比如你需要一把功能强大的锤子，或者一双精致无比的鞋子乃至一顿精美的晚餐，只管打印出来就行了。想象一下：在英国，技术人员通过扫描奥运短跑运动员的脚和脚踝，把数据输入计算机，计算机经过几步简单的计算后，技术人员就能够3D打印出专属每个运动员的新鞋，这双鞋符合运动员的体形、体重、步态和偏好。在日本，一位准妈妈想要纪念其首次超声波检测，她的医生编辑她的超声图像，并3D打印出栩栩如生的胎儿模型。结果，一个透明硬塑料块中就出现了一个前卫的3D打印微小胎儿塑料模型。这些现象并不是科幻，它们都将成为现实。

无论如何，3D打印都是一场颠覆传统制造的革命。并且，3D打印将颠覆传统教育方式！一些在传统教育中表现不好的学生，主要是因为所学的课程理论性太强，没有兴趣，死记抽象概念让学生通过了考试，但考试过后就很快忘记了，3D打印机可以让枯燥的课程变得生动起来，它是一种同时拥有视觉和触觉的学习方式，具有很强的诱惑力。在美国，几乎所有的大中小学已经开设了 3D 打印的课程，通过对青少年进行 3D 打印创新意识、技术手段的培养，3D 打印成为"美国智造"的有力手段，成为中美制造业竞争的重要砝码。3D 打印将逐渐进入课堂，打开教授和学习科学文化的全新方法的大门。

五　人类未来新图景

互联网造就"地球村"

互联网也叫网络，一种计算机交互技术。而全球性、海量性、交互性、成长性、扁平性、即时性……都是互联网的特征。事实上，全盛时期的全球电报系统，就被今天的一些研究者称为"维多利亚时代的互联网"。这个由电缆、电线杆、电键和磁石组成的系统，让信息以光速流向世界的各个角落。但对于普通人来说，通过电报和远方的朋友实现实时交流仍然颇为不易，而通过电报检索远方资料库（比如图书馆）中的资料也难以实现。直到电子计算机实现了存储文件的功能，打造能够让人们实时交流和检索信息的全球信息网络才成为可能。

1969 年，美国国防部建成了"阿帕网"（ARPANET）的一期工程，将美国西南部的加利福尼亚大学洛杉矶分校、斯坦福大学研究学院、加利福尼亚大学和犹他大学等 4 所高等学府的 4 台主计算机连接起来，这就是如今覆盖全球的国际互联网的"始祖"。然而，在"阿帕网"出现之后的最初 20 年里，有可能使用它和其他一些计算机网络系统的人，几乎全部是科研工作者，也就是供职于高等学府和科研机构中的科学家、工程师和计算机技术人员。这不仅是因为当时价格极为昂贵的计算机远不是绝大多数家庭所能负担的，还因为利用计算机网络传输文件在当时非常麻烦，每一个"网民"都必须经过专门的培训，才可以"玩转"这个简陋而且功能有限的网络。但到了20世纪80年代末，个人计算机用户越来越多，千千万万没有经过专业训练的男女老幼使用计算机的时代已经到来。或许正因如此，互联网也在这一时期逐渐向"平民化"转型。

1989年，第一个互联网检索系统"阿奇"（Archie）在加拿大蒙特利尔的麦吉尔大学被发明出来。两年之后，美国明尼苏达大学研制了面向普通计算机用户的互联网信息检索系统"金地鼠（Gopher）"，虽然"金地鼠"只支持文本检索，但在当时，这已经是一个了不起的飞跃。与此同时，供职于欧洲粒子物理实验室（CERN）的英国人蒂姆·伯纳斯-李，也在做着另一项改变计算机网络的研究。在20世纪80年代后期，"超文本"技术，也就是将存放在不同地方的文本信息通过超链接组成的网状文本已经出现，而伯纳斯-李则创造性地让这项技术与计算机网络"联姻"。1989年夏天，他成功地用超文本技术"将CERN的各个实验室联系起来"，让每个员工都能通过计算机内网系统，查到其他同事的办公电话。这个简陋的超文本"内部网站"的成功，预示了超文本技术与计算机网络结合之后强大的生命力。1991年8月6日，由伯纳斯-李亲自建立的世界上第一个网站"http：//info. cern. ch/"上线运行，在这个网站上，他介绍了自己的发明，通过超文本技术将分布在计算机网络各处的资源结合在一起的"万维网"（World Wide Web，简称WWW或3W），以及他开发的世界上第一款网页浏览器"万维网"的使用方法。后来，他又在这个网站上添加了其他一些早期网站的链接，使它成为世界上第一个万维网目录。难能可贵的是蒂姆·伯纳斯－李放弃了万维网的专利权，这意味着他放弃了垄断万维网技术成为巨富的机会，却成功地避免了可能导致全球计算机网络分裂的商战，使世界各地的人们能够在今天通过同一套方法，访问分布于世界各地的网站。

相比于大约一个世纪之前首次将全世界连成一体的电报网络，万维网不仅再次联系起世界各地的人群，而且让人与人之间的交流更为便捷。远比电报时代的单色图文更为丰富的信息，通过电话线、光纤，乃至无线发射装置，流向每一个曾经闭塞的角落。我们几乎每天都要接入这个世界上最大的网络，通过互联网与朋友通信、与同行交流，通过互联网了解新闻。互联网的意义不应低估，它是人类迈向地球村坚实的一步。地球村的出现打破了传统的时空观念，使人们与外界乃至整个世界的联系更为紧密，人类相互间变得更加了解了。地球村现象的产生改变人们的新闻观念和宣传观念，迫使新闻传播媒介更多地关注受传者的兴趣和需要，更加注重时效性和内容上的客观性、真实性。地球村促进了世界经济一体化进程。

地球村是互联网的发展，是信息网络时代的集中体现，是知识经济时代的一种形成，而现代交通工具的飞速发展，通信技术的更新换代，网络技术的全面运用使地球村得以形成。原本对于人类来说很大的地球，由于信息传递越来越方便，大家交流就像在一个小村子里面一样便利，无论肤色、无论种族，人人平等到只是一个村落中的一份子。显然，地球村概念的产生也更直观地表现出人民需要和平世界的愿望。

新能源实现平衡分布

传统的化石燃料以及铀燃料的储量逐渐降低，导致其价格在国际市场上持续攀升，新能源的开发与利用是未来优化能源结构、实现低排放、低消耗的必然选择。

受新技术突破以及规模经济等因素的影响，新型绿色能源的价格持续下降。比如光伏发电的成本有望以每年8%的速度下降，使得发电成本每8年可降低一半。这一涨一落的巨大反差引起了全球经济的巨变，从而催生了21世纪的新型经济范式，可再生的绿色能源炙手可热。如今，太阳能和风能发电设备装置正沿着个人电脑以及互联网用户增长的轨迹继续向前发展。

新能源的开发有利于优化能源结构。据悉，美国分布式发电设备2001年占16%，欧盟各国以可再生能源为主题的分布式发电发展迅速，英国1998年可再生能源发电的容量已达到180万千瓦，占全发电容量的2.5%，德国从2000年起实施可再生能源法规，预计到2030年，可再生能源发电容量将达到总发电容量的30%。目前，随着相关发展目标的调整，中国在新能源领域的总投资将超过3万亿元。尤为重要的是，乡村利用新能源方面存在着城市没有的优势。传统的化石能源，分布不均衡，适合大规模开发和集中使用。这种特性决定了越是大城市使用能源的成本越低，越是小城镇和农村使用成本越大。而新能源不是这样，它的分布相对均衡，比如太阳能、风能等，而且可以就地取材，随用随取，根本不用运输。这决定了新能源的使用优势和市场不在大城市，而在中小城市和农村。这无疑有利于区域的均衡发展。

分布式发电因具有初期建设投资低、发电方式灵活等特点在全球范围内越来越受到重视，给电力系统的运行和控制带来了巨大的变化。对于广大经济欠发达的农村地区来说，特别是农牧地区和偏远山区，要形成一定规模的、强大的集中式供配电网需要巨额的投资和很长的时间周期，而且，大电网对偏远地区供电输电损耗大费用高。因此，从技术和经济的角度看，将大电网延伸到偏远山区农村常常是不合适的。而分布式发电方式的灵活等特点正好填补了大电网难以普及的市场空白，发展前景极为可观。大电网系统与分布式可再生电源相结合还能提高系统安全性和灵活性，被世界许多能源和电力专家一致认为是 21 世纪电力工业的主要发展模式。

可以说，发电是能源消耗的主要途径之一，随着分布式发电技术的逐步完善以及对其原有的配电系统保护和重合闸设计结构进行的相应调整和改变，使得分布式发电能较好地接入搭配电系统进行并网，因而基于可再生能源的分布式发电是值得推崇的。据了解，分布式发电是近年来国内外较为提倡的节能发电技术，通常是指发电功率在几千瓦至数百兆瓦（也有的建议限制在 30 兆瓦—50 兆瓦以下）的小型模块化、分散式、布置在用户附近的高效、可靠、清洁环保的发电单元。随着一些大的停电事故的发生，导致许多地区供电受到影响，这就使得小容量、低成本的可再生能源分布式发电越来越受到广泛重视。

制造业开始革命性转型

制造业在世界产业化进程中始终发挥着主导作用，有人说，就制造业本身的发展来看，它已经过了四个阶段，目前正处于第五阶段。而这些阶段都基于定制化与标准化之间的平衡以及产品生产规模。第一阶段是少量定制，这个时代始于铁器时代的开端直至1500年左右，延续了近3000年。在少量定制阶段，每件产品都是定制产品或孤品，标准化设计相对难以实现，人们几乎没有别的选择，即使目标是生产完全相同的产品，也要将它们区分对待逐个生产。第二阶段是少量标准化阶段，这个阶段始于1500年，并持续了400年。在此阶段，可以实现互换零件，生产中部件会被分成不同的部件族，同族部件完全相同。用这种方法生产的部件比非标准流程生产的部件更便于组装成产品。第三阶段是大批量标准化生产，汽车生产即为第一个批量生产的行业，他的标志是1903年，福特创建福特汽车公司，此阶段一直持续到1980年。福特的工厂恪守大批量标准化生产的概念依靠流动生产线生产汽车以后，也带动了其他汽车制造商和家具、电器等其他行业，使大批量标准化成为整个20世纪最重要的制造技术。1980年又开始了制造业的第四阶段，那就是大批量定制。大批量定制也称"精益生产"，它集合了手工生产和（不灵活的）大批量生产的优点，同时又避免了手工生产的高成本和大批量生产的单一化，使得客户需求和产品之间有了更多直接的联系，当然这也得益于20世纪80年代后计算机的广泛应用。

在经济全球化和信息技术革命的推动下，国际制造业的生产方式正在发生着重大变革，这就迎来了制造业的第五阶段：个性化量产，即根据客户品位和需求生产产品。当前正在经历的第三次工业革命，其核心是数字化制造，新软件、新工艺、机器人和网络服务正在逐步普及，大量个性化生产、分散式就近生产将成为重要特征，大规模流水线的生产方式将终结。

数字化制造将使得某些行业（特别是生产生活资料的行业）规模经济变得不明显，个性化定制、分散生产成为新特点。为更贴近市场，更快响应市场需求，企业会更多选择在消费地进行本地化制造。从而，将对全球产业分工格局和全球生产体系产生重大影响，产业分工体系有可能沿着两个方向发展：一是延续产业链分工，主要体现在原材料、零部件等生产资料领域；另一是靠近市场需求的就地生产，主要集中在个性化需求突出的生活资料领域。后一种趋势将使全球化呈现新的发展方向，对地区产业格局逐步产生深刻影响。第三次工业革命当地化、分散化的生产方式，将对我国依赖大规模出口的产业体系形成挑战。

就外商直接投资而言，一方面，外资企业将更加看中我国庞大的市场需求，为更加贴近消费需求，会加大在我国设立研发、设计等机构的力度。另一方面，部分外资企业考虑贴近消费者、规避市场风险、享受发达国家再制造业化政策以及我国成本上升等因素，会将已在我国的部分外资回流到发达国家。此外，也促使国内企业加快"走出去"步伐，并且更多地采取在国外投资设立生产企业的方式。

六 使命与机遇

2012 年 4 月 21 日，英国《经济学人》杂志推出"第三次工业革命"的封面文章，引发各界的广泛关注。这一话题之所以夺人眼球，是因为低迷的全球经济迫切需要一剂"强心针"，而过去两百年

第九章　迎面而来——危机与使命

295

的两次工业革命的确深刻改变了既有的世界格局。而早在《经济学人》杂志的文章推出之前,美国著名的趋势学家杰里米·里夫金(Jeremy Rifkin)就已经在前2011年9月推出了他的《第三次工业革命》一书(其中文版2012年由中信出版社出版)。据里夫金本人说《经济学人》的文章,正是基于他2012年3月份在《世界金融评论》上发表的封面文章提出的,如此说来,里夫金便是"第三次工业革命"概念的始作俑者。他认为,历史上的工业革命均是通信技术与能源技术的结合,进而引发重大的经济转型。19世纪蒸汽机的使用,导致了报刊、杂志、书籍等通信手段及相关产业的大量出现,提高了公众的受教育程度,使人类能够对以煤炭为能源的蒸汽机以及工厂进行系统管理和操作,产生了第一次工业革命。20世纪出现的电话、无线电通讯和电视等通信技术,催生了全新的信息网络,与燃油内燃机的结合引发了第二次工业革命,使人类进入到石油经济和汽车时代。互联网技术与可再生能源的结合,将使全球出现第三次工业革命。

对上述论点,国内外均有不同认识,分歧点既有对工业革命划分的不同(如有人认为是第四次工业革命,也有人认为是第六次科技革命),也有对其程度和影响的不同看法。但由于上述观点契合了当前全球面临的经济危机、能源短缺、气候变化、发达国家实体经济萎缩等实际问题,还是得到了许多人甚至是部分决策者的认同。例如,欧盟委员会副主席塔尼亚明确表示,欧洲需要第三次工业革命。应该说,当前出现了第三次工业革命的端倪,但要经历较长时间才能对经济发展产生逐步深刻的影响,对其认识也是一个动态深化的过程。但由于其蕴含的一系列革命性变化,将有可能对不同国

迎面而来——从人类文明发展看第三次工业革命

家的竞争力产生深远影响。

面对第三次工业革命所带来的世界发展引擎，未来几年甚至几十年，中国将如何顺应趋势，投入到新工业革命的浪潮之中？里夫金在书中肯定了中国的影响力。中国是世界上最大的火力发电国，煤炭在其能源比重中约占70%；它同时也是世界上最大的能源消耗国和仅次于美国的第二大二氧化碳排放国；另一方面，中国拥有世界上最丰富的风力资源，也是世界上最大的风力涡轮机生产国，其太阳能光电产业生产总值更是占世界的30%，是世界上最大的太阳能电板生产国。可以说，中国在可再生能源方面的地位正如沙特在石油产业中的地位一样，中国每平方米的可再生能源潜力要远高于世界上大多数其他国家。

这些事实必将使中国具有成为这次革命领导者的先天优势，然而中国也面临着发展的瓶颈。作为第二次工业革命的受益者，落后于发达国家的发展浪潮，中国工业正处于起飞阶段，刚刚适应工业化发展的中国能否转变观念、把握住新型经济发展模式成为关键所在。目前，中国制造业缺乏科技创新的灵魂，所依赖的人工成本和基础资源成本的优势已经大不如前。第三次工业革命的特点是分散决策，包括生产的分散化和决策的分散化，这是非常关键的。相对于未来的分散决策，目前中国传统的集中决策，可能在第三次工业革命前面临更加突出的问题，遏制住经济的自由发展。所以，最根本的还是体制、机制的改革问题。

在以个性化、多样化为特征的新市场中，目前中国政府的运营管理机制很难适应瞬息万变的技术与市场。政府必须改变自上而下的集中决策的观念，及时转变角色。未来几年，中国应将更多的关注点投放在绿色能源的大规模研发和使用上，更开放地治理国家，使权力分散化，人人参与治理，变庞大的人口问题为国家优势，充分发挥个人在新型经济模式中的创造力。让能源的可替代来带动经济的开放、信息的共享和政治的扁平化，只有这样，中国才能在能源互联网中占据一席之地，在第三次工业革命中寻找到崛起的机遇。

　　尤其，21 世纪是一个崭新的世纪，有着比以往任何时代都迅猛的发展速度。适应和把握一个飞速发展的时代，这对民族文化、民族性提出了更高的要求，它需要的不只是循规蹈矩以数据说话，更为重要的是高度的灵活性。而中华民族无疑的天生具有这种随机应变、善处变化的特性。民族性其实本无所谓高低上下，只是世界多样性的一种体现而已，风水轮流转各有当令之时。21 世纪不但变化快，而且基本实现了孔子所说的"大同"世界，我们有善处易的特长，又有和而不同的"大学之道"，所以当世界上很多人预言"21 世纪是中国人的世纪"时，我们深感责任重大。科技的确为人类带来了便利，但同时也带来了威胁，它需要而且必须加以规戒，也需要哲学需要文化加以导正。我们相信，21 世纪是西方的科学＋中国的哲学，这样才有可能使人类走上真正的幸福之路。所以说，这次是中国的机遇，也是中华文化的使命！